高等职业教育改革与创新新形态教材

供配电技术

主　编　路东兴
副主编　蒲天旺
参　编　徐彦伟　李晓兰

机械工业出版社

本书按照理实一体、项目主线、任务驱动的模式，以供配电理论及前沿的供配电技术为载体，通过技能训练及工程任务，由浅入深、循序渐进，培养学生的职业技术能力。

本书共有 9 个项目，主要内容包括供配电系统认知、供配电系统相关计算、高低压电气设备运行、室外供电线路结构与敷设、倒闸操作、线路与变压器保护、二次回路与自动装置分析调试、电气安全、变电站综合自动化及智能化认知。全书围绕供配电基本知识、理论计算、运维操作及工程实用技术进行项目化教学，同时各任务中编排了贴合实际工程现场的技能训练，将供配电技术理论与实用技能训练相结合，突出了对学生工程实践能力的培养，同时也体现了职业教育的教学特色。

本书可作为应用型本科、高职高专院校电气自动化技术、工业过程自动化技术、供用电技术等电类专业的教材，同时可供工厂、企业及城镇从事供配电工作的工程技术人员参考。

图书在版编目（CIP）数据

供配电技术 / 路东兴主编．—北京：机械工业出版社，2023.5
高等职业教育改革与创新新形态教材
ISBN 978-7-111-73154-2

Ⅰ．①供… Ⅱ．①路… Ⅲ．①供电系统 – 高等职业教育 – 教材 ②配电系统 – 高等职业教育 – 教材 Ⅳ．① TM72

中国国家版本馆 CIP 数据核字（2023）第 081642 号

机械工业出版社（北京市百万庄大街 22 号　邮政编码 100037）
策划编辑：高亚云　　　　　　责任编辑：高亚云　杨晓花
责任校对：郑　婕　李　婷　　封面设计：严娅萍
责任印制：李　昂
北京捷迅佳彩印刷有限公司印刷
2023 年 9 月第 1 版第 1 次印刷
210mm×285mm・12 印张・335 千字
标准书号：ISBN 978-7-111-73154-2
定价：44.00 元

电话服务　　　　　　网络服务
客服电话：010-88361066　　机 工 官 网：www.cmpbook.com
　　　　　010-88379833　　机 工 官 博：weibo.com/cmp1952
　　　　　010-68326294　　金 书 网：www.golden-book.com
封底无防伪标均为盗版　机工教育服务网：www.cmpedu.com

前　言

"供配电技术"是电气自动化技术专业的一门专业核心课程。为适应我国高等职业教育"大力推行工学结合，突出实践能力培养，改革人才培养模式"的教学改革目标，本书以学生为主体，在理实一体化环境中开展供配电技术学习，按照项目主线、任务驱动的模式，以供配电理论及前沿的供配电技术为载体，通过操作技能训练及工程任务，由浅入深、循序渐进，培养学生的职业技术能力，体现了"工学结合"的职业教育特色。全书内容编排贯彻"必需、够用、实用"的原则，降低理论难度，加强基础，突出应用，理论与工程实际紧密联系，突出对学生综合能力及创新能力的培养。通过本书的学习，学生可以掌握电力电气设备的操作与维护、供配电系统的安全运行及分析调试的基本知识，以及相关技能训练，为将来从事供配电技术相关工作奠定良好的基础。

本书具有以下特点：

1）理实一体。突出实用性，内容力求涵盖供配电技术的重点内容。

2）项目主线。通过精选项目，把教学内容融合到由单元任务组成的项目中，由浅入深，带领学生完成整个项目。

3）任务驱动。以任务驱动为出发点，导入每个知识点，并与实践应用相结合，提高学习的针对性。

4）新形态教材。配套的相关视频教程生动有趣，充分体现了新形态教材的优势。

本书共9个项目、19个任务、22个技能训练。其中，路东兴担任主编，蒲天旺担任副主编，徐彦伟、李晓兰参编，具体编写分工如下：路东兴编写项目1、2、7、9；蒲天旺编写项目5、8；徐彦伟编写项目3、6；李晓兰编写项目4。

本书的编写得到了国家电网定西供电公司和兰州新区供电公司的大力支持和帮助，在此表示诚挚的谢意。

由于编者水平有限，书中错漏之处在所难免，恳请广大读者批评指正。

编者

目　　录

前言

项目1　供配电系统认知 ……………… 1

任务1　认识电力系统 ………………… 1
　1.1.1　电力系统的组成 ……………… 2
　1.1.2　电力系统的电压 ……………… 7
　1.1.3　电力系统的运行状态和
　　　　 中性点运行方式 …………… 10
　技能训练1　参观发电厂和
　　　　　　　变配电所 ……………… 11
任务2　电气主接线运行分析 ………… 12
　1.2.1　工厂变配电所主接线 ………… 12
　1.2.2　识读变配电所
　　　　 电气主接线图 ……………… 17
　技能训练2　变电所电气主接线图
　　　　　　　识读训练 ……………… 18
项目小结 …………………………………… 19
课后习题 …………………………………… 20

项目2　供配电系统相关计算 ………… 21

任务1　电力负荷及其计算 …………… 21
　2.1.1　电力负荷与负荷曲线绘制 …… 22
　2.1.2　三相用电设备组
　　　　 计算负荷的确定 …………… 23
　2.1.3　单相用电设备组
　　　　 计算负荷的确定 …………… 29
　2.1.4　尖峰电流及其计算 …………… 31
　技能训练3　某工厂供配电
　　　　　　　系统的负荷计算 ……… 32
任务2　短路电流及其计算 …………… 33

　2.2.1　短路的原因、危害和种类 …… 33
　2.2.2　无限大容量电力系统中
　　　　 短路电流的计算 …………… 34
　2.2.3　短路电流的效应和
　　　　 稳定度校验 ………………… 43
　技能训练4　供配电系统单相接地
　　　　　　　故障的处置 …………… 44
项目小结 …………………………………… 45
课后习题 …………………………………… 45

项目3　高低压电气设备运行 ………… 47

任务　高低压电气设备运维与
　　　操作 …………………………… 47
　3.1.1　电弧 ……………………………… 48
　3.1.2　高压断路器 …………………… 49
　3.1.3　低压断路器 …………………… 51
　3.1.4　高压隔离开关 ………………… 52
　3.1.5　高压负荷开关 ………………… 53
　3.1.6　高低压熔断器 ………………… 53
　3.1.7　互感器 ………………………… 57
　3.1.8　刀开关 ………………………… 63
　技能训练5　高压断路器的
　　　　　　　运行维护 ……………… 64
　技能训练6　高压断路器的操作 …… 65
　技能训练7　隔离开关的维护 ……… 66
　技能训练8　户外高压跌落式熔断器的
　　　　　　　操作 ……………………… 67
项目小结 …………………………………… 67
课后习题 …………………………………… 68

项目4 室外供电线路结构与敷设 ………… 69

任务1 室外架空电力线路分析 ………… 69
4.1.1 架空线路的特点 ………… 70
4.1.2 一般架空线路的结构 ………… 70
4.1.3 架空线路的敷设方法 ………… 72
4.1.4 架空线路分析 ………… 73
技能训练9 架空线路的巡视检查与维护 ………… 75

任务2 室外电力电缆线路的敷设 ………… 76
4.2.1 电缆的认识 ………… 76
4.2.2 电缆的敷设方式 ………… 80
4.2.3 直埋电缆的敷设步骤 ………… 81
技能训练10 电缆线路的巡视检查 ………… 82
技能训练11 测量10kV电缆线路的绝缘电阻 ………… 82

项目小结 ………… 83
课后习题 ………… 83

项目5 倒闸操作 ………… 85

任务1 认识倒闸操作 ………… 85
5.1.1 倒闸操作概述 ………… 86
5.1.2 倒闸操作的基本条件 ………… 86
5.1.3 倒闸操作的基本要求 ………… 87
5.1.4 变电所常见的倒闸操作 ………… 88
5.1.5 防止误操作的组织措施 ………… 92
5.1.6 防止误操作的技术装置 ………… 93
技能训练12 简述倒闸操作的实施步骤 ………… 94

任务2 10kV高压开关柜倒闸操作 ………… 95
5.2.1 倒闸操作的安全要求 ………… 95
5.2.2 电气设备运行的工作状态 ………… 96
5.2.3 执行倒闸操作的步骤 ………… 96
5.2.4 KYN28-12高压开关柜"五防"联锁 ………… 97
5.2.5 KYN28-12高压开关柜操作维护 ………… 97
技能训练13 简述停、送电操作规程并填写倒闸操作票 ………… 98

项目小结 ………… 102
课后习题 ………… 103

项目6 线路与变压器保护 ………… 104

任务1 认识常用保护继电器 ………… 104
6.1.1 供配电系统保护的任务和基本要求 ………… 105
6.1.2 常用电磁式继电器的认知 ………… 106
技能训练14 继电器认识及实操 ………… 110

任务2 线路保护整定计算 ………… 111
6.2.1 定时限过电流保护 ………… 111
6.2.2 瞬时电流速断保护 ………… 114
6.2.3 反时限过电流保护 ………… 116

任务3 变压器保护整定计算 ………… 119
6.3.1 变压器的电流速断保护、过电流保护和过负荷保护 ………… 119
6.3.2 变压器的纵联差动保护 ………… 121
6.3.3 变压器气体保护 ………… 123

项目小结 ………… 125
课后习题 ………… 125

项目7 二次回路与自动装置分析调试 ………… 126

任务1 二次回路分析 ………… 126
7.1.1 供配电系统的二次回路 ………… 127
7.1.2 二次回路的操作电源 ………… 130
7.1.3 断路器控制回路信号系统 ………… 134
技能训练15 检查电气二次回路的接线盒电缆走向 ………… 137

任务2 自动装置调试 ………… 138
7.2.1 电力线路的自动重合闸装置 ………… 138
7.2.2 备用电源自动投入装置 ………… 140
技能训练16 自动装置的检验与调试实训 ………… 140

项目小结 ………… 144
课后习题 ………… 144

项目8 电气安全 ………… 145

任务1 触电与急救 ………… 145
8.1.1 电流对人体的伤害 ………… 146
8.1.2 触电的类型 ………… 147

8.1.3 触电事故的规律 …………… 148
8.1.4 触电急救方法 ……………… 148
技能训练17 脱电演练 …………… 149
技能训练18 触电急救演练 ……… 150

任务2 电气火灾预防与扑救 ………… 151
8.2.1 电气火灾和爆炸原因 ……… 151
8.2.2 电气火灾的特点 …………… 152
8.2.3 常用灭火器的使用 ………… 153
8.2.4 电气火灾的扑救方法 ……… 155
技能训练19 干粉灭火器
灭火演练 …………… 157

任务3 防雷接地保护 ………………… 157
8.3.1 避雷针和避雷线 …………… 158
8.3.2 避雷器 ……………………… 159
8.3.3 防雷接地装置 ……………… 161
技能训练20 避雷针、避雷线、
避雷器的识别 ……… 162
项目小结 ……………………………… 162
课后习题 ……………………………… 163

项目9 变电站综合自动化及智能化认知 …………………………… 164

任务1 变电站综合自动化系统分析 …… 164
9.1.1 变电站综合自动化系统概述 … 165
9.1.2 变电站综合自动化系统的
基本功能 …………………… 165

9.1.3 变电站综合自动化系统的
结构 ………………………… 166
技能训练21 分析变电站综合自动化
系统的组成 ………… 168

任务2 认识智能变电站 ……………… 171
9.2.1 概述 ………………………… 171
9.2.2 电子式互感器 ……………… 172
9.2.3 智能一次设备 ……………… 176
9.2.4 智能变电站自动化系统 …… 178
技能训练22 归纳智能变电站的
设计原则 …………… 181
项目小结 ……………………………… 181
课后习题 ……………………………… 181

附录 …………………………………… 182

附录A 各用电设备组的需要系数、
二项式系数及功率因数 …… 182
附录B S9系列配电变压器的
主要技术数据 ………………… 183
附录C 部分高压断路器的
主要技术数据 ………………… 184
附录D 三相线路导线电缆每相的
单位长度电抗值 ……………… 184

参考文献 ……………………………… 186

项目 1

供配电系统认知

🔍 项目概述

本项目主要介绍供配电系统的基础知识，这是学习本课程的预备知识。本项目包括两个任务：认识电力系统和电气主接线运行分析。项目的设计思路是：任务 1 介绍电力系统的基本概念，通过分析常见供配电系统的组成和电力系统的额定电压、电力系统的运行状态和中性点运行方式，让学生对电力系统的组成和典型供配电系统的结构原理及运行方式有一个整体认识。任务 2 通过分析电气主接线的运行方式，让学生掌握如何正确识读电气主接线图。最后，通过参观发电厂和变配电所，对供配电系统有一个完整的认知。

⬡ 素质延展

党的二十大报告提出加快实施创新驱动发展战略、加快实现高水平科技自立自强。位于广州市黄埔区新龙镇的 500kV 科北变电站是全国首座近零能耗的 500kV 变电站、首座电压等级最高的全面自主可控示范变电站，同时也是南方电网公司首个安防提升示范站。变电站从芯片到设备 100% 选用国产技术和材料，应用光伏发电、光导无电照明、3D 建筑打印等技术节能降碳。500kV 科北变电站高标准、高质量、高效率建设，先后解决了安全风险等级高、技术难度大等问题，工程仅历时 17 个月便建成投产，比同类变电站建设工期缩短了整整 8 个月。

任务 1　认识电力系统

📝 学习目标

1) 解释电力系统的组成与要求。
2) 描述并区分电力系统电压等级。
3) 描述电力系统的运行状态和中性点的运行方式。

任务描述

本任务概述供配电技术的一些基本知识和基本问题。首先，介绍供配电系统的基本情况，主要介绍供配电系统的组成，各主要组成环节的作用及名称；其次，介绍工厂供配电电压等级和电网及用电设备、变压器的额定电压等级。

相关知识

1.1.1 电力系统的组成

电能在日常生活中扮演着越来越重要的角色，各行各业都离不开电能。电能有很多优点，如电能能够转换为其他能量（机械能、热能、光能、化学能等），电能的输配易于实现，电能可以做到比较精确的控制、计算和测量，应用灵活。因此，电能在工农业、交通运输业以及人们的日常生活中得到越来越多的应用。作为一名工业电气技术人员，应该掌握安全、可靠、经济、合理地供配电能和使用电能的技术。

在工厂里，电能虽然是工业生产的主要能源和动力，但是它在产品成本中所占的比重一般很小（除电化工业外）。如在机械工业中，电费开支仅占产品成本的5%左右。从投资额来看，一般机械类工厂在供电设备上的投资，也仅占总投资的5%左右。电能在工业生产中的重要性，并不在于它在产品成本中或投资额中所占比重的多少，而在于工业生产实现电气化以后可以大大增加产量，提高产品质量，提高劳动生产率，降低劳动成本，减轻工人的劳动强度，改善工人的劳动条件，有利于实现生产过程自动化。从另一方面来说，如果工厂的电能供应突然中断，则对工业生产可能造成严重的后果。如某些对供电可靠性要求很高的工厂，即使是极短时间的停电，也会引起重大设备损坏，或引起大量产品报废，甚至可能发生重大的人身事故，给国家和人民带来经济上甚至政治上的重大损失。

因此，工厂供配电工作对于发展工业生产、实现工业现代化具有十分重要的意义。由于能源节约是工厂供配电工作的一个重要方面，而能源节约对于国家经济建设具有十分重要的战略意义，因此必须做好工厂供配电工作。

工厂供配电工作要很好地为工业生产服务，切实保证工厂生产和生活用电的需要，同时注意节约电能。因此，工厂供配电工作必须满足以下基本要求：

1）安全。在电能的供应、分配和使用中，不应发生人身事故和设备事故。
2）可靠。应满足电能用户对供电可靠性的要求。
3）优质。应满足电能用户对电压和频率等电能质量的要求。
4）经济。供电系统的投资要少、运行费用要低，并尽可能地节约电能和减少有色金属消耗量。

电能既可以方便地远距离传输，又能很容易地转换为其他形式的能量，其运行过程易于控制，因此电能已经广泛应用于国民经济和社会生活的各个方面，成为主要的能源和动力。电能由发电厂的发电机生产，为了降低成本，发电厂大多建在有煤、石油、水、太阳能、原子核能、风能等能源丰富的地方，而电能用户一般在大中城市和负荷集中的大工业区，因此发电厂生产出来的电能要经过高压远距离输电线路输送，然后供给用户。电力系统是由发电厂中的发电机，升压、降压变压器，输、配电线路以及各种用电设备连接在一起构成的统一整体，是由生产、变换、输送、分配和使用电能的电气设备（如发电机、变压器、电力线路、母线及用电设备等）按一定方式连接构成的整体，如图1-1所示。

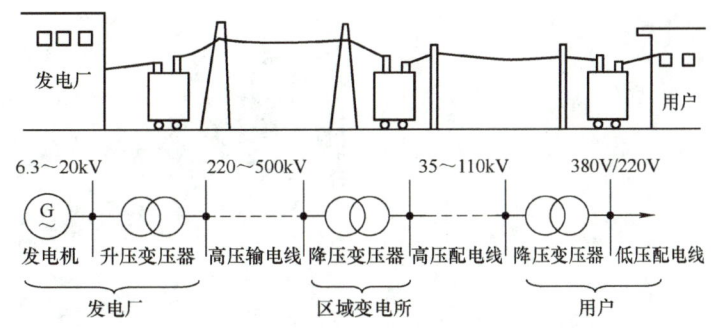

图1-1 电力系统的组成示意图

发电厂是生产电能的工厂,是电力系统的中心环节,它是将自然界中蕴藏的各种形式的能源转换为电能的工厂。发电厂把其他形式的能源,如煤炭、石油、天然气、水能、太阳能、原子核能、风能、地热、潮汐能等,通过发电设备转换成电能。一般根据发电厂所利用能源的不同分为火力发电厂、水力发电厂、原子能发电厂、太阳能发电厂等。按发电厂的规模和供电范围又可分为区域性发电厂、地方发电厂和自备专用发电厂等。目前我国和世界大多数国家仍以火力发电和水力发电为主,而核电发电量的比重也正在逐年增加。

火力发电厂简称火电厂或火电站,是利用煤、石油、天然气等作为燃料生产电能的工厂,如图1-2a所示为火力发电厂。它的基本生产过程是:燃料在锅炉中燃烧加热水,使水变成蒸汽,从而将燃料的化学能转变成热能,蒸汽压力推动汽轮机旋转,热能转换成机械能,然后汽轮机带动发电机旋转,将机械能转变成电能。能量转换过程为:燃料的化学能→热能→机械能→电能。火力发电厂可分为凝汽式火力发电厂(通常称火电厂)和供热式火力发电厂(通常称热电厂)。

火电厂的种类虽很多,但从能量转换的观点分析,其生产过程却基本相同,概括地说,就是把燃料(煤)中含有的化学能转变为电能的过程。火电厂的整个生产过程可分为三个阶段:

1)燃料的化学能在锅炉中转变为热能,加热锅炉中的水使之变为蒸汽,称为燃烧系统。

2)锅炉产生的蒸汽进入汽轮机,推动汽轮机旋转,将热能转变为机械能,称为汽水系统。

3)由旋转的汽轮机带动发电机发电,把机械能变为电能,称为电气系统。

与水电厂及其他类型的发电厂相比,火电厂具有以下特点:

1)火电厂布局灵活,装机容量的大小可按需要决定。

2)火电厂建造工期短,一般为水电厂建造工期的一半甚至更短。一次性建造投资少,仅为水电厂建造投资的一半左右。

3)火电厂耗煤量大,目前发电用煤约占全国煤炭总产量的25%左右,加上运煤费用和大量用水,其生产成本比水力发电要高出3~4倍。

4)火电厂动力设备多,发电机组的控制操作复杂,火电厂用电量和运维人员都多于水电厂,运维费用高。

5)汽轮机开、停机过程时间长,耗资大,不宜作为调峰电源用。

6)火电厂对空气和环境的污染大。

水力发电厂简称水电厂或水电站,如图1-2b所示。水电站是将水能转换为电能的综合工程设施,一般包括由挡水、泄水建筑物形成的水库和水电站引水系统、发电厂房、机电设备等。水库的高水位水经引水系统流入发电厂房,以推动水轮发电机组使其发出电能,再经升压变压器、开关站和输电线路输入电网。

a) 火力发电厂　　　　　　　　　　　b) 水力发电厂

图 1-2　火力发电厂、水力发电厂

水力发电过程是利用河流、湖泊等位于高处、具有位能的水流在流至低处的过程中，将其中所含的位能转换成水轮机的动能，再以水轮机为原动力，推动发电机产生电能。因水力发电厂所发出的电能电压较低，如要输送给距离较远的用户，就必须经过升压变压器升高电压，再由输电线路输送到用户集中区的变电所，使电压降低到适合家庭和工厂使用，并由配电线输送到各个工厂及家庭。其能量转换过程为：水流位能→机械能→电能。

水电厂具有以下特点：

1）具有可综合利用的水能资源；发电成本低、效率高，厂用电率低；运行灵活、起动快，适用于调峰、调频和事故备用。

2）水能可储蓄和调节，便于建设抽水蓄能电厂；不污染环境。

3）水电厂建设投资较大、工期较长；水电厂的建设和生产受河流地形、水量及季节条件限制，有丰水期和枯水期之分，发电不均衡。

4）建水库需要淹没土地、移民，还会破坏自然界的生态平衡。

变配电所（站）是变电所和配电所的统称。变电所是接收电能、改变电压和分配电能的场所，是联系发电厂和电能用户的中间枢纽。如果仅装有接收电能和分配电能的设备而没有变压器，称为配电所，即配电所只有接收电能和分配电能的功能。

变电所有升压变电所和降压变电所之分。升压变电所的任务是将低电压变为高电压，以减少线路的电能损耗、电压损失和减少线路的金属消耗量，从而提高送电的经济性。降压变电所的任务是将高电压降到一个合理的电压等级，以满足用电设备的电压等级要求。

电力线路是把发电厂、变配电所和电能用户联系起来的纽带，能够完成输送电能和分配电能的任务。电力线路是输（送）电线路和配电线路的总称。输电线路是将发电厂的电能输送到负荷中心，特点是线路较长，电压等级较高。配电线路是将负荷中心的电能配送到各个电能用户，特点是线路较短，电压等级较低。配电线路又分为高压配电线路（110kV）、中压配电线路（1～35kV）和低压配电线路（220V/380V，220V 为相电压，380V 为线电压）。

1. 常见供配电系统

供配电系统是电力系统的重要组成部分，其主要任务是提供和分配电能。供配电系统的接线方式有多种，下面介绍几种典型的工厂企业供配电系统。

（1）具有高压配电所的企业供配电系统

图 1-3 是一个具有高压配电所的供配电系统简图。该高压配电所有两路 10kV 电源进线，分别接在高压配电所的两段母线上。母线是用来汇集和分配电能的导体。该供配电系统采用一台分段开关分隔开的单母线接线，称为单母线分段制。当一路电源进线发生故障或进行检修而

被切除时，可以闭合分段开关，由另一路电源进线来对全厂负荷进行供电。该类高压配电所最常见的运行方式是分段开关在正常情况下闭合，整个配电所由一路电源供电，通常这一路电源来自公共的高压电网；而另一路电源则作为备用，通常备用电源由临近单位取得。

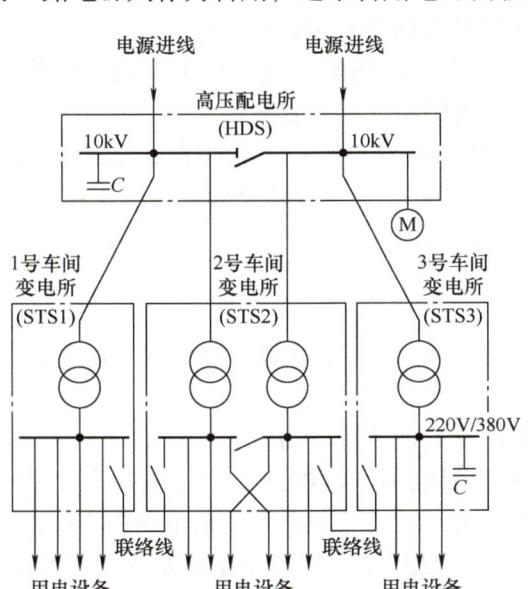

图1-3　具有高压配电所的供配电系统简图

图1-3中的10kV母线有四条高压配电线，供给三个车间变电所。车间变电所装有电力变压器（通称主变压器），将10kV高压降为低压用电设备所需的220V/380V电压。2号车间变电所的两台电力变压器分别由配电所的两段母线供电，其低压侧也采用单母线分段制，从而使供电可靠性大大提高。各车间变电所的低压侧，又都通过低压联络线相互连接，以提高供配电系统运行的可靠性和灵活性。此外，高压配电所有一条高压配电线，直接供电给一组高压电动机；另有一条高压配电线，直接连接一组高压并联电容器。3号车间变电所的低压母线上也连接有一组低压并联电容器。这些并联电容器都是用来补偿系统中的无功功率、提高功率因数。

图1-3中，配电所的任务是接收电能和分配电能，变电所的任务是接收电能、变换电压和分配电能。两者的区别在于变电所装设有电力变压器，较之配电所增加了变换电压的功能。

（2）具有总降压变电所的企业供配电系统

对于大中型企业，一般采用具有总降压变电所的供配电系统，如图1-4所示。该总降压变电所有两路35kV及以上的电源进线，采用桥形接线。35kV及以上的电压经电力变压器降为10kV电压，再经10kV高压配电线将电能送到各车间变电所。车间变电所又经电力变压器将10kV电压降为一般低压用电设备所需的220V/380V电压。为了补偿系统的无功功率，提高功率因数，通常也在10kV母线或380V母线上装设并联电容器。

（3）高压深入负荷中心的企业供配电系统

35kV进线的工厂可以采用高压深入负荷中心的直配方式，即将35kV线路直接引入靠近负荷中心的车间变电所，只经一次降压，这样可以省去一级中间变压，

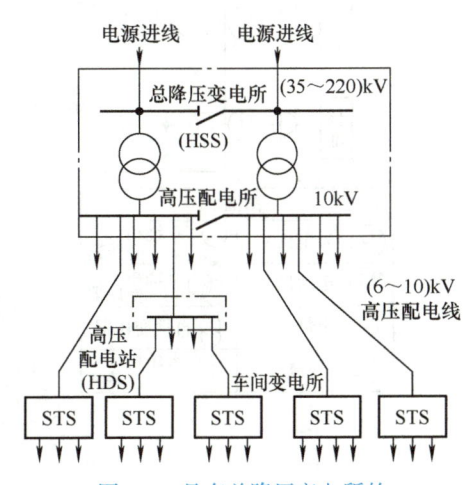

图1-4　具有总降压变电所的
供配电系统简图

从而简化了供电系统的接线，降低了电压损耗和电能损失，节约了有色金属，提高了供电质量。但这种供电方式要求厂区必须有能满足这种条件的安全走廊，否则不宜采用，以确保安全，如图1-3所示。

（4）只有一个变电所或配电所的企业供配电系统

对于电力容量1000kV·A左右的用电单位，通常只设一个将10kV降为低压的降压变电所。这种降压变电所的规模大致相当于车间变电所。

对于用电设备总容量在250kW及以下或者变压器容量在160kV·A及以下的小负荷用电单位，可直接由当地的公共低压电网——220V/380V电压供电，该类单位只需设一个低压配电所（通常称配电房），通过低压配电房直接向各用电点配电。

2. 电力系统、动力系统和电力网

电力系统是由两个以上的发电厂、变电所、输电网、配电网以及用户所组成的发、供、用电的一个整体。

电力系统加上热能、水能及其他能源动力装置，称为动力系统。

电力网主要包括输电网和配电网，输电网是将发电厂发出的电力送到消费电力的地区，或进行相邻电网之间的电力互送，形成互联电网。输电网由35kV及以上的输电线路和变电所组成，是电力系统的主要网络，也是电力系统中电压最高的网络，它的作用是将电能输送到各个地区的配电网或直接供给大型工业企业用户。

配电网由10kV及以下的配电线路和配电变电所组成，配电网的功能是接收输电网输送的电力，然后进行再分配，输送到城市和农村，进一步分配和供给工业、农业、商业、居民以及有特殊需要的用电部门。

动力系统、电力系统和电力网示意图如图1-5所示。

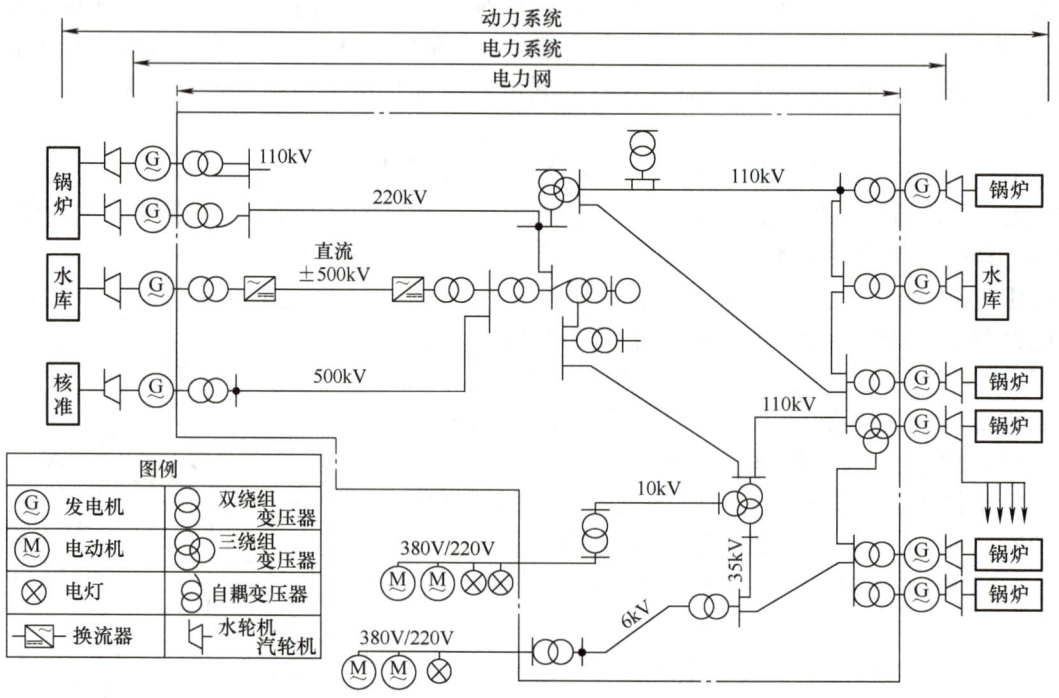

图1-5 动力系统、电力系统和电力网示意图

1.1.2 电力系统的电压

1. 供电质量的主要指标

对工厂用户而言,衡量供电质量的主要指标是交流电的电压和频率。

(1) 电压

交流电的电压质量包括电压数值与波形两个方面。电压质量对各类用电设备的工作性能、使用寿命、安全及经济运行都有直接的影响。用电设备在其额定电压下工作,既能保证设备运行正常,又能获得最大的经济效益。

电网的电压偏差过大时,不仅影响电力系统的正常运行,而且对用电设备的危害很大。

以照明用的白炽灯为例,当加在灯泡上的电压低于其额定电压时,发光效率降低,使人的身体健康受到影响,从而降低了劳动生产率。白炽灯的端电压降低10%,发光效率将下降30%以上,灯光明显变暗;端电压升高10%,发光效率将提高1/3,但使用寿命将只有原来的1/3。如某车间由于夜间电压比额定电压高5%~10%,致使灯泡损坏率达30%以上。电压偏差对荧光灯等气体放电灯的影响不像白炽灯那么明显,但也会影响起燃,同样影响照度和寿命。

感应电动机的最大转矩与端电压二次方成正比,当电压降低时,转矩急剧减小,以致转差增大,从而使定子、转子电流都显著增大,引起温升增加、绝缘迅速老化,甚至烧毁电动机。如当电压降低20%时,转矩将降低到额定值的64%,电流增加30%~35%,温度升高12%~15%。由于转矩减小,使电动机转速降低,甚至停转,导致工厂产生废品,甚至导致重大事故。

电热装置的功率与电压二次方成正比,电压过高将损伤设备,电压过低又达不到所需温度。

对于三相系统来说,三相电压与电流的不对称也影响电能质量。这种不对称运行对发电设备、用电设备、自动控制及保护系统、通信信号等都会产生不良影响。低压供电系统发生三相不对称会造成中性点偏移,甚至危及人身及设备安全。

电力系统的供电电压(或电流)的波形畸变,使电能质量下降,产生高次谐波,谐波电流增加了电网的能量损耗,降低了旋转电机、变压器、电缆等电气元件的寿命,还将影响电子设备的正常工作,使自动化、远动、通信都受到干扰。

(2) 频率

我国工业标准电流频率为50Hz,有些工业企业有时采用较高的频率,以提高生产效率。如汽车制造或其他大型流水作业的装配车间采用频率为175~180Hz的高频设备,某些机床采用400Hz的电动机以提高切削速度,锻压、热处理及熔炼利用高频加热等。

电网低频率运行时,所有用户的交流电动机转速都将相应降低,因而许多工厂的产量和质量都将不同程度地受到影响。如频率降至48Hz时,电动机转速将降低4%,冶金、化工、机械、纺织、造纸等工业的产量相应降低。有些工业产品的质量也受到影响,如纺织品出现断线、毛疵,纸张厚薄不均,印刷品深浅不规律,计算机出错等。

频率的变化对电力系统运行的稳定性影响很大,因而对频率的要求比对电压的要求要严格得多,一般不得超过±0.5Hz,电网容量在300万kW及以上时不得超过±0.2Hz。频率的调整主要依靠发电厂。

2. 额定电压的国家标准

工厂电网和电气设备的额定电压可以是不同的电压等级,但均应符合国家关于额定电压的规定。根据我国国民经济发展的需要和技术经济的合理性,为使电气设备实现标准化和系列化,国家规定了交流电网和电力设备的额定电压等级,见表1-1。

表 1-1 我国交流电网和电力设备的额定电压等级（kV）

分类	电网与用电设备额定电压 /kV	发电机额定电压 /kV	电力变压器额定电压 /kV	
			一次绕组	二次绕组
低压	0.38	0.40	0.38	0.40
	0.66	0.69	0.66	0.69
高压	3	3.15	3 及 3.15	3.15 及 3.3
	6	6.3	6 及 6.3	6.3 及 6.6
	10	10.5	10 及 10.5	10.5 及 11
		13.8、15.75、18、20、22、24、26	13.8、15.75、18、20、22、24、26	
	35		35	38.5
	66		66	72.6
	110		110	121
	220		220	242
	330		330	363
	500		500	550
	750		750	825（800）
	1000		1000	1000

从表 1-1 中可以看出以下特点：

1）用电设备的额定电压和电网的额定电压一致。用电设备运行时要在线路中产生电压损耗，造成线路上各点的电压略有不同，如图 1-6 所示。成批生产的用电设备，其额定电压只能按照线路首端与末端的平均电压即电网的额定电压来制造。所以，用电设备额定电压规定与电网的额定电压相同。

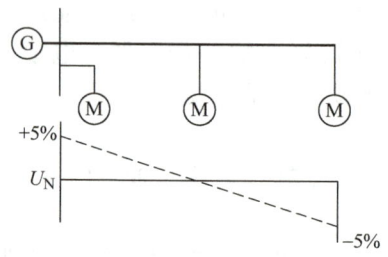

图 1-6 用电设备和发电机的额定电压说明

2）由于同一电压的线路一般允许的电压偏差是 ±5%，即整个线路允许有 10% 的电压损耗。因此为了保证线路首端与末端的平均电压在额定值，线路首端应比电网的额定电压高 5%，如图 1-7 所示。而发电机接在线路首端，所以规定发电机的额定电压高于所供电网额定电压 5%，用以补偿线路电压损失。

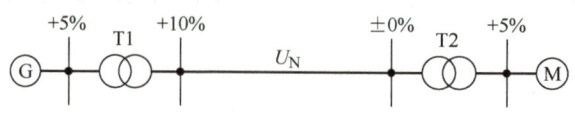

图 1-7 电力变压器的额定电压

3）变压器的一次绕组连接在某一级额定电压线路的末端，可将变压器看作是线路上的用电设备，因此其一次侧额定电压与用电设备（或该电网）的额定电压相同，如图 1-7 中的变压器 T2。但如果变压器直接与发电机相连时，其一次侧额定电压就应与发电机额定电压相同，即比电网的额定电压要高 5%，如图 1-7 中的变压器 T1。

4）变压器的二次绕组向负荷供电，相当于一个供电电源，其二次绕组额定电压也应高出线路额定电压 5%。又由于变压器二次绕组额定电压规定为变压器的空载电压，而变压器通过额定负荷电流时，其内部绕组会有 5% 的电压损失，因此如果变压器二次侧供电线路较长（如为大容量的高压电网），则变压器二次绕组的额定电压，一方面要考虑补偿变压器内部 5% 的电压损失，另一方面要考虑变压器满载时输出的二次电压还要高于线路额定电压的 5%，以补偿线路上的电压损耗，所以它要比线路额定电压高出 10%，如图 1-7 中的变压器 T1。如果变压器二次侧线路不太长（如为低压电网），则变压器二次侧额定电压只需高于线路额定电压的 5%，仅考虑补偿变压器内部电压降，如图 1-7 中的变压器 T2。

3. 工厂供配电电压的选择

（1）工厂供电电压的选择

地区变电所向工厂供电的电压及工厂内部的供配电电压的选择与很多因素有关，但主要取决于地区电力网的电压、工厂用电设备的容量和输送距离等。提高输电电压可以减少电能损耗，提高电压质量，节约有色金属，但却增加了线路及设备投资，所以对应一个电压等级要有一个合理的输送容量与输送距离。常用各级电压的经济输送容量与输送距离见表 1-2。

表 1-2　常用各级电压的经济输送容量与输送距离

线路电压 /kV	输送功率 /kW	输送距离 /km
0.38	100 以下	0.6
3	100～1000	1～3
6	100～1200	4～15
10	200～2000	6～20
35	2000～10000	20～50
110	10000～50000	50～150
220	100000～500000	100～300

工厂供电电压基本上只能选择地区原有电压，自己另选电压等级的可能性不大，具体选择时参考表 1-2，即：

1）对于一般没有高压用电设备的小型工厂，用电设备容量在 100kW 以下、输送距离在 600m 以内，可采用 380V/220V 电压供电。

2）对于中、小型工厂，用电设备容量在 100～2000kW、输送距离在 4～20km 以内，可采用 6～10kV 电压供电。

3）对于大型工厂，用电设备容量在 2000～50000kW、输送距离在 20～150km 以内，可采用 35～110kV 电压供电。

（2）工厂配电电压的选择

工厂的高压配电电压一般选用 6～10kV。6kV 与 10kV 比较，变压器、开关设备投资差不多，传输相同功率的情况下，10kV 线路可以减少投资，节约有色金属，减少线路电能损耗和电压损耗，更适应发展，所以工厂内一般选用 10kV 作为高压配电电压。但如果工厂供电电源的电压就是 6kV，或工厂使用的 6kV 电动机多而且分散，可以采用 6kV 配电电压。3kV 的电压等级太低，作为配电电压不经济。

工厂的低压配电电压，除因安全所规定的特殊电压外，一般采用380V/220V。380V为三相配电电压，供电给三相用电设备及380V单相用电设备。220V作为单相配电电压，供电给一般照明灯具及220V单相用电设备。对矿山及化工等企业，因其负荷中心离变电所较远，为了减少线路电压损耗和电能损耗、提高负荷端的电压水平，也有采用660V配电电压的情况。

1.1.3 电力系统的运行状态和中性点运行方式

1. 电力系统的运行状态

电力系统正常及异常运行有5种状态，即正常运行状态、警戒状态、紧急状态、系统崩溃和恢复状态。

（1）正常运行状态

在正常运行状态下，电力系统中总的有功和无功输出能力与负荷总的有功和无功需求达到平衡；电力系统频率和各母线电压在正常运行的允许范围内；各电力设备和输变电设备均在额定范围内运行，系统内的发电和输变电设备均有足够的备用容量。此时，系统不仅能以电压和频率质量均合格的电能满足负荷用电的需求，而且具有适当安全的储备，能承受正常扰动（如断开一条线路或停止运行一台发电机）所造成的有害后果（如设备过载等）。电网调度中心的任务就是使系统维持在正常运行状态。根据电力系统中每时每刻变化的负荷，调节发电机的出力，使之与负荷的需求相适应，以保证电能质量。同时，应在保证安全的条件下，实现电力系统的经济运行。

（2）警戒状态

电力系统受到灾难性扰动的情况不太多，大多数情况是在正常运行状态下由于一系列影响不大的扰动的积累，使电力系统总的安全水平逐渐降低，以致进入警戒状态。在警戒状态下，虽然电压、频率等均在允许范围内，但系统的安全储备系数大大减小，对外界扰动的抵抗能力削弱。当发生一些不可预测的扰动或负荷增长到一定程度时，就可能使电压、频率的偏差超过允许范围，某些设备发生过载，使系统的安全运行受到威胁。电网调度自动化系统要随时监测系统的运行情况，并通过静态安全分析、暂态安全分析等应用软件，对系统的安全水平做出评价。当发现系统处于警戒状态时，及时向调度人员发出报告，调度人员应及时采取预防性控制措施，如增加和调整发电机出力、调整负荷、改变运行方式等，使系统尽快恢复到正常状态。

（3）紧急状态

系统处于警戒状态时，若调度人员没有及时采取有效的预防性措施，一旦发生足够严重的扰动（如发生短路故障或一台大容量机组退出运行等），系统就会从警戒状态进入紧急状态，可能造成某些线路的潮流或系统中其他元件的负荷超过极限值，系统的电压或频率超过或低于允许值。这时电网调度自动化系统担负着特别重要的任务，它向调度人员发出一系列报警信号，调度人员根据CRT或模拟屏的显示，掌握系统的全局运行状态，以便及时采取正确而有效的紧急控制措施，尽可能使系统恢复到警戒状态，或进而恢复到正常运行状态。

（4）系统崩溃

在紧急状态下，如果不及时采取适当的控制措施，或者措施不够有效，或者因为扰动及其产生的联锁反应十分严重，系统则可能因失去稳定而解列成几个系统。此时，由于出力和负荷的不平衡，不得不大量切除负荷及发电机，从而导致全系统崩溃。系统崩溃后，要尽量利用调度自动化系统提供的手段，了解崩溃后的系统状况，采取各种措施，使已崩溃的电网逐步恢复起来。

（5）恢复状态

系统崩溃后，整个电力系统可能已解列为几个小系统，并且造成许多用户大面积停电和许多发电机紧急停机，此时，要采取各种恢复出力和送电能力的措施，逐步对用户恢复供电，使解列的小系统逐步并列运行，从而使电力系统恢复到正常运行状态或警戒状态。

2. 电力系统的中性点运行方式

在我国电力系统中，电源（包括发电机和电力变压器）的中性点有三种运行方式：第一种是中性点不接地的运行方式；第二种是中性点经阻抗（通常是经消弧线圈）接地的运行方式；第三种是中性点直接接地或经低电阻接地的运行方式。系统在前两种运行方式发生单相接地故障时的接地电流较小，因此又统称为小接地电流系统；系统在第三种运行方式发生单相接地故障时即形成单相接地短路，电流较大，因此称为大接地电流系统。

电力系统的中性点运行方式对电力系统的运行特别是在系统发生单相接地故障时有明显影响，而且影响系统二次侧保护装置及监视、测量系统的选择与运行，因此有必要予以充分重视和研究。

按其中电气设备的外露可导电部分保护接地的形式不同，低压配电系统分为 TN 系统、TT 系统和 IT 系统。

技能训练1　参观发电厂和变配电所

1. 参观准备

联系参观单位，安排电气技术人员为学生介绍参观内容，组织学生集中行动，发放安全用品，提出参观要求和安全注意事项。

2. 供配电系统参观

（1）参观目的

通过参观，使学生初步了解发电厂的发电、变电及输送电过程，了解电力变电所或工厂企业变配电所的结构及布置方式，辨识发电厂和变配电所电气设备的外形和名称，对供配电系统形成初步的感性认识。

（2）参观内容

1）参观火力发电厂的发电机主厂房、主控制室、配电装置、主变压器室。参观变电所屋内配电装置和屋外配电装置，由电厂或变配电所电气工程师或技术人员介绍发、配电过程或变配电所的整体布置情况及电气一次系统图、电气一次设备实际布置和连接情况。

2）参观工厂企业配电室的高压开关柜和低压配电屏运行情况。参观开关厂生产的高低压开关柜内开关电气设备及其连接方式，由企业电气工程师或技术人员介绍高压配电室、低压配电室、变压器室及高压开关设备等供配电系统一次设备的工作情况、倒闸操作过程、运行维护内容及故障处理措施。

（3）注意事项

参观时一定要服从指挥，注意安全，未经许可不得进入禁区，决不允许摸、动任何开关按钮，严防发生意外。参观时必须穿工作服和绝缘鞋，戴安全帽，做好相应的安全措施。

任务 2 电气主接线运行分析

学习目标

1）分析电气主接线的运行方式及其优缺点。
2）阐述各种电气一次设备在主接线中的作用和正常运行时的状态。
3）编制电气一次系统的运行方案。

任务描述

电气主接线是供配电系统的重要组成部分，电气主接线表明供配电系统中电力变压器、各电压等级线路、无功补偿设备以最优化的接线方式与电力系统的连接，同时也表明各种电气设备之间的连接方式。电气主接线的形式影响着企业内部配电装置的布置、供电的可靠性、运行的灵活性和二次接线、继电保护等问题，对变配电所以及电力系统的安全、可靠、优质和经济运行指标起着决定性作用。同时，电气主接线也是电气运行人员进行各种操作和事故处理的重要依据。

相关知识

1.2.1 工厂变配电所主接线

1. 对电气主接线的基本要求

工厂供配电系统是指接收发电厂电源输入的电能，并进行检测、计量、变压等，然后向工厂及其用电设备分配电能的系统。工厂供配电系统通常包括厂内变配电所、所有高低压供配电线路及用电设备。为实现对用户的输电、受电、变电和配电功能，在工厂变配电所中，必须把各种高、低压电气设备按一定的接线方案连接起来，组成一个完整的供配电系统。工厂供配电系统中直接参与电能的输送与分配，由母线、开关、配电线路、变压器等组成的接线称为电气主接线。

常用的电气设备图形符号和文字符号见表1-3。

表1-3 常用的电气设备图形符号和文字符号

电气设备名称	文字符号	图形符号	电气设备名称	文字符号	图形符号
刀开关	QK		母线	W	
			导线、线路	W	
断路器	QF		三相导线		

(续)

电气设备名称	文字符号	图形符号	电气设备名称	文字符号	图形符号
隔离开关	QS		端子	X	
负荷隔离开关	QS		电缆及其终端		
熔断器	FU		交流发电机	G	
熔断器开关	S		交流电动机	M	
阀式避雷器	F		双绕组变压器	T	
星形–星形联结的三相变压器	T		电压互感器	TV	
星形–三角形联结的三相变压器	T		三绕组变压器	T	
电流互感器（具有一个二次绕组）	TA		三绕组电压互感器	TV	
电流互感器（具有两个铁心和两个二次绕组）	TA		电抗器	L	
			电容器	C	

2. 电气主接线有关的基本概念

高压配电所担负着从电力系统受电并向各车间变电所及某些高压用电设备配电的任务，图 1-8 所示配电所主接线方案具有一定的代表性。下面按其电源进线、母线出线的顺序，对该配电所电气主接线的各部分进行简要介绍。

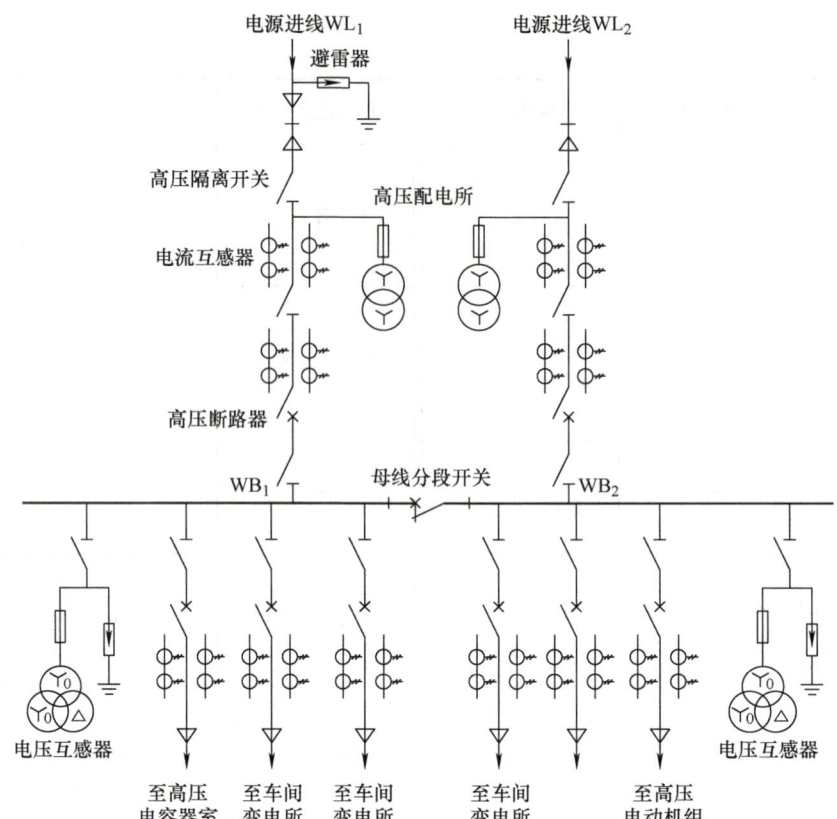

图 1-8　大型企业高压配电所电气主接线示意图

（1）电源进线

图 1-8 中配电所共有两路 10kV 电源进线，一路是架空线 WL_1，一路是电缆线 WL_2。最常见的进线方案是一路电源来自发电厂或电力系统变电站，作为正常工作电源，另一路取自邻近单位的高压联络线，作为备用电源，也可两路电源同时供电。

（2）母线

图 1-8 中的粗实线表示母线，是配电装置中用来汇集和分配电能的导体。因为该配电所采用一路电源工作、一路电源备用，因此，母线分段开关通常是闭合的，高压并联电容器对整个配电所进行无功补偿。一旦工作电源发生故障或母线检修时，可切除该路接线后投入备用电源，即可恢复对整个高压配电所的供电。如果装设了备用电源自动投切装置，则供电可靠性将进一步提高，但这时进线断路器的操作机构必须是电磁式或弹簧式。

（3）检测、保护用设备

为了测量、监视、保护和控制主电路设备的工作情况，每段母线上都接有电压互感器，进线和出线上都接有电流互感器，且电流互感器均有两个二次绕组，其中一个接测量仪表，另一个接继电保护装置。为了防止雷电过电压侵入高压配电所时击毁其中的电气设备，各段母线上都装设了避雷器。避雷器和电压互感器同时装设在一个高压柜内，且共用一组高压隔离开关。

（4）高压配电所的进出线

图 1-8 中高压配电所共有 6 路高压配电出线，分别由左段母线 WB_1 经隔离开关—断路器供车间变电所和供无功补偿用的高压并联电容器组；由右段母线 WB_2 经隔离开关—断路器供高压电动机组和供车间变电所。由于高压配电线路都是由高压母线分配的，因此，母线出线侧需加装隔离开关，以保证断路器和出线的安全检修。

电气主接线图一般绘成单线图，只在局部需要表明三相电路不对称连接时，才将局部绘制成三线图。在大中型企业变配电所的控制室内，为了表明其主接线的实际运行状况，通常设有电气主接线的模拟图（这里未绘制模拟图例）。

3. 35kV/10kV 电气主接线方式及其特点

（1）单母线接线和单母线分段接线

1）单母线接线。单母线接线的特点是只设一条汇流母线，电源线和负荷线均通过一台断路器接到母线上。单母线接线是母线制接线中最简单的一种接线，其优点是接线简单、清晰、采用设备少、造价低、操作方便、扩建任意。单母线接线的缺点是可靠性不高，当发生任一连接元件故障或断路器拒动及母线故障时，都将造成整个供电系统停电。

单母线接线可作为最终接线，也可以作为过渡接线。只要在布置上留有位置，单母线接线即可过渡到单母线分段接线、双母线接线、双母线分段接线。单母线接线方式如图 1-9a 所示。

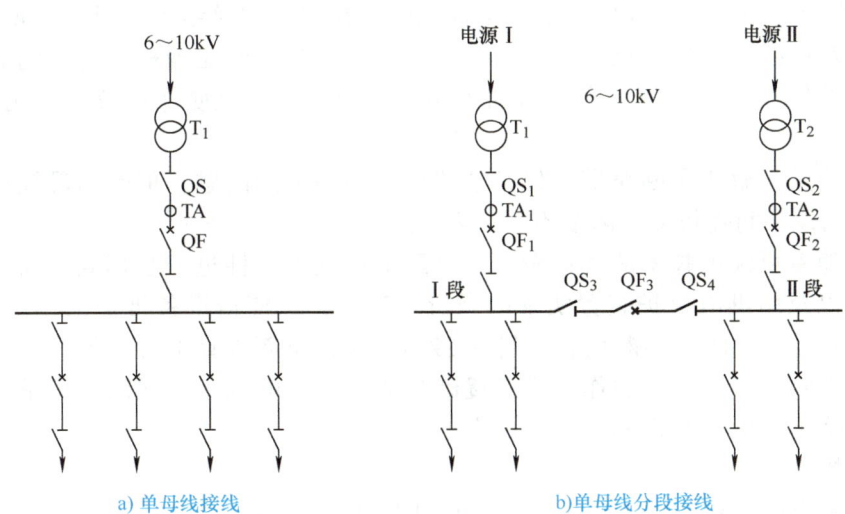

图 1-9 单母线接线与单母线分段接线示意图

2）单母线分段接线。单母线分段是为了消除单母线接线的缺点而产生的一种接线。如图 1-9b 所示就是单母线分段接线方式。用断路器将母线分段，分段后母线和母线隔离开关可分段轮流检修。对重要用户，可从不同母线段引出双回路供电。当一段母线发生故障、任一连接元件故障和断路器拒动时，由继电保护动作断开分段断路器，将故障限制在故障母线范围内，非故障母线继续运行，整个配电装置不会全停电。

母线分段后，可提高供电的可靠性和灵活性。在正常运行时，分段断路器可以接通也可以断开运行。分段断路器除装有继电保护装置外，还应装有备用电源自动投入装置，分段断路器断开运行，有利于限制短路电流。

单母线分段还可以采用双回路供电，即从不同段上各自引入一路电源进线，形成两个电源供电，以保证供电的可靠性。

单母线分段接线虽然较单母线接线提高了供电可靠性和灵活性，但当电源容量较大和出线数目较多，尤其是单回路供电的用户较多时，当一段母线或母线隔离开关故障或检修时，必须断开接在该分段母线上的全部电源和出线，造成该段单回路供电用户停电。而且，任一出线断路器检修时，该回路都必须停止工作。因此，一般认为单母线分段接线应用于 6～10V，出线在 6 回路及以上时，每段所接容量不宜超过 25MW。

（2）双母线接线和双母线带旁路接线

1）双母线接线。为了克服母线分段隔离开关检修时该段母线上所有设备都要停电的缺点，引入双母线接线。双母线接线就是将工作线、电源线和出线通过一台断路器和两组隔离开关连接到两组母线上，而且两组母线都是工作线，每一回路都可通过母线联络断路器并列运行。

与单母线接线相比，双母线接线的优点是供电可靠性高，可以轮流检修母线而不使供电中断。当一组母线故障时，只要将故障母线上的回路倒换到另一组母线，即可迅速恢复供电。另外，双母线接线还具有调度、扩建、检修方便等优点。双母线接线的缺点是每一回路都增加了一组隔离开关，使配电装置的构架及占地面积、投资费用都相应增加；同时由于配电装置的复杂性，在改变运行方式倒闸操作时容易发生误操作，且不易实现自动化；尤其当母线故障时，需短时切除较多的电源和线路，这在特别重要的大型发电厂和变电站是不允许的。图 1-10 所示为双母线接线示意图。其中两段母线互为备用，适用于较重要的负荷用户，运行可靠性和灵活性都较好。双母线接线适用的电压等级为 6～10kV。

2）双母线带旁路接线。双母线带旁路接线就是在双母线接线的基础上，增设旁路母线。其特点是具有双母线接线的优点，当线路侧或主变压器侧的断路器检修时，仍能继续向负荷供电，但旁路的倒换操作比较复杂，增加了误操作的风险，也使保护及自动化系统复杂化，投资费用较大。

加旁路母线虽然解决了断路器和保护装置检修不停电的问题，但旁路母线也带来了投资费用较大、占用设备间隔较多等诸多不利因素。

近年来，随着供配电技术的飞速发展，供配电系统可靠性进一步提高。新技术、新设备的大量投入，以及由继电保护装置实现的微机自动化，都使得设备维护工作量大幅度减小，母线连续不检修运行的时间不断增长。目前 220kV 及以下新设计的变电站，一般都按无人值守方式设计。因此，旁路母线的作用已经逐渐减弱。作为电气主接线的一个重要方案，带旁路母线的接线设计已经完成了它的历史作用。

（3）桥式接线

桥式接线有内桥式和外桥式接线两种，如图 1-11 所示。

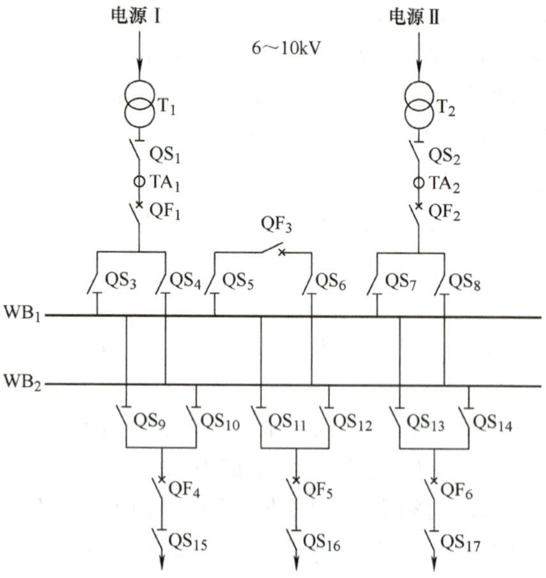

图 1-10　双母线接线示意图

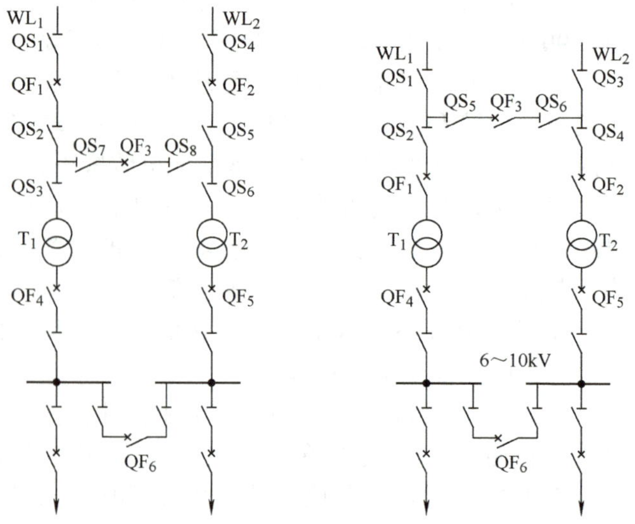

图 1-11　桥式接线

a) 内桥式接线　　　b) 外桥式接线

当线路只有两台变压器和两路输电线路时可采用桥式接线。桥式接线所需的断路器数目较多。

内桥式接线适用于电压为35kV及35kV以上的较长电源线路，以及变压器不需要经常操作的配电系统中，可供一、二级负荷使用。

外桥式接线适用于电压为35kV及35kV以上的较短电源线路，以及变压器需要经常操作的配电系统中，可供一、二级负荷使用。

1.2.2 识读变配电所电气主接线图

1. 识读供配电系统电气图的基本步骤

（1）图样说明

图样说明包括首页的目录、技术说明、设备材料明细表和设计、施工说明书。通过图样说明可对工程项目设计有一个大致了解，有助于抓住识图的重点内容，然后再识读有关的电气图。识读电气图的一般步骤：从标题栏、技术说明到图形、元件明细表，从整体到局部，从电源到负载，从主电路到副电路（二次回路等）。

（2）识读原理接线图

在识读原理接线图时，先要分清主电路和副电路，交流电路和直流电路，再按照先主电路后副电路的顺序读图。

识读主电路时，一般从上到下即由电源经开关设备、导线向负载方向看；识读副电路时，则是从电源开始依次读各个电路，分析各副电路对主电路的控制、保护、测量和指示功能。

（3）识读安装接线图

同样，在识读安装接线图时，总的原则是先读主电路，再读副电路。在读主电路时，从电源引入端开始，经过开关设备、线路到用电设备；在读副电路时，也是从电源出发，按照元件连接顺序依次对回路进行分析。

安装接线图是由原理接线图绘制出来的，因此，识读安装接线图时，要结合原理接线图对照进行。此外，对回路标号、端子板上内外电路连接的分析，也会对识图有一定帮助。

（4）识读展开接线图

识读展开接线图时应结合原理接线图进行，一般先从展开回路名称，按从上到下、从左到右的顺序识读。要特别注意的是，在展开接线图中，同一种电气元件的各部件是按照功能分别画在不同回路中（同一电气元件的各个部件均标注统一项目代号，项目代号通常由文字符号和数字编号组成），因此，读图时要注意这种元件各个部件动作之间的关系。

同样要指出的是，一些展开接线图中的回路在分析其功能时往往不一定是按照从左到右、从上到下的顺序动作，也可能是交叉动作。

（5）识读平面、剖面布置图

在识读平面、剖面布置图时，要先了解土建、管道等相关图样，然后看电气设备位置，由投影关系详细分析设备具体的位置、尺寸，并搞清楚各电气设备之间的相互连接关系，线路引出、引入走向等。

2. 变电所电气主接线的识读步骤

电气主接线是变电所的主要图样，要看懂它一般可按以下步骤进行：

1）了解变电所的基本情况，即变电所在系统中的地位和作用、变电所的类型。

2）了解变压器的主要技术参数，包括额定容量、额定电流、额定电压、额定频率、联结组标号。

3）明确各个电压等级的主接线基本形式，先看高压侧（电源侧）的基本形式，即有无母线，是单母线还是双母线，母线是否分段；再看低压侧的接线。

4）检查开关设备的配置情况，即从控制、保护、隔离的作用出发，检查各路进线和出线是否配置了开关设备，配置是否合理，不配置能否保证系统的运行和检修。

5）检查互感器的配置情况，即从保护和测量的要求出发，检查是否在应该装互感器的地方都安装了互感器；配置的电流互感器个数和安装相别是否合理；配置的电流互感器的铁心数（即二次绕组数）是否满足需要。

6）检查避雷器的配置情况，有些主接线图并不绘有避雷器的配置，则不必检查。当电气主接线图绘有避雷器时，则应检查是否配置齐全。

7）综合评价，即按主接线进行分析，指出优缺点，得出综合评价。

技能训练 2　变电所电气主接线图识读训练

图 1-12 为某厂用 35kV 中心变电所的电气主接线图，包括 35kV/10kV 的中心变电所和 10kV/0.4kV 的变电室两部分，中心变电所的作用是把 35kV 的电压降到 10kV，并把 10kV 送至厂区各个车间的 10kV 变电室中去；10kV/0.4kV 变电室的作用是把 10kV 电源降到 0.4kV，并把 0.4kV 送至厂区办公、食堂、文化娱乐、宿舍等公共用电场所。

从图 1-12 电气主接线图可以看出该系统有三级电压，这三级电压用变压器连接，它们的主要作用就是把电能分配出去，再输送给各个电力用户。变电所内还装设了保护、控制、测量、信号及齐全的自动装置，由此显示出变配电装置的复杂性。

系统为两路 35V 供电，来自不同的电站，进户处设置接地隔离开关、避雷器、电压互感器。其中设置接地隔离开关的目的是线路停电时，该接地隔离开关闭合接地，站内可以进行检修，避免了挂临时接地线的工作。

与接地隔离开关关联的另一组隔离开关是把电源送到高压母线上的开关，并设置电流互感器，与电压互感器构成测量电能的采样元件。

高压母线分两段，并用隔离开关作为联络开关，当一路电源故障或停电时，可将联络开关合上，两台主变压器可由另一路电源供电。联络开关两侧的母线必须经过核相，保证它们的相序相同。

每段母线设置一台主变压器，变压器由 DW5 油断路器控制，并在断路器的两侧设置隔离开关 GW5，以保证断路器检修时的安全。

变压器两侧设置电流互感器 3TA 和 4TA，以便构成差动保护的测量回路，同时在主变压器进口侧设置一组避雷器，以实现主变压器过电压保护。在进户处设置避雷器的目的是保护电源进线和母线过电压。油断路器的套管式电流互感器 2TA 作为保护测量用。

变压器出口引入高压室内的 GFC 型开关计量柜，柜内设有电流互感器、电压互感器供测量保护用，还设有避雷器保护 10kV 母线过电压。10kV 母线由联络柜联络。

馈电柜将 10kV 电源送至各个车间及大型用户，10kV 公共变压器的出口引入低压室内的低压总柜上，总柜内设有刀开关和低压断路器，并设有电流互感器和电能表作为测量元件。

由 35kV 母线经 GW5 隔离开关，RW5 跌落式熔断器引至一台站用变压器 SL7-50/35-0.4，专供站内用电，并经过电缆引至低压变电室的站用柜内。这是一台直接将 35kV 变为 400V 到变压器，与主变压器的电压等级相同。

低压变电室内设有 4 台 UPS，供停电时动力和照明用，以备检修时有足够的电力。

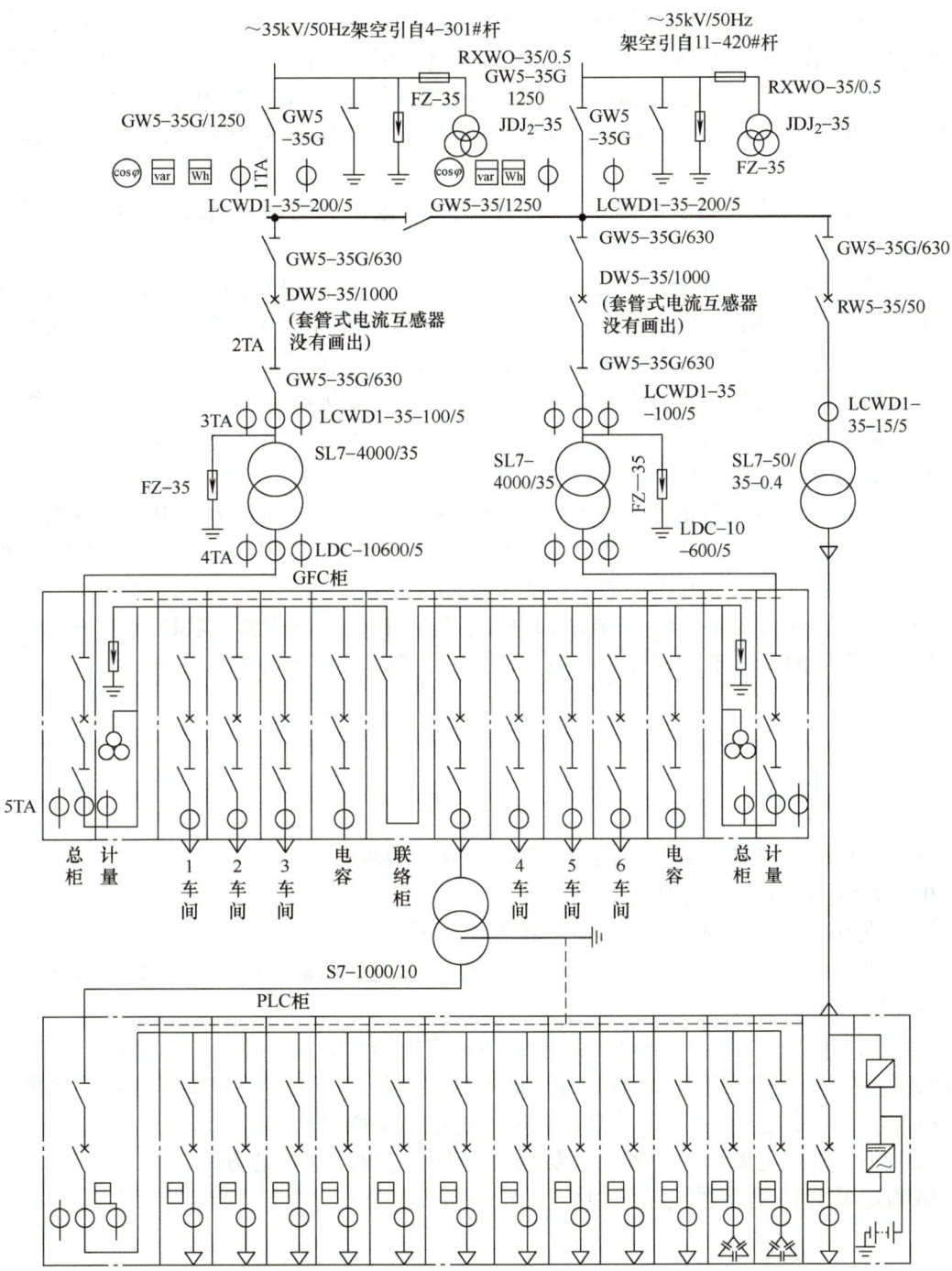

图 1-12 某厂用 35kV 中心变电所的电气主接线图

项目小结

电力系统是发电、输电、变电、配电和用电的统一整体。发电厂把其他形式的能源通过发电设备转换为电能。我国以火力发电为主，其次是水力发电和核电等。

变配电所是联系发电厂和用户的中间环节，变电所用以变换电能电压、接收电能与分配电能，配电所用以接收电能和分配电能。

电力网是电力系统的一部分，是输电线路和配电线路的统称，是输送电能和分配电能的通道。

工厂供配电系统由工厂降压变电所、高压配电线路、车间变电所、低压配电线路及用电设备组成。一般大型工业企业均设工厂降压变电所，把35～110kV电压降为6～10kV电压向车间变电所供电。车间变电所将6～10kV的高压配电电压降为380V/220V，为低压用电设备供电。

工厂内的高压配电线路主要作为工厂内输送、分配电能之用，通过它把电能送到各个生产厂房和车间。

用电设备的额定电压和电网的额定电压一致。发电机接在线路首端，其额定电压高于所供电网额定电压5%，用以补偿线路电压损失。变压器直接与发电机相连时，其一次侧额定电压与发电机额定电压相同，即比电网的额定电压要高5%；变压器二次侧供电线路较长时，变压器二次绕组的额定电压要比线路额定电压高出10%。变压器接在某一级额定电压线路的末端，其一次侧额定电压与线路的额定电压相同；二次侧线路不太长时，其二次侧额定电压需高于线路额定电压5%，用以补偿线路电压损失。

一般没有高压用电设备的小型工厂，可选用380V/220V电压供电。中、小型工厂可采用6～10kV电压供电。大型工厂可采用35～110kV电压供电。工厂的高压配电电压一般采用6～10kV，工厂的低压配电电压一般采用380V/220V。

影响供电质量的主要指标为交流电的电压、频率和供电可靠性。我国将工业企业的电力负荷按其对可靠性的要求不同划分为一级负荷、二级负荷和三级负荷。

课后习题

1. 电能的特点有哪些？对工厂供配电有哪些基本要求？
2. 电力系统由哪几部分组成？
3. 衡量供电电能质量的指标有哪些？各有什么要求？
4. 我国电网的额定电压等级有哪些？为什么用电设备的额定电压一般规定与同级电网的额定电压相同？
5. 为什么发电机的额定电压高于同级电网额定电压5%？为什么电力变压器一次侧额定电压有的高于电网额定电压5%，有的等于电网额定电压？又为什么电力变压器二次侧额定电压有的高于电网额定电压5%，有的高于电网额定电压10%？
6. 说明工厂供配电系统的任务、主要组成和供配电电压选择的方法。
7. 试确定图1-13所示供电系统中变压器T_1和线路WL_1、WL_2的额定电压。

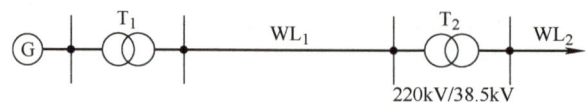

图1-13 题7图

8. 试确定题图1-14所示供电系统中发电机和所有变压器的额定电压。

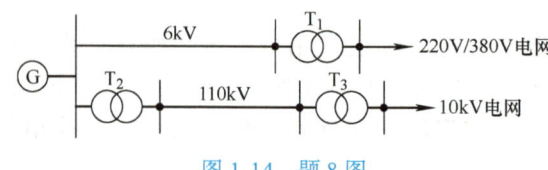

图1-14 题8图

项目 2

供配电系统相关计算

🔍 项目概述

供配电系统要能安全可靠地正常运行，其中各个元件（包括电力变压器、开关设备及导线电缆等）都必须选择得当，除了应满足工作电压和频率的要求外，最重要的还要满足负荷电流的要求。因此，有必要对供配电系统中各个环节的电力负荷进行统计计算。另外，最不正常的工作情况也要考虑，主要就是短路，短路的后果十分严重，必须设法消除可能引起短路的一切因素；同时需要进行短路电流的计算，以便正确地选择电气设备，使设备具有足够的动稳定性和热稳定性，以保证它在发生可能有的最大短路电流时不致损坏。为了选择切除短路故障的开关电器、整定短路保护的继电保护装置和选择限制短路电流的元件（如电抗器）等，也必须计算短路电流。

⬢ 素质延展

2003年8月14日，美国东北部6个州和加拿大东部两个省发生大面积停电事故，累计损失电力负荷6180万kW，持续时间长达29h，造成很大的经济损失和社会影响，引起国际社会广泛关注。我国电力系统在近年来极端突发事件中的应对，体现出了我国电力系统具备统一规划、统一管理、统一调度的体制优势。统一规划保障了一次能源与电力行业、电源与电网的协调发展，统一管理保障了面对特殊、极端情况能够协调联动，统一调度能够保障充分发挥大电网相互支援的优势，最大可能保障受灾地区的电力供应。

任务 1 >>> 电力负荷及其计算

📝 学习目标

1）列举、区别电力负荷的分级和设备工作制。
2）正确计算、确定电力负荷的计算负荷。

任务描述

供配电系统设计的质量直接影响企业生产及其发展。作为从事供配电工作的工程技术人员，必须了解和学习有关供配电设计的相关知识、掌握用电负荷的计算方法，正确选择和校验电气一次设备，以便使供配电系统工作安全可靠、运行维护方便、投资经济合理。

相关知识

2.1.1 电力负荷与负荷曲线绘制

1. 电力负荷的分级及其对供电电源的要求

电力负荷有两种含义：其一是指消耗电能的用电设备或用户；其二是指用电设备或用户消耗的功率或电流大小。这里所讲的电力负荷指的是前者。

（1）电力负荷的分级

电力负荷根据其对供电可靠性的要求及中断供电造成的损失或影响的程度分为三级。

1）一级负荷。一级负荷为中断供电将造成人身伤亡，或者中断供电将在政治、经济上造成重大损失的负荷，如重大设备损坏、重大产品报废、用重要原料生产的产品大量报废、国民经济中重点企业的连续生产过程被打乱需要长时间才能恢复等。

在一级负荷中，当中断供电将发生中毒、爆炸和火灾等情况的负荷，以及特别重要场所不允许中断供电的负荷，应视为特别重要的负荷。

2）二级负荷。二级负荷为中断供电将在政治、经济上造成较大损失的负荷，如主要设备损坏、大量产品报废、连续生产过程被打乱需较长时间才能恢复、重点企业大量减产等。

3）三级负荷。所有不属于上述一、二级负荷者均属三级负荷。

（2）各级电力负荷对供电电源的要求

1）一级负荷对供电电源的要求。由于一级负荷属重要负荷，中断供电造成的后果将十分严重，因此要求由两路电源供电，当其中一路电源发生故障时，另一路电源应不致同时受到损坏。

一级负荷中特别重要的负荷，除上述两路电源外，还必须增设应急电源。为保证对特别重要负荷的供电，严禁将其他负荷接入应急供电系统。常用的应急电源有独立于正常电源的发电机组、供电网络中独立于正常电源的专门供电线路、蓄电池和干电池。

2）二级负荷对供电电源的要求。二级负荷也属于重要负荷，要求由两回路供电，供电变压器也应有两台。只有当负荷较小或者当地供电条件困难时，二级负荷可由一回路10kV及以上的专用架空线路供电。这是考虑架空线路发生故障时，较之电缆线路发生故障时易于发现且易于检查和修复。当采用电缆线路时，必须采用两根电缆并列供电，每根电缆应能承受全部二级负荷。在其中一回路或一台变压器发生常见故障时，二级负荷应不致中断供电，或中断后能迅速恢复供电。

3）三级负荷对供电电源的要求。由于三级负荷为不重要的一般负荷，因此它对供电电源无特殊要求。

2. 工厂用电设备工作制

工厂的用电设备，按其工作制分为以下三类：

1）连续工作制设备。连续工作制设备在恒定负荷下运行，且运行时间长到足以使之达到热平衡状态,用电设备大都属于这类设备,如通风机、水泵、空气压缩机、电动/发电机组、电炉和照明灯等。机床电动机的负荷一般变动较大,但其主电动机一般也是连续运行的。

2)短时工作制设备。短时工作制设备在恒定负荷下运行的时间短(短于达到热平衡所需的时间),而停歇时间长(长到足以使设备温度冷却到周围介质的温度),如机床上的某些辅助电动机(如进给电动机)、控制闸门的电动机等。

3)断续周期工作制设备。断续周期工作制设备周期性地时而工作、时而停歇,如此反复运行,但无论工作或停歇,均不足以使设备达到热平衡,如电焊机和吊车电动机等。

断续周期工作制设备,可用负荷持续率来表示其工作特征。负荷持续率为一个工作周期内工作时间与工作周期的百分比值,用 ε 表示,即

$$\varepsilon = \frac{t}{T} \times 100\% = \frac{t}{t+t_0} \times 100\% \qquad (2\text{-}1)$$

式中,T 为工作周期;t 为工作时间;t_0 为停歇时间。

断续周期工作制设备的额定容量(铭牌容量)P_N 对应于某一标称负荷持续率 ε_N。如果实际运行的负荷持续率 $\varepsilon \neq \varepsilon_N$,则实际容量 P_e 应按同一周期内等效发热条件进行换算。由于电流 I 通过电阻为 R 的设备在时间 t 内产生的热量为 I^2Rt,因此在设备产生相同热量的条件下,$I \propto 1/\sqrt{\varepsilon}$;而在同一电压下,设备容量 $P \propto I$;又由式(2-1)知,同一周期 T 的负荷持续率 $\varepsilon \propto t$。因此 $P \propto 1/\sqrt{\varepsilon}$,即设备容量与负荷持续率的二次方根值成反比。由此可见,如果设备在 ε_N 下的容量为 P_N,则换算到实际 ε 下的容量 P_e 为

$$P_e = P_N \sqrt{\frac{\varepsilon_N}{\varepsilon}} \qquad (2\text{-}2)$$

2.1.2 三相用电设备组计算负荷的确定

1. 概述

供配电系统要能安全可靠地正常运行,最重要的就是要满足负荷电流的要求。通过负荷统计计算求出的、用来按发热条件选择供电系统中各元件的负荷值,称为计算负荷。根据计算负荷选择的电气设备和导线电缆,如果以计算负荷连续运行,其发热温度不会超过允许值。

由于导体通过电流达到稳定温升的时间大约需(3~4)τ,τ 为发热时间常数。横截面面积为 16mm² 及以上的导体,其 $\tau \geq$ 10min,因此载流导体大约经 30min 后可达到稳定温升值。可见,计算负荷实际上与从负荷曲线上查得的半小时最大负荷 P_{30}(即 P_{max})基本相当。所以,计算负荷也可以认为就是半小时最大负荷。后面的计算中分别用 P_{30}、Q_{30}、S_{30} 和 I_{30} 表示有功计算负荷、无功计算负荷、视在计算负荷和计算电流。

计算负荷是供电设计计算的基本依据。如果计算负荷确定得过大,将使电器和导线电缆选得过大,造成投资和有色金属的浪费。如果计算负荷确定得过小,又将使电器和导线电缆处于过负荷运行,从而增加电能损耗,产生过热,导致绝缘过早老化,甚至燃烧引起火灾,造成更大的损失。由此可见,正确确定计算负荷非常重要。

我国目前普遍采用的确定用电设备组计算负荷的方法有需要系数法和二项式法。需要系数法是国际上普遍采用的确定计算负荷的基本方法,最为简便。但在确定设备台数较少而容量差别较大的分支干线的计算负荷时,采用二项式法较需要系数法合理,且计算也比较简便。

2. 按需要系数法确定计算负荷

（1）基本公式

用电设备组的计算负荷是指用电设备组从供电系统中取用的半小时最大负荷 P_{30}，如图 2-1 所示。用电设备组的设备容量 P_e，是指用电设备组所有设备（不含备用设备）的额定容量 P_N 之和，即 $P_e = \Sigma P_N$。而设备的额定容量 P_N 是设备在额定条件下的最大输出功率（出力）。但是用电设备组的设备实际上不一定都同时运行，运行的设备也不太可能都满负荷，同时设备本身和配电线路还有功率损耗，因此用电设备组的有功计算负荷应为

$$P_{30} = \frac{K_\Sigma K_L}{\eta_e \eta_{WL}} P_e \tag{2-3}$$

式中，K_Σ 为设备组的同时系数，即设备组在最大负荷时运行的设备容量与全部设备容量之比；K_L 为设备组的负荷系数，即设备组在最大负荷时输出功率与运行的设备容量之比；η_e 为设备组的平均效率，即设备组在最大负荷时输出功率与取用功率之比；η_{WL} 为配电线路的平均效率，即配电线路在最大负荷时的末端功率与首端功率之比。

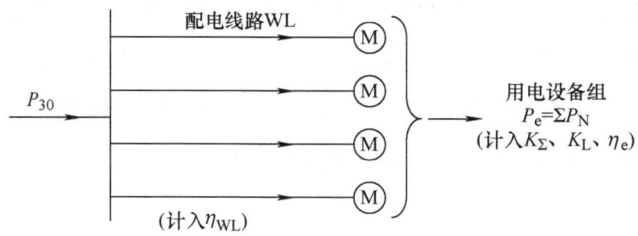

图 2-1 用电设备组的计算负荷

令式（2-3）中的 $\dfrac{K_\Sigma K_L}{\eta_e \eta_{WL}} = K_d$，$K_d$ 称为需要系数。由式（2-3）可知，需要系数的定义式为 $K_d = \dfrac{P_{30}}{P_e}$，即用电设备组的需要系数为用电设备组的半小时最大负荷与其设备容量的比值。

由此可得按需要系数法确定三相用电设备组计算负荷的基本公式为

$$\begin{cases} P_{30} = K_d P_e \\ Q_{30} = P_{30} \tan\varphi \\ S_{30} = \dfrac{P_{30}}{\cos\varphi} \\ I_{30} = \dfrac{S_{30}}{\sqrt{3} U_N} \end{cases} \tag{2-4}$$

式中，K_d、$\cos\varphi$、$\tan\varphi$ 可查附录 A。设备容量 P_e 的计算公式为

$$P_e = \begin{cases} \Sigma P_N：连续工作制和短时工作制 \\ \Sigma \left(P_N \sqrt{\varepsilon_N}\right)：电焊机组 \\ \Sigma \left(2 P_N \sqrt{\varepsilon_N}\right)：起重电动机组 \end{cases} \tag{2-5}$$

负荷计算中常用的单位：有功功率为千瓦[特]（kW），无功功率为千乏（kvar），视在功率为千伏安（kV·A），电流为安[培]（A），电压为千伏[特]（kV）。

附录 A 所列需要系数值是按车间范围内台数较多的情况来确定的，需要系数值都较低，因此需要系数法适用于确定车间的计算负荷。只有 1、2 台设备时，可认为 $K_d=1$，即 $P_{30}=P_e$。只有一台电动机时，其 $P_{30}=P_N/\eta$，这里 P_N 为电动机额定容量，η 为电动机效率。另外，查表时首先要正确判断用电设备的类别和工作状态，否则会造成错误。如机修车间的金属切削机床电动机，应属小批量生产的冷加工机床电动机，因为金属切削就是冷加工，而机修不可能是大批量生产。又如压塑机、拉丝机和锻锤等，应属热加工机床。再如起重机、行车、电动葫芦等，均属起重机类。

【例 2-1】 已知某机修车间的金属切削机床组，拥有电压为 380V 的 7.5kW 三相电动机 6 台，4kW 三相电动机 8 台，3kW 三相电动机 20 台，1.5kW 三相电动机 10 台。试求其计算负荷。

解：查附录 A 中"小批量生产的金属冷加工机床电动机"项，得 $K_d=0.16\sim0.2$（取 0.2），$\cos\varphi=0.5$，$\tan\varphi=1.72$。

此机床组电动机的总容量：$P_e=(7.5\times6+4\times8+3\times20+1.5\times10)\text{kW}=152\text{kW}$

因此可求得：

有功计算负荷 $P_{30}=K_d P_e=0.2\times152\text{kW}=30.4\text{kW}$

无功计算负荷 $Q_{30}=P_{30}\tan\varphi=30.4\times1.72\text{kvar}=52.29\text{kvar}$

视在计算负荷 $S_{30}=\dfrac{P_{30}}{\cos\varphi}=\dfrac{30.4}{0.5}\text{kV·A}=60.8\text{kV·A}$

计算电流 $I_{30}=\dfrac{S_{30}}{\sqrt{3}U_N}=\dfrac{60.8}{\sqrt{3}\times0.38}\text{A}=92.38\text{A}$

（2）设备容量的计算

需要系数法基本公式中的设备容量 P_e 不含备用设备容量，且与用电设备组的工作制有关。其计算方法见式（2-5）。

1）一般连续工作制和短时工作制的用电设备组容量计算。其设备容量是所有设备的铭牌额定容量之和。

2）断续周期工作制的用电设备组容量计算。其设备容量是将所有设备在不同负荷持续率下的铭牌额定容量换算到一个规定的负荷持续率下的容量之和。容量换算的公式见式（2-2）。断续周期工作制的用电设备常用的有电焊机和吊车电动机，各自的换算要求如下：

① 电焊机组。因电焊机的铭牌负荷持续率有 20%、40%、50%、60%、75%、100% 等多种，而 $\varepsilon=100\%$ 时，$\sqrt{\varepsilon}=1$，换算最为简便，因此规定其设备容量统一换算到 $\varepsilon=100\%$。附录 A 中电焊机的需要系数及其他系数也都是对应于 $\varepsilon=100\%$ 的。因此，由式（2-2）可得换算后的设备容量为

$$P_e=P_N\sqrt{\dfrac{\varepsilon_N}{\varepsilon_{100}}}=S_N\cos\varphi\sqrt{\dfrac{\varepsilon_N}{\varepsilon_{100}}},\ P_e=P_N\sqrt{\varepsilon_N}=S_N\cos\varphi\sqrt{\varepsilon_N} \qquad (2-6)$$

式中，P_N、S_N 为电焊机的铭牌容量（前者为有功功率，后者为视在功率）；ε_N 为与铭牌容量相对应的负荷持续率（计算中用小数）；ε_{100} 为其值等于 100% 的负荷持续率（计算中用 1）；$\cos\varphi$ 为铭牌规定的功率因数。

② 起重机电动机组。起重机的铭牌负荷持续率有 15%、25%、40%、60% 等，而 $\varepsilon=25\%$

时，$\sqrt{\varepsilon}=0.5$，换算相对较为简便，因此规定其设备容量统一换算到 $\varepsilon=25\%$。附录 A 中吊车组的需要系数及其他系数也都是对应于 $\varepsilon=25\%$ 的。因此，由式（2-2）可得换算后的设备容量为

$$P_e = P_N\sqrt{\frac{\varepsilon_N}{\varepsilon_{25}}} = 2P_N\sqrt{\varepsilon_N}$$

式中，P_N 为起重机电动机的铭牌容量；ε_N 为与 P_N 对应的负荷持续率（计算中用小数）；ε_{25} 为其值等于 25% 的负荷持续率（计算中用 0.25）。

（3）多组用电设备计算负荷的确定

确定拥有多组用电设备的车间干线上或车间变电所低压母线上的计算负荷时，应考虑各组用电设备的最大负荷不同时出现的因素。因此在确定多组用电设备的计算负荷时，应结合具体情况对其有功负荷和无功负荷分别计入一个同时系数 $K_{\Sigma P}$ 和 $K_{\Sigma Q}$，该系数的取值见表 2-1。

表 2-1 同时系数 $K_{\Sigma P}$ 和 $K_{\Sigma Q}$ 的取值

应用范围		$K_{\Sigma P}$	$K_{\Sigma Q}$
车间干线		0.85~0.95	0.90~0.97
低压母线	由用电设备组 P_{30} 直接相加	0.80~0.90	0.85~095
	由车间干线 P_{30} 直接相加	0.90~0.95	0.93~0.97

由此可得多组用电设备计算负荷的基本公式为

$$\begin{cases} P_{30} = K_{\Sigma P}\Sigma P_{30.i} \\ Q_{30} = K_{\Sigma Q}\Sigma Q_{30.i} \\ S_{30} = \sqrt{P_{30}^2 + Q_{30}^2} \\ I_{30} = \dfrac{S_{30}}{\sqrt{3}U_N} \end{cases} \tag{2-7}$$

式中，i 为用电设备组的组数；$K_{\Sigma P}$、$K_{\Sigma Q}$ 为同时系数，见表 2-1。

【例 2-2】 一机修车间的 380V 线路上，接有金属切削机床电动机 20 台共 50kW，其中较大 7.5kW 容量电动机 2 台，4kW 电动机 2 台，2.2kW 电动机 8 台；另接 1.2kW 通风机 3 台，3kW 电阻炉 1 台。试求计算负荷（设同时系数 $K_{\Sigma P}$、$K_{\Sigma Q}$ 均为 0.9）。

解：1）金属切削机床电动机组。查附录 A 可取 $K_{d1}=0.2$，$\cos\varphi_1=0.5$，$\tan\varphi_1=1.72$。

$$P_{30.1} = K_{d1}P_{e1} = 0.2 \times 50\text{kW} = 10\text{kW}$$
$$Q_{30.1} = P_{30.1}\tan\varphi_1 = 10 \times 1.72\text{kvar} = 17.2\text{kvar}$$

2）通风机组。查附录 A 可取 $K_{d2}=0.8$，$\cos\varphi_2=0.8$，$\tan\varphi_2=0.75$。

$$P_{30.2} = K_{d2}P_{e2} = 0.8 \times 1.2 \times 3\text{kW} = 2.88\text{kW}$$
$$Q_{30.2} = P_{30.2}\tan\varphi_2 = 2.88 \times 0.75\text{kvar} = 2.16\text{kvar}$$

3）电阻炉组。查附录 A 可取 $K_{d3}=0.7$，$\cos\varphi_3=1$，$\tan\varphi_3=0$。

$$P_{30.3} = K_{d3}P_{e3} = 0.7 \times 3\text{kW} = 2.1\text{kW}$$
$$Q_{30.3} = 0$$

4）总计算负荷为

$$P_{30} = K_{\Sigma P}\sum P_{30.i} = 0.9 \times (10 + 2.88 + 2.1)\ \text{kW} = 13.48\text{kW}$$
$$Q_{30} = K_{\Sigma P}\sum Q_{30.i} = 0.9 \times (17.2 + 2.16 + 0)\ \text{kvar} = 17.42\text{kvar}$$
$$S_{30} = \sqrt{P_{30}^2 + Q_{30}^2} = \sqrt{13.48^2 + 17.42^2}\ \text{kV·A} = 22.03\text{kV·A}$$
$$I_{30} = \frac{S_{30}}{\sqrt{3}U_N} = \frac{22.03}{\sqrt{3} \times 0.38}\text{A} = 33.472\text{A}$$

3. 按二项式法确定计算负荷

（1）基本公式

按二项式法确定三相用电设备组计算负荷的基本公式为

$$\begin{cases} P_{30} = bP_e + cP_x \\ Q_{30} = P_{30}\tan\varphi \\ S_{30} = \dfrac{P_{30}}{\cos\varphi} \\ I_{30} = \dfrac{S_{30}}{\sqrt{3}U_N} \end{cases} \quad (2\text{-}8)$$

式中，二项式系数 b、c 和最大容量设备台数 x、$\cos\varphi$、$\tan\varphi$，可查附录A。bP_e（二项式第一项）表示用电设备组的平均功率，其中 P_e 是用电设备组的设备总容量；cP_x（二项式第二项）表示用电设备组中 x 台容量最大的设备投入运行时增加的附加负荷，其中 P_x 为 x 台最大容量设备的总容量。

注意：按二项式法确定计算负荷时，如果设备总台数 n 少于附录A中规定的最大容量设备台数 x 的2倍，即 $n<2x$ 时，$x=n/2$ 且按四舍五入取其整数。如果用电设备组只有1、2台设备时，则可认为 $P_{30}=P_e$。对于单台电动机，则 $P_{30}=P_N/\eta$，这里 P_N 为电动机额定容量，η 为其额定效率。由于二项式法不仅考虑了用电设备组最大负荷时的平均负荷，而且考虑了少数容量最大的设备投入运行时对总计算负荷的额外影响，所以二项式法比较适用于确定设备台数较少而容量差别较大的低压干线和分支线的计算负荷。

【**例2-3**】 试用二项式法确定例2-1中机床组的计算负荷。

解：查附录A中"小批量生产的金属冷加工机床电动机"项，可取 $b=0.14$，$c=0.4$，$x=5$，$\cos\varphi=0.5$，$\tan\varphi=1.72$。

此机床电动机组的总容量：$P_e = (7.5 \times 6 + 4 \times 8 + 3 \times 20 + 1.5 \times 10)\ \text{kW} = 152\text{kW}$

x 台最大容量设备的容量：$P_5 = 7.5 \times 5\text{kW} = 37.5\text{kW}$

有功计算负荷：$P_{30} = bP_e + cP_x = (0.14 \times 152 + 0.4 \times 37.5)\ \text{kW} = 36.28\text{kW}$

无功计算负荷：$Q_{30} = P_{30}\tan\varphi = 36.28 \times 1.72\ \text{kvar} = 62.4\text{kvar}$

视在计算负荷：$S_{30} = \dfrac{P_{30}}{\cos\varphi} = \dfrac{36.28}{0.5}\ \text{kV·A} = 72.56\text{kV·A}$

计算电流：$I_{30} = \dfrac{S_{30}}{\sqrt{3}U_N} = \dfrac{72.56}{\sqrt{3}\times 0.38}\text{A} = 110.24\text{A}$

（2）多组用电设备计算负荷的确定

采用二项式法确定多组用电设备总的计算负荷是在各组用电设备中取其中一组最大的有功附加负荷 $(cP_x)_{max}$，再加上各组的平均负荷 bP_e，由此可得多组用电设备计算负荷的基本公式为

$$\begin{cases} P_{30} = \Sigma\,(bP_e)_i + (cP_x)_{max} \\ Q_{30} = \Sigma\,(bP_e\tan\varphi)_i + (cP_x)_{max}\tan\varphi_{max} \\ S_{30} = \sqrt{P_{30}^2 + Q_{30}^2} \\ I_{30} = \dfrac{S_{30}}{\sqrt{3}U_N} \end{cases} \quad (2\text{-}9)$$

式中，$\tan\varphi_{max}$ 为最大附加负荷 $(cP_x)_{max}$ 的用电设备组的平均功率因数角的正切值。

为了简化，按二项式法计算多组用电设备的计算负荷时，不论各组用电设备台数多少，以及各组的计算系数 b、c、x 和 $\cos\varphi$ 等，均按附录 A 所列数值计算。

【例 2-4】 试用二项式法确定例 2-2 中的计算负荷。

解：求出各组用电设备的平均功率 bP_e 和附加负荷 cP_x。

1）金属切削机床电动机组。查附录 A，取 $b_1=0.14$，$c_1=0.4$，$x_1=5$，$\cos\varphi_1=0.5$，$\tan\varphi_1=1.72$，则有

$$(bP_e)_1 = 0.14\times 50\text{kW} = 7\text{kW},\ (cP_x)_1 = 0.4\times(7.5\times 2 + 4\times 2 + 2.2\times 1)\text{kW} = 10.08\text{kW}$$

2）通风机组。查附录 A，取 $b_2=0.65$，$c_2=0.25$，$\cos\varphi_2=0.8$，$\tan\varphi_2=0.75$，$x_2=5$，则有

$$(bP_e)_2 = 0.65\times 1.2\times 3\text{kW} = 2.34\text{kW},\ (cP_x)_2 = 0.25\times 1.2\times 3\text{kW} = 0.9\text{kW}$$

3）电阻炉组。查附录 A，取 $b_3=0.7$，$c_3=0$，$\cos\varphi_3=1$，$\tan\varphi_3=0$，则有

$$(bP_e)_3 = 0.7\times 3\text{kW} = 2.1\text{kW},\ (cP_x)_3 = 0$$

显然，第一组的附加负荷 $(cP_x)_1$ 最大，故总计算负荷为

$$\begin{aligned} P_{30} &= \Sigma\,(bP_e)_i + (cP_x)_1 = [(7+2.34+2.1)+10.08]\text{kW} = 21.52\text{kW} \\ Q_{30} &= \Sigma\,(bP_e\tan\varphi)_i + (cP_x)\tan\varphi_1 \\ &= [(7\times 1.72 + 2.34\times 0.75 + 0) + 10.08\times 1.72]\text{kvar} = 31.2\text{kvar} \\ S_{30} &= \sqrt{P_{30}^2 + Q_{30}^2}\sqrt{21.52^2 + 31.2^2}\text{kV}\cdot\text{A} = 37.9\text{kV}\cdot\text{A} \\ I_{30} &= \dfrac{S_{30}}{\sqrt{3}U_N} = \dfrac{37.9}{\sqrt{3}\times 0.38}\text{A} = 57.6\text{A} \end{aligned}$$

比较例 2-2 和例 2-4 的计算结果，按二项式法计算的结果较之按需要系数法计算的结果大得比较多，这也更加合理。

2.1.3 单相用电设备组计算负荷的确定

1. 概述

在工厂里,除了广泛应用的三相用电设备外,还有电焊机、电炉、电灯等各种单相用电设备。单相用电设备应尽可能均衡分配,使三相尽可能平衡。如果三相线路中单相用电设备的总容量不超过三相用电设备总容量的15%,单相用电设备可与三相用电设备综合按三相负荷平衡计算,即如果超过15%,则应将单相用电设备容量换算为等效三相用电设备容量,再与三相用电设备容量相加。只要三相负荷不平衡,就应以最大负荷相有功负荷的3倍作为等效三相有功负荷,以满足安全运行要求。

2. 单相用电设备组等效三相负荷的计算

(1)单相用电设备接于相电压时的等效三相负荷计算

此时等效三相用电设备容量 P_e 应按最大负荷相所接单相用电设备容量 $P_{e.m\varphi}$ 的3倍计算,即

$$P_e = 3P_{e.m\varphi} \tag{2-10}$$

(2)单相用电设备接于线电压时的等效三相负荷计算

由于容量为 $P_{e.m\varphi}$ 的单相用电设备在线电压上产生的电流 $I = P_{e.\varphi}/(U\cos\varphi)$,此电流应与等效三相用电设备容量 P_e 产生的电流 $I' = P_e/(\sqrt{3}U\cos\varphi)$ 相等,因此其等效三相用电设备容量为

$$P_e = \sqrt{3}P_{e.\varphi} \tag{2-11}$$

(3)单相用电设备分别接于线电压和相电压时的三相负荷计算

首先应将接于线电压的单相用电设备容量换算为接于相电压的设备容量,然后分相计算各相的设备容量与计算负荷。总的等效三相有功计算负荷为其最大有功负荷相的有功计算负荷 $P_{30.m\varphi}$ 的3倍,即

$$P_{30} = 3P_{30.m\varphi} \tag{2-12}$$

总的等效三相无功计算负荷为最大有功负荷相的无功计算负荷 $Q_{30.m\varphi}$ 的3倍,即

$$Q_{30} = 3Q_{30.m\varphi} \tag{2-13}$$

关于将接于线电压的单相用电设备容量换算为接于相电压的设备容量的问题,可按下列换算公式进行换算:

$$\begin{cases} A相: & P_A = p_{AB-A}P_{AB} + p_{CA-A}P_{CA} \\ & Q_A = q_{AB-A}P_{AB} + q_{CA-A}P_{CA} \\ B相: & P_B = p_{BC-B}P_{BC} + p_{AB-B}P_{AB} \\ & Q_B = q_{BC-B}P_{BC} + q_{AB-B}P_{AB} \\ C相: & P_C = p_{CA-C}P_{CA} + p_{BC-C}P_{BC} \\ & Q_C = q_{CA-C}P_{CA} + q_{BC-C}P_{BC} \end{cases} \tag{2-14}$$

式中，P_{AB}、P_{BC}、P_{CA} 分别为接于 AB、BC、CA 相间的有功设备容量；P_A、P_B、P_C 分别为换算为 A、B、C 相的有功设备容量；Q_A、Q_B、Q_C 分别为换算为 A、B、C 相的无功设备容量；p_{AB-A}、q_{AB-A} 等分别为接于 AB 等相间的设备容量换算为 A、B 等相设备容量的有功和无功功率换算系数，见表 2-2。

表 2-2　相间负荷换算为相负荷的功率换算系数

功率换算系数	负荷功率因数								
	0.35	0.4	0.5	0.6	0.65	0.7	0.8	0.9	1.0
p_{AB-A}、p_{BC-B}、p_{CA-C}	1.27	1.27	1.0	0.89	0.84	0.8	0.72	0.64	0.5
p_{AB-B}、p_{BC-C}、p_{CA-A}	−0.27	−0.17	0	0.11	0.16	0.2	0.28	0.36	0.5
q_{AB-A}、q_{BC-B}、q_{CA-C}	1.05	0.86	0.58	0.38	0.3	0.22	0.09	−0.05	−0.29
q_{AB-B}、q_{BC-C}、q_{CA-A}	1.63	1.44	1.16	0.96	0.88	0.8	0.67	0.53	0.29

【例 2-5】 图 2-2 所示 220V/380V 三相四线制线路上，接有 220V 单相电热干燥箱 4 台，其中 2 台 10kW 接于 A 相，1 台 30kW 接于 B 相，1 台 30kW 接于 C 相。此外接有 380V 单相对焊机 4 台，其中 2 台 14kW（ε=100%）接于 AB 相间，1 台 20kW（ε=100%）接于 BC 相间，1 台 20kW（ε=60%）接于 CA 相间。试求此线路的计算负荷。

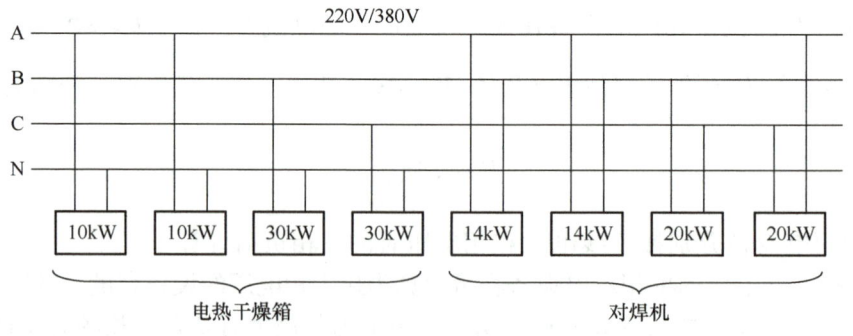

图 2-2　电热干燥箱、对焊机线路

解：1）电热干燥箱的各相计算负荷。查附录 A 可得 K_d=0.7，$\cos\varphi$=1，$\tan\varphi$=0，因此只要计算有功计算负荷。各相的有功计算负荷为

A 相：$P_{30.A1}=K_d P_{e.A}=0.7 \times 10 \times 2\text{kW}=14\text{kW}$

B 相：$P_{30.B1}=K_d P_{e.B}=0.7 \times 30 \times 1\text{kW}=21\text{kW}$

C 相：$P_{30.C1}=K_d P_{e.C}=0.7 \times 30 \times 1\text{kW}=21\text{kW}$

2）对焊机的各相计算负荷。查附录 A 可得 K_d=0.35，$\cos\varphi$=0.7，$\tan\varphi$=1.02。

查表 2-2 得 $\cos\varphi$=0.7 时，$p_{AB-A}=p_{BC-B}=p_{CA-C}=0.8$，$p_{AB-B}=p_{BC-C}=p_{CA-A}=0.2$，$q_{AB-A}=q_{BC-B}=q_{CA-C}=0.22$，$q_{AB-B}=q_{BC-C}=q_{CA-A}=0.8$。

先将接于 CA 相的 20kW（ε=60%）换算至 ε=100% 的设备容量，即

$$P_{CA} = 20\sqrt{0.6}\text{kW} = 15.5\text{kW}$$

因此换算到各相的有功和无功设备容量为

A 相：
$P_A = p_{AB-A}P_{AB} + p_{CA-A}P_{CA} = (0.8 \times 14 \times 2 + 0.2 \times 15.5)\text{kW} = 25.5\text{kW}$
$Q_A = q_{AB-A}P_{AB} + q_{CA-A}P_{CA} = (0.22 \times 14 \times 2 + 0.8 \times 15.5)\text{kvar} = 18.56\text{kvar}$

B 相：
$$P_B = p_{BC-B}P_{BC} + p_{AB-B}P_{AB} = (0.8 \times 20 \times 1 + 0.2 \times 14 \times 2)\text{kW} = 21.6\text{kW}$$
$$Q_B = q_{BC-B}P_{BC} + q_{AB-B}P_{AB} = (0.22 \times 20 \times 1 + 0.8 \times 14 \times 2)\text{kvar} = 26.8\text{kvar}$$

C 相：
$$P_C = p_{CA-C}P_{CA} + p_{BC-C}P_{BC} = (0.8 \times 15.5 + 0.2 \times 20 \times 1)\text{kW} = 16.4\text{kW}$$
$$Q_C = q_{CA-C}P_{CA} + q_{BC-C}P_{BC} = (0.22 \times 15.5 + 0.8 \times 20 \times 1)\text{kvar} = 19.41\text{kvar}$$

3）各相的计算负荷为

A 相：
$$P_{30.A2} = K_d P_A = 0.35 \times 25.5\text{kW} = 8.93\text{kW}$$
$$Q_{30.A2} = K_d Q_A = 0.35 \times 18.56\text{kvar} = 6.5\text{kvar}$$

B 相：
$$P_{30.B2} = K_d P_B = 0.35 \times 21.6\text{kW} = 7.56\text{kW}$$
$$Q_{30.B2} = K_d Q_B = 0.35 \times 26.8\text{kvar} = 9.38\text{kvar}$$

C 相：
$$P_{30.C2} = K_d P_C = 0.35 \times 16.4\text{kW} = 5.74\text{kW}$$
$$Q_{30.C2} = K_d Q_C = 0.35 \times 19.41\text{kvar} = 6.79\text{kvar}$$

4）各相总的计算负荷。

A 相：
$$P_{30.A} = P_{30.A1} + P_{30.A2} = (14 + 8.93)\text{kW} = 22.93\text{kW}$$
$$Q_{30.A} = Q_{30.A1} + Q_{30.A2} = (6.5 + 0)\text{kvar} = 6.5\text{kvar}$$

B 相：
$$P_{30.B} = P_{30.B1} + P_{30.B2} = (21 + 7.56)\text{kW} = 28.56\text{kW}$$
$$Q_{30.B} = Q_{30.B1} + Q_{30.B2} = (9.38 + 0)\text{kvar} = 9.38\text{kvar}$$

C 相：
$$P_{30.C} = P_{30.C1} + P_{30.C2} = (21 + 5.74)\text{kW} = 26.74\text{kW}$$
$$Q_{30.C} = Q_{30.C1} + Q_{30.C2} = (6.79 + 0)\text{kvar} = 6.79\text{kvar}$$

5）总的等效三相计算负荷。因为 B 相的有功计算负荷最大，所以有

$$P_{30} = 3P_{30.B} = 3 \times 28.56\text{kW} = 85.68\text{kW}$$
$$Q_{30} = 3Q_{30.B} = 3 \times 9.38\text{kvar} = 28.14\text{kvar}$$

$$S_{30} = \sqrt{P_{30}^2 + Q_{30}^2} = \sqrt{85.68^2 + 28.14^2}\text{kV} \cdot \text{A} = 90.18\text{kV} \cdot \text{A}$$

$$I_{30} = \frac{S_{30}}{\sqrt{3}U_N} = \frac{90.18}{\sqrt{3} \times 0.38}\text{A} = 137\text{A}$$

2.1.4 尖峰电流及其计算

1. 概述

尖峰电流 I_{pk} 是指持续时间 1～2s 的短时最大电流。

尖峰电流主要用来选择熔断器和低压断路器、整定继电保护装置及检验电动机自启动条件等。

2. 用电设备尖峰电流的计算

（1）单台用电设备尖峰电流的计算

单台用电设备的尖峰电流就是其启动电流，因此尖峰电流为

$$I_{pk} = I_{st} = K_{st}I_N \tag{2-15}$$

式中，I_N 为用电设备的额定电流；I_{st} 为用电设备的启动电流；K_{st} 为用电设备的启动电流倍数，笼型电动机 $K_{st}=5\sim7$，绕线转子电动机 $K_{st}=2\sim3$，直流电动机 $K_{st}=1.7$，电焊变压器 $K_{st}\geqslant3$。

（2）多台用电设备尖峰电流的计算

$$I_{pk} = K_{\Sigma}\sum_{i=1}^{n-1}I_{N.i} + I_{st.max} \text{ 或 } I_{pk} = I_{30} + (I_{st} - I_N)_{max} \tag{2-16}$$

式中，$I_{st.max}$ 和 $(I_{st}-I_N)_{max}$ 分别为用电设备中启动电流与额定电流之差为最大的那台设备的启动电流及其启动电流与额定电流之差；$\sum_{i=1}^{n-1}I_{N.i}$ 为将启动电流与额定电流之差为最大的那台设备除外的其他 $n-1$ 台设备的额定电流之和；K_{Σ} 为上述 $n-1$ 台设备的同时系数，按台数多少选取，一般取 $0.7\sim1$；I_{30} 为全部设备投入运行时线路的计算电流。

【例 2-6】 有一 380V 配电干线，给 3 台电动机供电，已知 I_{N1}=6A，I_{N2}=4A，I_{N3}=10A，I_{st1}=36A，I_{st2}=20A，K_{st3}=3，求该配电线路的尖峰电流。

解：$I_{st1}-I_{N1}$=(36-6)A=30A；$I_{st2}-I_{N2}$=(20-4)A=16A；$I_{st3}-I_{N3}=K_{st3}I_{N3}-I_{N3}$=(3×10-10)A=20A；可见，$(I_{st}-I_N)_{max}$=30A，则 $I_{st.max}$=36A，取 K_{Σ}=0.9，因此该线路的尖峰电流为

$$I_{pk}=K_{\Sigma}(I_{N2}+I_{N3})+I_{st.max}=[0.9\times(4+10)+36]\text{A}=48.6\text{A}$$

技能训练 3　某工厂供配电系统的负荷计算

（1）工厂负荷情况

工厂多数车间为两班制。变压器全年投入运行时间为 8000h，最大负荷利用小时 T_{max} 为 4000h。新建工厂变电所的负荷统计资料见表 2-3。

表 2-3　新建工厂变电所的负荷统计资料

负荷性质	负荷名称	设备容量 /kW	功率因数	需要系数	负荷类别
全厂动力	铸造车间	500	0.70	0.4	二级
	锻压车间	450	0.65	0.3	三级
	金工车间	400	0.65	0.3	三级
	工具车间	300	0.65	0.2	三级
	电镀车间	400	0.75	0.6	二级
	热处理车间	300	1.00	0.5	三级
	装配车间	200	0.70	0.4	三级
	机修车间	150	0.60	0.3	三级
	锅炉房	80	0.70	0.6	二级
	仓库	20	0.60	0.3	三级
全厂照明	照明	80	0.90	0.85	三级
生活照明	宿舍区	300	0.90	0.8	三级

（2）工厂供配电系统的负荷计算

1）低压侧各车间的负荷计算，并记录于统一表格中。

2）无功补偿的计算。

3）变压器容量的确定。

4）高压侧进线的负荷计算。

任务 2 >>> 短路电流及其计算

学习目标

1）解释短路的定义、原因、危害及种类。

2）正确计算三相短路电流并列举其计算方法。

3）分析三相及不对称短路故障，判断及处理单相接地故障。

任务描述

在供配电系统设计和运行中，不仅要考虑系统的正常运行状态，还要考虑系统的不正常运行状态和故障情况，其中最严重的故障是短路故障。

短路电流计算的目的：一是校验所选设备在短路状态下是否满足动稳定和热稳定的要求；二是为线路过电流保护装置动作电流的整定提供依据。

相关知识

2.2.1 短路的原因、危害和种类

1. 短路的原因

供配电系统要求正常地、不间断地对用电负荷供电，以保证生产和生活的正常进行。然而由于各种原因，难免出现故障，从而使系统的正常运行遭到破坏。供配电系统中最常见的故障就是短路。

短路故障是指运行中的电力系统或供配电系统的相与相或者相与地之间发生的金属性非正常连接。短路产生的原因主要是系统中带电部分的电气绝缘出现破坏，而引起这种破坏的原因有过电压、雷击、绝缘材料的老化以及运行人员的误操作和施工机械的破坏、鸟害、鼠害等。

2. 短路的危害

短路后，系统中出现的短路电流比正常负荷电流大得多，可达几万安甚至几十万安。如此大的短路电流可对供电系统造成极大的危害。

1）短路时会产生很大的电动力和很高的温度，从而使故障元件和短路电路中的其他元件受到损害和破坏，甚至引发火灾事故。

2）短路时电路的电压骤然下降，严重影响电气设备的正常运行。

3）短路时保护装置动作，将故障电路切除，从而造成停电，而且短路点越靠近电源，停

电范围越大,造成的损失也越大。

4)严重的短路会影响电力系统运行的稳定性,可使并列运行的发电机组失去同步,造成系统解列,甚至崩溃,这是短路故障最严重的后果。

5)不对称短路包括单相和两相短路,其短路电流将产生较强的不平衡交流电磁场,对附近的通信线路、电子设备等产生电磁干扰,影响其正常运行,甚至使之发生误动作。

由此可见,短路的后果是十分严重的,必须设法消除可能引起短路的一切因素;同时需要进行短路电流计算,以便正确地选择电气设备,使设备具有足够的动稳定性和热稳定性,以保证它在可能发生最大短路电流时不致损坏。

3. 短路的种类

在三相系统中,短路的形式有三相短路、两相短路、单相短路和两相接地短路等,短路种类、表示符号、性质及特点见表2-4。其中两相接地短路的实质是两相短路。

表2-4 短路种类、表示符号、性质及特点

短路种类	表示符号	示意图	短路性质	特点
单相短路	$k^{(1)}$		不对称短路	短路电流仅在故障相中流过,故障相电压下降,非故障相电压升高
两相短路	$k^{(2)}$		不对称短路	短路回路中流过很大的短路电流,电压和电流的对称性被破坏
两相接地短路	$k^{(1,1)}$		不对称短路	短路回路中流过很大的短路电流,故障相电压为零
三相短路	$k^{(3)}$		对称短路	三相电路中都流过很大的短路电流,短路时电压和电流保持对称,短路点电压为零

当线路或者设备发生三相短路时,由于短路的三相阻抗相等,因此三相电流和电压仍然对称,所以三相短路又称为对称短路,其他类型的短路不但相电流、相电压的大小不同,而且各相之间的相位角也不相等,此类短路统称为不对称短路。

电力系统中,发生单相短路的可能性最大,发生三相短路的可能性最小,但通常三相短路电流最大,造成的危害也最严重。因此,常以三相短路时的短路电流热效应和电动力效应来校验电气设备。

2.2.2 无限大容量电力系统中短路电流的计算

1. 概述

短路电流计算的方法,常用的有欧姆法和标幺制法。

短路电流计算的步骤：

1）绘出计算电路图。在计算电路图上，应将短路计算所需考虑的各元件的额定参数都表示出来，并将各元件依次编号。

2）确定短路计算点。选择短路计算点时应使需要进行短路校验的电气元件有最大可能的短路电流通过。

3）按所选择的短路计算点绘出等效电路图，并计算电路中各主要元件的阻抗。在等效电路图上，只需将被计算的短路电流所流经的一些主要元件表示出来，并标明各元件的序号和阻抗值，一般分子标序号，分母标阻抗值（阻抗用复数形式 $R+jX$ 表示）。

4）化简等效电路。采用阻抗串并联的方法即可化简电路，求出其等效的总阻抗。

5）计算短路电流和短路容量。

短路计算中的物理量一般采用的单位：电流单位为千安[培]（kA），电压单位为千伏[特]（kV），短路容量和断流容量单位为兆伏安（MV·A），设备容量单位为千瓦[特]（kW）或千伏安（kV·A），阻抗单位为欧[姆]（Ω）等。

2. 采用欧姆法进行三相短路计算

欧姆法又称有名单位制法，因其短路计算中的阻抗都采用有名单位欧[姆]而得名。

在无限大容量系统中发生三相短路时，其三相短路电流周期分量有效值计算公式为

$$I_k^{(3)} = \frac{U_C}{\sqrt{3}|Z_\Sigma|} = \frac{U_C}{\sqrt{3}\sqrt{R_\Sigma^2 + X_\Sigma^2}} \quad (2\text{-}17)$$

式中，$|Z_\Sigma|$ 和 R_Σ、X_Σ 分别为短路电路的总阻抗（模）和总电阻、总电抗值；U_C 为短路点的短路计算电压。由于线路首端短路时情况最为严重，因此按线路首端电压考虑，即短路计算电压取为比线路额定电压 U_N 高 5%，按我国电压标准，U_C 有 0.4kV、0.69kV、3.15kV、6.3kV、10.5kV、37kV 等。

在高压电路的短路计算中，通常总电抗远比总电阻大，所以一般只计电抗，不计电阻。在计算低压侧短路时，也只有当 $R_\Sigma > X_\Sigma/3$ 时才需计入电阻。

如果不计电阻，则三相短路电流周期分量有效值为

$$I_k^{(3)} = \frac{U_C}{\sqrt{3}X_\Sigma} \quad (2\text{-}18)$$

三相短路容量为

$$S_k^{(3)} = \sqrt{3}U_C I_k^{(3)} \quad (2\text{-}19)$$

下面介绍供电系统中各主要元件，包括电力系统（电源）、电力变压器和电力线路的阻抗计算方法。至于供电系统中的母线、线圈型电流互感器一次绕组、低压断路器过电流脱扣线圈等的阻抗及开关触头的接触电阻，因相对来说很小，在一般短路计算中可略去不计。在略去上述阻抗后，计算所得的短路电流略比实际值有所偏大，但用略偏大的短路电流来校验电气设备，反而可以使其运行的安全性更有保证。

（1）电力系统的阻抗计算

电力系统的电阻相对于电抗来说很小，一般不予考虑。电力系统的电抗可由电力系统变电所馈电线出口断路器的断流容量 S_{OC} 来估算，S_{OC} 可看作电力系统的极限短路容量 S_k。因此

电力系统的电抗计算公式为

$$X_S = \frac{U_C^2}{S_{OC}} \tag{2-20}$$

式中，U_C 为电力系统馈电线的短路计算电压，为了便于计算短路总阻抗，免去阻抗换算的麻烦，这里 U_C 可直接采用短路点的短路计算电压；S_{OC} 为系统出口断路器的断流容量，可查有关手册或产品样本（见附录 C 额定容量），如果只有断路器的开断电流 I_{OC} 的数据，则其断流容量 $S_{OC} = \sqrt{3} I_{OC} U_N$，$U_N$ 为断路器的额定电压。

（2）电力变压器的阻抗计算

1）变压器的电阻 R_T。可由变压器的负载损耗 ΔP_k 近似计算，因为

$$\Delta P_k \approx 3 I_N^2 R_T \approx 3 \left(\frac{S_N}{\sqrt{3} U_C} \right)^2 R_T = \left(\frac{S_N}{U_C} \right)^2 R_T$$

故

$$R_T \approx \Delta P_k \left(\frac{U_C}{S_N} \right)^2 \tag{2-21}$$

式中，U_C 为短路点的短路计算电压；S_N 为变压器的额定容量；ΔP_k 为变压器的负载损耗，可查有关手册或产品样本（见附录 B）。

2）变压器的电抗 X_T。可由变压器的阻抗电压 $U_k\%$ 近似计算，因为

$$U_k\% \approx \frac{\sqrt{3} I_N X_T}{U_C} \times 100\% \approx \frac{S_N X_T}{U_C^2} \times 100$$

故

$$X_T \approx \frac{U_k\%}{100} \frac{U_C^2}{S_N} \tag{2-22}$$

式中，$U_k\%$ 为变压器的阻抗电压百分值，可查有关手册或产品样本（见附录 B）。

（3）电力线路的阻抗计算

1）线路的电阻 R_{WL}。可由导线电缆的单位长度电阻乘以线路长度求得，即

$$R_{WL} = R_0 l \tag{2-23}$$

式中，R_0 为导线电缆的单位长度电阻，可查有关手册或产品样本（见附录 D）；l 为线路长度。

2）线路的电抗 X_{WL}。可由导线电缆的单位长度电抗乘以线路长度求得，即

$$X_{WL} = X_0 l \tag{2-24}$$

式中，X_0 为导线电缆的单位长度电抗，可查有关手册或产品样本（见附录 D），也可按表 2-5 取平均值；l 为线路长度。

表 2-5 电力线路每相的单位长度电抗平均值

线路结构	单位长度电抗平均值 /(Ω/km)		
	220V/380V	(6～10)kV	(35～110)kV
架空线路	0.32	0.35	0.40
电缆线路	0.066	0.08	0.12

注意： 在计算短路电路阻抗时，如电路内含有电力变压器时，电路内各元件的阻抗都应统一换算为短路点的短路计算电压，阻抗等效换算的条件是元件的功率损耗不变。

由 $\Delta P = U^2/R$ 和 $\Delta Q = U^2/X$ 可知，元件的阻抗值与电压的二次方成正比，因此阻抗等效换算的公式为

$$R' = R\left(\frac{U'_C}{U_C}\right)^2 \qquad (2\text{-}25)$$

$$X' = X\left(\frac{U'_C}{U_C}\right)^2 \qquad (2\text{-}26)$$

式中，R、X 和 U_C 为换算前元件的电阻、电抗和元件所在处的短路计算电压；R'、X' 和 U'_C 为换算后元件的电阻、电抗和短路点的短路计算电压。

就短路计算中需要计算的几个主要元件的阻抗来说，实际上只有电力线路的阻抗需要按上述公式换算，如计算低压侧短路电流时，高压线路的阻抗需要换算到低压侧。而电力系统和电力变压器的阻抗，由于其计算公式中均含有 U_C^2，因此计算其阻抗时，U_C 直接代以短路点的短路计算电压，就相当于阻抗已经换算到短路计算点一侧了。

【例 2-7】 某供电系统如图 2-3 所示。已知电力系统出口断路器为 SN10-10 Ⅱ型。试求工厂变电所高压 10kV 母线上 k-1 点短路和低压 380V 母线上 k-2 点短路的三相短路电流和短路容量。

解：
（1）求 k-1 点的三相短路电流和短路容量（U_{C1}=10.5kV）
1）计算短路电路中各元件的电抗及总电抗。
① 电力系统的电抗。由附录 C 可查得 SN10-10 Ⅱ型断路器的断流容量 $S_{OC} = 500\text{MV}\cdot\text{A}$，因此 $X_1 = \dfrac{U_{C1}^2}{S_{OC}} = \dfrac{10.5^2}{500}\Omega = 0.22\Omega$。

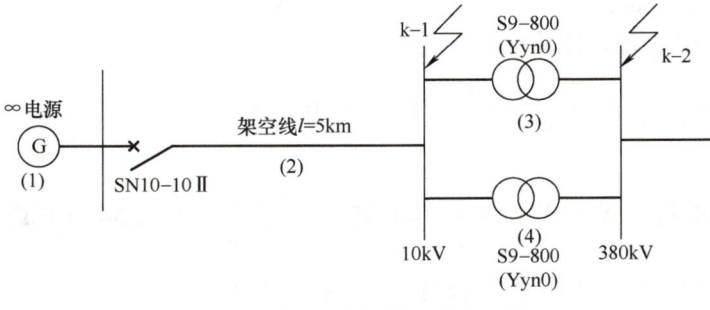

图 2-3 例 2-7 的短路计算电路图

② 架空线路的电抗。由表 2-5 查得 $X_0 = 0.35\Omega/\text{km}$，因此 $X_2 = X_0 l = 0.35 \times 5\Omega = 1.75\Omega$。

③ 绘制 k-1 点短路的等效电路如图 2-4a 所示。图中标出各元件的序号（分子）和电抗值（分母），并计算其总电抗为

$$X_{\Sigma \text{ (k-1)}} = X_1 + X_2 = (0.22 + 1.75)\Omega = 1.97\Omega$$

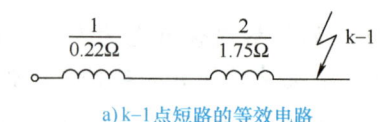

a) k-1 点短路的等效电路

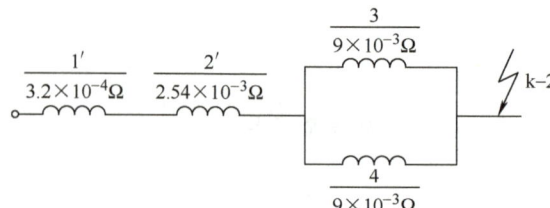

b) k-2 点短路的等效电路

图 2-4　例 2-7 的短路等效电路（欧姆法）

2）计算三相短路电流和短路容量。

① 三相短路电流周期分量有效值为

$$I^{(3)}_{\text{(k-1)}} = \frac{U_{C1}}{\sqrt{3} X_{\Sigma \text{ (k-1)}}} = \frac{10.5}{\sqrt{3} \times 1.97} \text{kA} = 3.08 \text{kA}$$

② 三相短路次暂态电流和稳态电流为

$$I''^{(3)} = I^{(3)}_{\infty} = I^{(3)}_{\text{k-1}} = 3.08 \text{kA}$$

③ 三相短路冲击电流及第一个周期短路全电流有效值为

$$i^{(3)}_{\text{sh}} = 2.55 I''^{(3)} = 2.55 \times 3.08 \text{kA} = 7.85 \text{kA}$$

$$I^{(3)}_{\text{sh}} = 1.51 I''^{(3)} = 1.51 \times 3.08 \text{kA} = 4.65 \text{kA}$$

④ 三相短路容量为

$$S^{(3)}_{\text{k-1}} = \sqrt{3} U_{C1} I^{(3)}_{\text{k-1}} = \sqrt{3} \times 10.5 \times 3.08 \text{MV} \cdot \text{A} = 56 \text{MV} \cdot \text{A}$$

（2）求 k-2 点的短路电流和短路容量（$U_{C2}=0.4\text{kV}$）

1）计算短路电路中各元件的电抗及总电抗。

① 电力系统的电抗：$X'_1 = \dfrac{U^2_{C2}}{S_{OC}} = \dfrac{0.4^2}{500}\Omega = 3.2 \times 10^{-4}\Omega$。

② 架空线路的电抗：$X'_2 = X_0 l \left(\dfrac{U_{C2}}{U_{C1}}\right)^2 = 0.35 \times 5 \times \left(\dfrac{0.4}{10.5}\right)^2 \Omega = 2.54 \times 10^{-3}\Omega$。

③ 电力变压器的电抗：由附录 B 查得 $U_k\% = 4.5$，因此

$$X_3 = X_4 = \frac{U_k\%}{100} \frac{U_{C2}^2}{S_N} = \frac{4.5}{100} \frac{0.4^2}{800 \times 10^{-3}} \Omega = 9 \times 10^{-3} \Omega$$

④ 绘制 k-2 点的短路等效电路如图 2-4b 所示，并计算其总电抗为

$$X_{\Sigma (k-2)} = X_1' + X_2' + X_3 \| X_4 = X_1' + X_2' + \frac{X_3 X_4}{X_3 + X_4}$$

$$= \left(3.2 \times 10^{-4} + 2.54 \times 10^{-3} + \frac{9 \times 10^{-3}}{2}\right)\Omega = 7.36 \times 10^{-3} \Omega$$

2) 计算三相短路电流和短路容量。

① 三相短路电流周期分量有效值为

$$I_{k-2}^{(3)} = \frac{U_{C2}}{\sqrt{3} X_{\Sigma (k-2)}} = \frac{0.4}{\sqrt{3} \times 7.36 \times 10^{-3}} \text{kA} = 31.4 \text{kA}$$

② 三相短路次暂态电流和稳态电流为

$$I''^{(3)} = I_\infty^{(3)} = I_{k-2}^{(3)} = 31.4 \text{kA}$$

③ 三相短路冲击电流及第一个周期短路全电流有效值为

$$i_{sh}^{(3)} = 1.84 I''^{(3)} = 1.84 \times 31.4 \text{kA} = 57.8 \text{kA}$$

$$I_{sh}^{(3)} = 1.09 I''^{(3)} = 1.09 \times 31.4 \text{kA} = 34.2 \text{kA}$$

④ 三相短路容量为

$$S_{k-2}^{(3)} = \sqrt{3} U_{C2} I_{k-2}^{(3)} = \sqrt{3} \times 0.4 \times 31.4 \text{MV} \cdot \text{A} = 21.8 \text{MV} \cdot \text{A}$$

3. 采用标幺制法进行三相短路计算

标幺制法又称相对单位制法，因其短路计算中的有关物理量采用标幺值即相对单位而得名。

任一物理量的标幺值 A_d^* 为该物理量的实际量 A 与所选定的基准值 A_d 的比值，即

$$A_d^* = \frac{A}{A_d} \tag{2-27}$$

按标幺制法进行短路计算时，一般是先选定基准容量 S_d 和基准电压 U_d。其中基准容量在工程设计中通常取 $S_d = 100 \text{MV} \cdot \text{A}$。基准电压通常取元件所在处的短路计算电压，即取 $U_d = U_C$。

选定了基准容量和基准电压以后，基准电流 I_d 的计算公式为

$$I_d = \frac{S_d}{\sqrt{3} U_d} \tag{2-28}$$

基准电抗 X_d 的计算公式为

$$X_d = \frac{S_d}{\sqrt{3}I_d} = \frac{U_d^2}{S_d} \qquad (2\text{-}29)$$

下面分别介绍供电系统中各主要元件的电抗标幺值的计算方法（取 $S_d=100\text{MV} \cdot \text{A}$，$U_d=U_C$）。

电力系统的电抗标幺值为

$$X_S^* = \frac{X_S}{X_d} = \frac{U_C^2/S_{OC}}{U_d^2/S_d} = \frac{S_d}{S_{OC}} \qquad (2\text{-}30)$$

电力变压器的电抗标幺值为

$$X_T^* = \frac{X_T}{X_d} = \frac{U_k\%}{100}\frac{U_C^2/S_N}{U_d^2/S_d} = \frac{U_k\%}{100}\frac{S_d}{S_N} \qquad (2\text{-}31)$$

电力线路的电抗标幺值为

$$X_{WL}^* = \frac{X_{WL}}{X_d} = \frac{X_0 l}{U_d^2/S_d} \qquad (2\text{-}32)$$

短路计算中求出各主要元件的电抗标幺值以后，即可利用其等效电路图进行电路化简，求出其总电抗标幺值 X_Σ^*。由于各元件均采用标幺值，与短路计算点的电压无关，因此电抗标幺值无须进行电压换算，这也是标幺制法较欧姆法的优越之处。

无限大容量系统三相短路电流周期分量有效值的标幺值计算公式为

$$I_k^{(3)*} = \frac{I_k^{(3)}}{I_d} = \frac{U_C}{\sqrt{3}X_\Sigma I_d} = \frac{X_d}{X_\Sigma} = \frac{1}{X_\Sigma^*} \qquad (2\text{-}33)$$

由此可求得三相短路电流周期分量有效值为

$$I_k^{(3)} = I_k^{(3)*}I_d = \frac{I_d}{X_\Sigma^*} \qquad (2\text{-}34)$$

求得 $I_k^{(3)}$ 以后，即可利用欧姆法有关的公式求出 $I''^{(3)}$、$I_\infty^{(3)}$、$i_{sh}^{(3)}$、$I_{sh}^{(3)}$ 等。

三相短路容量的计算公式为

$$S_k^{(3)} = \sqrt{3}I_k^{(3)}U_C = \frac{\sqrt{3}I_d U_C}{X_\Sigma^*} = \frac{S_d}{X_\Sigma^*} \qquad (2\text{-}35)$$

【例2-8】 试用标幺制法计算例2-7供电系统中 k-1 点和 k-2 点的三相短路电流和短路容量。

解：1）确定基准值。取 $S_d = 100\text{MV} \cdot \text{A}$，$U_{d1} = 10.5\text{kV}$，$U_{d2} = 0.4\text{kV}$，则

$$I_{d1} = \frac{S_d}{\sqrt{3}U_{d1}} = \frac{100}{\sqrt{3} \times 10.5}\text{kA} = 5.5\text{kA}$$

$$I_{d2} = \frac{S_d}{\sqrt{3}U_{d2}} = \frac{100}{\sqrt{3} \times 0.4}\text{kA} = 144\text{kA}$$

2）计算短路电路中各主要元件的电抗标幺值。

① 电力系统的电抗标幺值。由附录 C 查得 $S_{OC} = 500\text{MV}\cdot\text{A}$，因此有

$$X_1^* = \frac{S_d}{S_{OC}} = \frac{100}{500} = 0.2$$

② 架空线路的电抗标幺值。由表 2-5 查得 $X_0 = 0.35\Omega/\text{km}$，因此有

$$X_{WL}^* = \frac{X_0 l}{U_{d1}^2/S_d} = \frac{0.35 \times 5 \times 100}{10.5^2} = 1.59$$

③ 电力变压器的电抗标幺值。由附录 B 查得 $U_k\% = 4.5$，因此有

$$X_T^* = \frac{U_k\%}{100}\frac{S_d}{S_N} = \frac{4.5 \times 100}{100 \times 800 \times 10^{-3}} = 5.625$$

绘制短路等效电路如图 2-5 所示。图上标出各元件的序号和标幺值，并标明短路计算点。

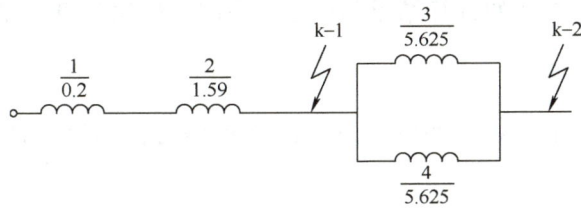

图 2-5　例 2-8 的短路等效电路（标幺制法）

3）计算 k-1 点的短路电路总电抗标幺值及三相短路电流和短路容量。

① 总电抗标幺值为

$$X_{\Sigma(k-1)}^* = X_1^* + X_2^* = 0.2 + 1.59 = 1.79$$

② 三相短路电流周期分量有效值为

$$I_{k-1}^{(3)} = \frac{I_{d1}}{X_{\Sigma(k-1)}^*} = \frac{5.5}{1.79}\text{kA} = 3.07\text{kA}$$

③ 其他三相短路电流为

$$I''^{(3)} = I_\infty^{(3)} = I_{k-1}^{(3)} = 3.07\text{kA}$$
$$i_{sh}^{(3)} = 2.55 I''^{(3)} = 2.55 \times 3.07\text{kA} = 7.83\text{kA}$$
$$I_{sh}^{(3)} = 1.51 I''^{(3)} = 1.51 \times 3.07\text{kA} = 4.64\text{kA}$$

④ 三相短路容量为

$$S_{k-1}^{(3)} = \sqrt{3}U_{C1}I_{k-1}^{(3)} = \sqrt{3} \times 10.5 \times 3.07 \text{MV} \cdot \text{A} = 55.9 \text{MV} \cdot \text{A}。$$

4）计算 k-2 点的短路电路总电抗标幺值及三相短路电流和短路容量。

① 总电抗标幺值为

$$X_{\Sigma\ (k-2)}^* = X_1^* + X_2^* + X_3^* \parallel X_4^* = 0.2 + 1.59 + \frac{5.625}{2} = 4.6$$

② 三相短路电流周期分量有效值为

$$I_{k-2}^{(3)} = \frac{I_{d2}}{X_{\Sigma\ (k-2)}^*} = \frac{144}{4.6} \text{kA} = 31.3 \text{kA}$$

③ 其他三相短路电流为

$$I''^{(3)} = I_\infty^{(3)} = I_{k-2}^{(3)} = 31.3 \text{kA}$$
$$i_{sh}^{(3)} = 1.84 I''^{(3)} = 1.84 \times 31.3 \text{kA} = 57.6 \text{kA}$$
$$I_{sh}^{(3)} = 1.09 I''^{(3)} = 1.09 \times 31.3 \text{kA} = 34.1 \text{kA}$$

④ 三相短路容量为

$$S_{k-2}^{(3)} = \sqrt{3}U_{C2}I_{k-2}^{(3)} = \sqrt{3} \times 0.4 \times 31.3 \text{MV} \cdot \text{A} = 21.7 \text{MV} \cdot \text{A}$$

由此可见，采用标幺制法的计算结果与例 2-7 采用欧姆法计算的结果基本相同。

4. 两相短路电流的计算

如图 2-6 所示，在无限大容量系统中发生两相短路时，如果只计电抗，其短路电流计算公式为

$$I_k^{(2)} = \frac{U_C}{2X_\Sigma} \tag{2-36}$$

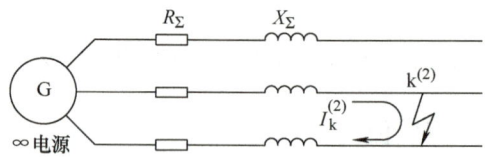

图 2-6　无限大容量系统中发生两相短路

其他两相短路电流 $I''^{(2)}$、$I_\infty^{(2)}$、$i_{sh}^{(2)}$ 和 $I_{sh}^{(2)}$ 等，都可按前面三相短路的对应公式计算。关于两相短路电流与三相短路电流的关系，因为

$$I_k^{(2)} = \frac{U_C}{2X_\Sigma},\ I_k^{(3)} = \frac{U_C}{\sqrt{3}X_\Sigma},\ \frac{I_k^{(2)}}{I_k^{(3)}} = \frac{U_C/2X_\Sigma}{U_C/\sqrt{3}X_\Sigma} = \frac{\sqrt{3}}{2} = 0.866$$

故
$$I_k^{(2)} = 0.866 I_k^{(3)} \tag{2-37}$$

式（2-37）说明，无限大容量系统中，同一地点的两相短路电流为其三相短路电流的 0.866 倍。因此，无限大容量系统中的两相短路电流，可在求出三相短路电流后利用式（2-37）直接求得。

2.2.3 短路电流的效应和稳定度校验

1. 概述

通过上述短路计算可知，供电系统中发生短路时，短路电流是相当大的。如此大的短路电流通过电器和导体，一方面要产生很大的电动力，即电动效应；另一方面要产生很高的温度，即热效应。这两种短路效应对电器和导体的安全运行威胁极大，因此下面研究短路电流的效应及短路稳定度的校验问题。

2. 短路电流的电动效应和动稳定度

供电系统短路时，短路电流特别是短路冲击电流将使相邻导体之间产生很大的电动力，有可能使电器和载流部分遭受严重破坏。为此，要使电路元件能承受短路时最大电动力的作用，电路元件必须具有足够的动稳定度。

一般电器的动稳定度校验公式为

$$i_{max} \gg i_{sh}^{(3)} \text{ 或 } I_{max} \gg I_{sh}^{(3)} \tag{2-38}$$

式中，i_{max} 和 I_{max} 分别为电器的动稳定电流峰值和有效值，可查有关手册或产品样本。附录 C 列有部分高压断路器的主要技术数据，包括动稳定电流峰值数据，可供参考。

3. 短路电流的热效应和热稳定度

（1）短路时导体的发热过程和发热计算

导体通过正常负荷电流时，由于导体具有电阻，因此会产生电能损耗。这种电能损耗转化为热能，一方面使导体温度升高，另一方面向周围介质散热。当导体内产生的热量与向周围介质散发的热量相等时，导体就维持在一定的温度值。当线路发生短路时，短路电流将使导体温度迅速升高。由于短路后线路的保护装置很快动作，切除短路故障，所以短路电流通过导体的时间不长，通常不超过 2~3s。因此在短路过程中，可不考虑导体向周围介质的散热，即近似地认为导体在短路时间内是与周围介质绝热的，短路电流在导体中产生的热量，全部用来使导体的温度升高。

（2）一般电器的热稳定度校验条件

$$I_t^2 t \gg I_\infty^{(3)2} t_{ima} \tag{2-39}$$

式中，I_t 为电器的热稳定电流；t 为电器的热稳定试验时间；t_{ima} 为发热假想时间，$t_{ima}=t_k$，t_k 为短路时间。以上 I_t 和 t 可查有关手册或产品样本，常用高压断路器的 I_t 和 t 可查附录 C。

技能训练4　供配电系统单相接地故障的处置

（1）认识单相接地故障时的征象

当电力系统发生短路故障时，将造成断路器跳闸，事故蜂鸣器响，控制电路的监视灯（绿灯）闪光，保护动作的光字牌点亮，有关电路的电流表、有功功率表、无功功率表的指示为零，母线故障时母线电压表指示为零等。系统发生短路故障时，应按事故处理原则进行处理。

小接地电流系统发生单相接地故障时，有下列征象：

1）蜂鸣器响，"某kV某段母线接地"光字牌亮。中性点经消弧线圈接地系统还会有"消弧线圈动作"光字牌亮。

2）绝缘监视电压表三相指示值不同，接地相电压降低或等于零，其他两相电压升高为线电压，此时为稳定性接地。

3）若绝缘监视电压表指针不停地摆动，则为间歇性接地。

4）中性点经消弧线圈接地系统装有中性点位移电压表时，可看到一定指示（不完全接地）或指示为相电压值（完全接地），且消弧线圈的接地报警灯亮。

5）接地自动装置可能启动。

6）发生弧光接地、产生过电压时，非故障相电压很高（表针打到头）。电压互感器高压熔断器可能熔断，甚至可能会烧坏电压互感器。

7）用户可能会来电话，报告发现的异常现象。

（2）判断单相接地故障的方法

1）用对比法判断。在同一电气系统中，若几组电压互感器同时出现接地信号，绝缘监视对地电压均发生相同的变化（如一相电压下降或为零，其他两相电压升高为线电压），且线电压不变，则应判断为接地。而电压互感器高压熔断器一相熔断，虽会报出接地信号，但其对地电压一相降低，另两相不会升高，线电压指示值会降低。

2）根据消弧线圈的仪表指示判断。若有线路接地故障，则变压器中性点将出现位移电压，该电压加在所接消弧线圈上的电压表、电流表将有指示。通过检查这些表计可以确定系统的接地情况。

3）根据系统运行方式有无变化进行判断。用变压器对空载母线充电时，断路器三相合闸不同期，三相对地电容不平衡，使中性点位移，三相电压不对称，会报出接地信号。这种情况将在系统中有倒闸操作时发生，且是暂时的，当投入一条线路后上述征象即可消失。

4）用验电器进行判断。若对系统三相带电导体验电时，发现一相不亮、其他两相亮，同时在设备的中性点上验电时验电器也亮（说明有位移电压），则说明系统中有单相接地故障，并发生在验电器验电不亮的一相上。

（3）单相接地故障的处置方法

当发生单相接地故障时，值班人员应记录接地时间、接地相别、零序电压值、消弧线圈电压值和电流值。然后根据当时的具体情况穿上绝缘靴，详细检查所内设备。当发现所内有接地点时，值班人员不得靠近（即室内距离接地点不得小于4m，室外距离接地点不得小于8m）。若不是所内设备接地，则应考虑是输电线路接地。此时，应按拉路试验进行查找，查找和处理时必须两人进行并互相配合。查出接地点后，对一般非重要负荷的线路则应切除后再进行检修处理，如果接地点在带有重要负荷的线路上，又无法由其他电源供电，则在通告重要负荷用户做好停电准备后，再切除该线路进行检修处理。

在处置接地故障时，应特别注意以下事项：

1）应严密监视电压互感器，特别是10kV三相五柱式电压互感器，以防止其发热严重。消弧线圈的顶层油温不得超过85°C。当发现电压互感器、消弧线圈故障或严重异常时应断开故障线路。不得用隔离开关断开接地点，当必须用隔离开关断开接地点（如接地点发生在母线隔离开关与断路器之间）时，可给故障相经断路器做一辅助接地，然后使隔离开关断开接地点。

2）值班人员在选切联络线时，应切除两侧断路器，在切除前，应考虑负荷分配。

3）利用重合闸试拉线路时，若重合闸没有动作，应立即手动合闸送电。

项目小结

工厂常用的用电设备按工作制可以分为连续工作制设备、短时工作制设备、断续周期工作制设备三类。连续工作制设备和短时工作制设备，设备容量即为其额定容量。断续周期工作制设备在不同的负荷持续率（ε）下工作时，其输出功率是不同的，在计算其设备容量时，必须先转换到一个统一的ε下。对起重电动机应统一换算到$\varepsilon=25\%$，对电焊机设备应统一换算到$\varepsilon=100\%$。

年负荷曲线反映了全年负荷变动与对应的负荷持续时间的关系。年最大负荷P_{max}是全年中负荷最大的工作班内消耗电能最多的半小时平均负荷P_{30}，也就是有功计算负荷。

确定计算负荷的常用方法有需要系数法和二项式法。需要系数法适用于变配电所的负荷计算。二项式法适用于低压配电支干线和配电箱的负荷计算。

功率因数反映了供用电系统中无功功率消耗量在系统总容量中所占的比重，反映了供配电系统的供电能力。高压供电的工厂，最大负荷时的功率因数不得低于0.9，其他工厂不得低于0.85。提高功率因数主要是提高自然功率因数和人工补偿无功功率因数。

照明供电系统是工厂供电系统的一个组成部分。照明设备通常都是单相负荷，在设计安装时应将它们均匀地分配到三相上，以减少三相负荷不平衡状况。

电力系统中发生短路事故会对线路及电气设备造成极大的危害。其中发生单相短路的概率最大，发生三相短路的概率最小。但三相短路的短路电流最大，造成的危害最严重，因而常以三相短路时的短路电流热效应和电动力效应来校验电气设备。计算短路电流的方法有欧姆法和标幺制法两种。

一、思考题

1. 电力负荷按重要程度分为哪几级？各级负荷对供电电源有什么要求？

2. 工厂用电设备按其工作制分为哪几类？什么是负荷持续率？它表征哪类设备的工作特性？

3. 什么是年最大负荷和年平均负荷？什么是负荷系数？

4. 什么是计算负荷？为什么计算负荷通常采用半小时最大负荷？正确确定计算负荷有何意义？

5. 确定计算负荷的需要系数法和二项式法各有什么特点？各适用于哪些场合？

6. 什么是尖峰电流？计算尖峰电流有什么用途？

7. 短路有哪些形式？哪种短路形式的可能性最大？哪种短路形式的危害最为严重？

二、判断题

1. 短时工作制设备的负荷也需要换算。（ ）
2. 普遍用二项式法确定计算负荷，比用需要系数法更接近实际电力负荷。（ ）
3. 二项式法用于单组的公式为：$P_{30}=bP_e+cP_x$。（ ）
4. 尖峰电流 I_{pk} 是考虑设备工作持续时间为 5s 的短时最大负荷电流。（ ）
5. 发生三相短路时电力系统变电所馈电母线上的电压基本保持不变。（ ）
6. 单相短路电流只用于单相短路保护整定及单相短路热稳定度的校验。（ ）
7. 短路是指相相之间、相地之间的不正常接触。（ ）
8. 短路故障的最严重后果是大面积停电。（ ）
9. 三相短路和两相接地短路称为对称短路，而单相短路和两相短路称为不对称短路。（ ）
10. 通常以三相短路时的短路电流热效应和电动效应来校验电气设备。（ ）

三、选择题

1. 在配电设计中，通常采用（　　）的最大平均负荷作为按发热条件选择电器或导体的依据。

   A.20min　　　B.30min　　　C.60min　　　D.90min

2. 在求计算负荷 P_{30} 时，常将工厂用电设备按工作情况分为（　　）。

   A. 金属加工机床类、通风机类、电阻炉类　　　B. 电焊机类、通风机类、电阻炉类
   C. 连续工作制、短时工作制、断续周期工作制　　　D. 一班制、两班制、三班制

3. 用电设备台数较多，各台设备容量相差不悬殊时，国际上普遍采用（　　）来确定计算负荷。

   A. 二项式法　　　　　　B. 单位面积功率法
   C. 需要系数法　　　　　D. 变值需要系数法

4. 若中断供电将在政治、经济上造成较大损失，如造成主要设备损坏、大量的产品报废、连续生产过程被打乱，需较长时间才能恢复的电力负荷是（　　）。

   A. 一级负荷　　　B. 二级负荷　　　C. 三级负荷　　　D. 四级负荷

项目 3

高低压电气设备运行

🔍 项目概述

高低压电气设备主要包括高低压断路器、高压隔离开关、高压负荷开关、高低压熔断器、互感器等，它们是变配电所的主要电气设备，认知并熟悉它们是做好供配电技术工作的前提。

素质延展

在电气设备检修工作中，有时候需要长时间连轴转，特别是在故障抢修工作中，必须争分夺秒、不分昼夜地进行检修工作，以确保尽快恢复供电。故需要身体上扛得住，精神上受得住，技术上经得住。为了使设备能够恢复到最好的运行状态，必须本着吃苦耐劳、精益求精的工作作风，每一步的操作不将就、不勉强，用最好的技术维护最好的设备。让"冷冰冰"的设备升温，带着我们的期盼与热忱，供万家灯火，灿烂辉煌！

任 务 》》》 高低压电气设备运维与操作

📝 学习目标

1）列举熄灭电弧的主要方法。
2）列举并解释高低压断路器、高压隔离开关、高压负荷开关、高低压熔断器等设备的主要组成部分和作用。
3）解释高低压断路器的主要技术参数及含义。
4）归纳互感器的组成、作用、接线方式和注意事项。
5）正确识读电气设备的铭牌参数及符号（文字符号、图形符号详见表1-3）。

🔽 任务描述

在供配电系统中担负输送、变换和分配电能任务的电路称为一次电路。一次电路中所有的电气设备称为一次设备。本任务主要介绍高压熔断器、高压隔离开关、高压负荷开关、高压断路器、电压和电流互感器等。

3.1.1 电弧

开关电器在触头接通和断开的过程中,会在触头间产生温度极高、亮度极强并能导电的电弧。高温的电弧将烧损触头,甚至造成相间短路、电气爆炸,危及人身和设备安全。开关电器在接通和断开电路的过程中之所以会产生电弧,其根本原因是触头本身及触头周围的介质中,含有大量可游离的带电粒子。

1. 电弧的产生

电弧的产生过程实质是带点粒子的产生过程,电弧中带电粒子的产生主要通过以下几种途径:

1)热电发射。动触头即将分开的瞬间,由于触头间压力和接触面积减小,接触电阻增大,从而使电能损耗增大,在触头的表面出现炽热点,金属触头在高温作用下将发射电子,在电场力的作用下,自由电子奔向阳极,这种现象称为热电发射。

2)强电场发射。动触头分离后,在外施电压的作用下,触头间产生较高的电场强度,阴极表面的电子在电场力作用下被强行"拉"出金属触头表面,成为自由电子,同时在电场力的作用下,自由电子向阳极加速运动,这种现象称为强电场发射。

3)碰撞游离。阴极发射出来的自由电子在电场力作用下以很高的速度向阳极运动,沿途撞击介质中的中性质点,使之游离出自由电子和正离子,这些游离出来的正离子和自由电子继续参加碰撞游离,使触头间的间隙中带电粒子数越来越多,形成电弧,电弧的产生主要靠碰撞游离。

4)热游离。当电弧产生以后,它具有很高的温度,介质分子在高温作用下迅速且不规则地运动,并有很大的动能,它们相互碰撞时,同样可游离出自由电子和正离子,这种靠高温产生游离的方式称为热游离。维持电弧稳定燃烧主要靠热游离。

2. 电弧的熄灭及灭弧方法

(1)电弧的熄灭

在游离的同时,气体还存在去游离过程。去游离会减少带电粒子的数目,从而有助于电弧的熄灭。去游离主要包括以下两种方式:

1)复合。间隙中的自由电子和正离子相结合还原为中性质点的过程称为复合。

2)扩散。由于弧隙与周围的温度差和带电粒子浓度差的存在,使得带电粒子向温度较低和浓度较低的周围扩散,这种现象称为扩散。

当游离速率小于去游离速率时,电弧熄灭;反之,电弧产生。

(2)开关电器的主要灭弧方法

开关电器中的灭弧方法较多,但原理都是削弱游离速率,加强去游离速率。常用的灭弧方法有以下几种:

1)提高触头的升断速度。提高触头的开断速度或增加断口的数目,可以缩短间隙处于强电场强度下的时间,即缩短强电场发射的时间,降低带电粒子的数目,以削弱电弧形成的条件。

2)冷却电弧。用冷却的方法降低电弧的温度,削弱热电发射和热游离作用,以熄灭电弧。

3)吹弧。采用绝缘介质吹弧,使电弧拉长、增加冷却面、提高传热率,并迫使间隙中带电粒子向周围扩散，以促使电弧熄灭。常用的吹弧形式有纵吹和横吹。

4）将触头置于真空中。由于缺乏导电介质而使断路器分断时不能维持电弧燃烧，这种断路器称为真空断路器。

5）利用固体的狭沟（缝）灭弧。使电弧与固体介质紧密接触，有助于带电质点复合。如填料式熔断器的灭弧。

6）将长弧分割成短弧。低压断路器上的灭弧罩就是利用将长弧分割成短弧的方法灭弧的。

3.1.2 高压断路器

高压断路器按其采用的灭弧介质分，主要有油断路器、六氟化硫（SF_6）断路器和真空断路器等。

1. 用途

高压断路器是高压配电装置中最主要的开关电器，具有较完善的灭弧装置。它的作用是正常时承载、切断和接通负荷电流，短路故障时通过保护装置的作用切断电路。

2. 主要技术参数

1）额定电压：正常工作时断路器所能承受的电压，由断路器的绝缘水平决定。

2）额定电流：在规定的环境温度下，断路器长期通过的最大工作电流的有效值。额定电流的大小是由断路器导电部分的截面积和材料决定的。

3）额定开断电流：在额定电压下，断路器能切除的最大电流有效值。它表征断路器的灭弧能力。

4）动稳定电流：又称极限允许通过电流，表明断路器在冲击短路电流作用下承受电动力的能力。其大小由导电及绝缘等部分的机械强度所决定。

5）热稳定电流：又称额定短时耐受电流，指断路器在某规定时间内允许通过的最大短路电流。它表征断路器承受短路电流热效应的能力。

3. 几种常用的高压断路器

（1）SN10-10型高压少油断路器

图3-1为SN10-10型高压少油断路器结构示意图。它主要由油箱、传动机构和框架三部分组成。油箱是断路器的核心部分，油箱的上部设有油气分离室，其作用是将灭弧过程中产生的油气混合物旋转分离，气体从顶部排气孔排出，而油则沿内壁流回灭弧室。

（2）高压真空断路器

高压真空断路器是利用真空作为绝缘和灭弧介质。真空断路器有户内式和户外式。以ZN28A-10型户内真空断路器为例，主要由真空灭弧室、操动机构、绝缘体、传动件及机架等组成。真空灭弧室由动静触头、屏蔽罩、波纹管及玻壳等组成，其结构示意图如图3-2所示。

真空断路器的触头为圆盘状，被放置在真空灭弧室内。由于真空中没有或只有极少可被游离的气体，故只有强电场发射和热电发射。真空中的电弧是由触头电极蒸发出来的金属蒸气形成的。触头设计成特殊形状，在电流通过时会产生一个横向磁场，使真空电弧在主触头表面切线方向快速移动，在屏蔽罩内壁上凝结了部分金属蒸气，电弧在自然过零时暂时熄灭，触头间的介质强度迅速恢复。电流过零后，外加电压虽然恢复，但触头间隙不会再被击穿，真空电弧在电流第一次过零时就能完全熄灭。

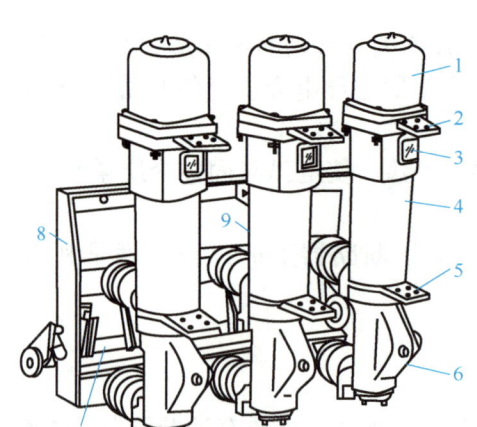

图 3-1 SN10-10 型高压少油断路器结构示意图

1—铝帽 2—上接线端子 3—油标 4—绝缘筒 5—下接线端子 6—基座 7—主轴 8—框架 9—断路弹簧

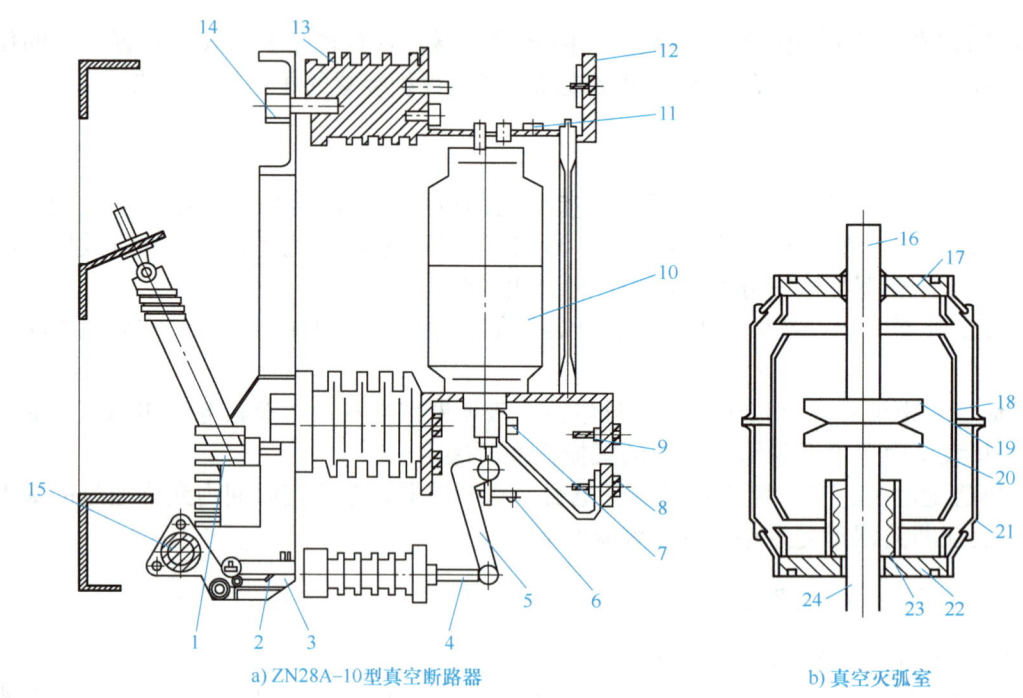

a) ZN28A-10 型真空断路器　　　　b) 真空灭弧室

图 3-2　ZN28A-10 型真空断路器及灭弧室结构示意图

1—跳闸弹簧　2—框架　3—触头弹簧　4—绝缘拉杆　5—拐臂　6—导向板　7—导电夹紧固螺栓　8—螺栓　9—触头支架　10—真空灭弧室　11—紧固螺栓　12—静触头支架　13—支持绝缘子　14—固定螺栓　15—主轴　16—静导电杆　17—上盖板　18—屏蔽罩　19—静触头　20—动触头　21—绝缘外壳　22—下盖板　23—密封波纹管　24—动触头杆

真空断路器的优点是开断能力强、性能稳定、噪声低、尺寸小、重量轻、寿命长、动作快、无火灾爆炸危险等，适用于频繁操作。因此，真空断路器在 35kV 及以下电压等级的配电系统中应用十分广泛。

（3）SF_6 断路器

SF_6 气体是无色、无味、无毒、不可燃的惰性气体，绝缘能力是空气的 2.33 倍，灭弧能力是空气的 100 倍，所以 SF_6 气体具有较强的绝缘能力和灭弧能力。

SF_6 断路器是利用 SF_6 气体作为绝缘介质和灭弧介质的高压断路器。图 3-3 为 LN2-10 型户内式 SF_6 断路器结构示意图。由图 3-4 所示的灭弧室结构和工作示意图可以看出，断路器的静触头和灭弧室中的压气活塞是相对固定不动的，分闸时，装有动触头和绝缘喷嘴的气缸由断路器操动机构通过连杆带动离开静触头，造成气缸与活塞的相对运动，压缩 SF_6 气体，使之通过喷嘴吹弧，从而使电弧迅速熄灭。

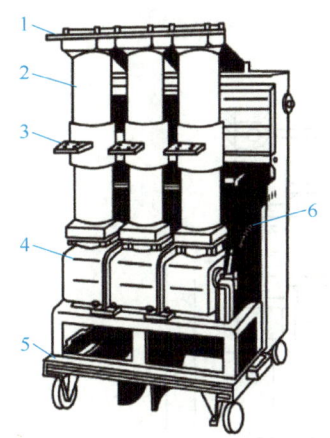

图 3-3　LN2-10 型户内式 SF_6 断路器结构示意图

1—上接线端子　2—绝缘筒　3—下接线端子
4—操动机构箱　5—小车　6—断路弹簧

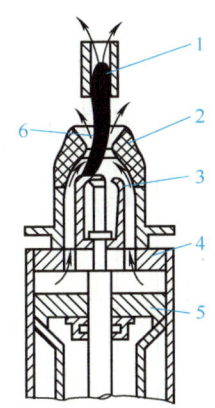

图 3-4　SF_6 断路器灭弧室结构和工作示意图

1—静触头　2—绝缘喷嘴　3—动触头　4—气缸（连同动触头由操动机构传动）　5—压气活塞（固定）　6—电弧

SF_6 断路器的优点是断口耐压高、断流能力强、电绝缘性能好、允许断路次数多、检修周期长、占地面积小。SF_6 断路器的缺点是要求加工精度高、密封性能好、对水分和气体的检测控制要求较严、价格较贵等。SF_6 断路器适用于需频繁操作及有易燃易爆危险的企业变电所和 110kV 及以上电压等级的变电所，特别适合用作全封闭式组合电器。

3.1.3　低压断路器

1. 概述

低压断路器是一种既能带负荷通断电路，又能在短路、过负荷、欠电压或失电压的情况下自动跳闸的开关设备。它由触头、灭弧装置、转动机构和脱扣器等部分组成。

低压断路器原理结构接线示意图如图 3-5 所示。当线路或设备上出现短路故障时，其过电流脱扣器 10 动作，使开关跳闸。如出现过负荷时，其串联在一次电路上的加热电阻丝 8 加热，热脱扣器 9 弯曲，使开关跳闸。当线路电压严重下降或电压消失时，其失电压脱扣器 5 动作，使开关动作。如果按下按钮 6 或 7，使失电压脱扣器失电压或使分励脱扣器 4 通电，则可远距离控制开关跳闸。

2. 几种常用的低压断路器

（1）DW 系列万能式低压断路器（Air Circuit Breaker，ACB）

万能式低压断路器又称框架式断路器。DW 系列低压断路器大部分都具有长延时、短延时和瞬时三段保护功能，能实现选择性保护，因此大多数主干线上采用它作为主开关。

（2）装置式（DZ 系列）低压断路器（Moulded Case Circuit Breaker，MCCB）

装置式低压断路器又称塑料外壳式（简称塑壳式）断路器。DZ 系列断路器一般不具备短延时功能，仅有过负荷长延时和短路瞬时二段保护，是非选择性断路器，所以不能用作选择性保护，只适用于支路。

（3）微型断路器（Miniature Circuit Breaker，MCB）

微型断路器是一种结构紧凑、安装便捷的小容量塑壳式断路器，主要用作保护导线、电缆和作为控制照明的低压开关。一般均带有传统的热脱扣器、电磁脱扣器，具有过负荷和短路保护功能。

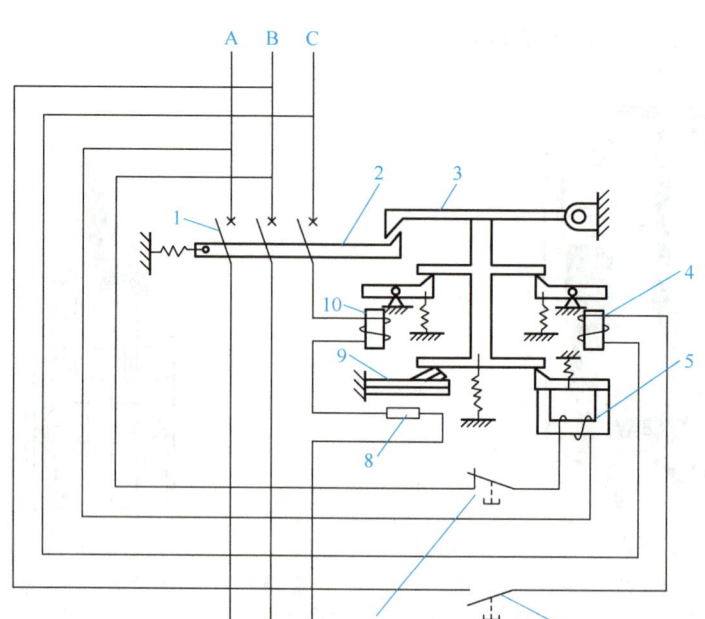

图 3-5 低压断路器原理结构接线示意图

1—主触头 2—跳钩 3—锁扣 4—分励脱扣器 5—失电压脱扣器 6、7—脱扣按钮 8—加热电阻丝
9—热脱扣器 10—过电流脱扣器

3.1.4 高压隔离开关

1. 用途

高压隔离开关没有专门的灭弧装置,所以不能用来切断和接通负荷电流和短路电流,它具有以下主要用途:

1)将需要检修的电气设备与电源可靠隔离,以保证检修工作的安全。
2)用于电路中的倒闸操作。
3)用于切除和接通小电流或无电流电路。

图 3-6 为 GN8-10 型高压隔离开关结构示意图。

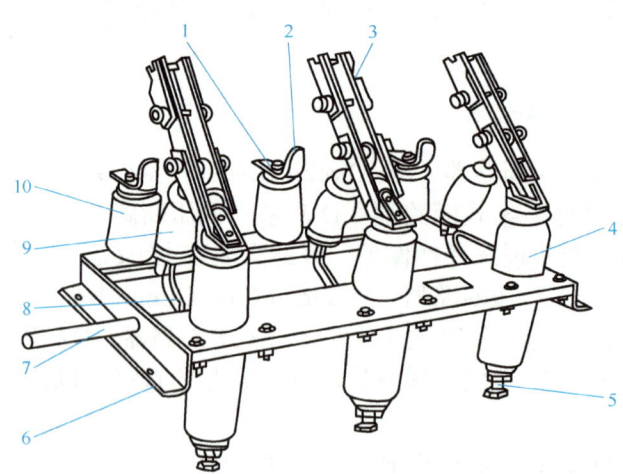

图 3-6 GN8-10 型高压隔离开关结构示意图

1—上接线端子 2—静触头 3—刀开关 4—套管绝缘子 5—下接线端子 6—框架 7—转轴 8—拐臂
9—升降绝缘子 10—支柱绝缘子

2. 基本要求及操作注意事项

隔离开关按照所担负的工作任务，要求有明显的可见断口，易于鉴别电器是否与电源可靠隔离；具有足够的短路动稳定性和热稳定性；结构简单，动作可靠；带有接地开关的隔离开关，必须装设联锁机构，以保证先断开隔离开关、后闭合接地开关以及先断开接地开关、后闭合隔离开关的操作顺序。

操作隔离开关时要注意严禁带负荷开、合隔离开关。隔离开关一般与高压断路器配合使用，并且要严格遵守操作顺序。停电时，先断开断路器，然后再断开隔离开关；送电时，先合上隔离开关，再闭合断路器，以保证不会带负荷操作隔离开关。

3.1.5 高压负荷开关

高压负荷开关具有简单的灭弧机构，但灭弧能力较差，主要用来承载、切断和接通正常的负荷电流，但不能切断短路电流。在多数情况下，它与高压熔断器配合使用，由熔断器作为短路保护。

图 3-7 为 FN3-10RT 型户内压气式负荷开关结构示意图。负荷开关上端的绝缘子是一个简单的灭弧室，它不仅起到支持绝缘子的作用，而且其内部是一个气缸，装有操动机构主轴传动的活塞，绝缘子上部装有绝缘喷嘴和弧静触头，当负荷开关分闸时，刀开关一端的弧动触头与弧静触头之间产生电弧，同时主轴转动带动活塞，压缩气缸内的空气，使其从喷嘴往外吹弧，将电弧迅速熄灭。

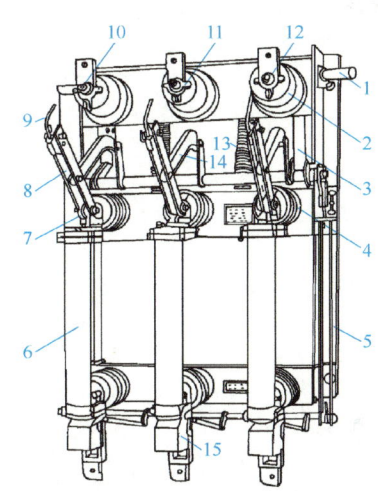

图 3-7　FN3-10RT 型户内压气式负荷开关结构示意图

1—主轴　2—上绝缘子兼气缸　3—连杆　4—下绝缘子　5—框架　6—RN1 型熔断器　7—下触座　8—刀开关　9—弧动触头　10—绝缘喷嘴（内有弧静触头）　11—主静触头　12—上触座　13—断路弹簧　14—绝缘拉杆　15—热脱扣器

高压负荷开关适用于无油化、不检修、要求频繁操作的场所，主要用于 10kV 等级电网。

3.1.6 高低压熔断器

1. 用途及特点

熔断器是一种常用的简单保护电器。熔断器串联在电路中，当电路发生过载或短路时，过载或短路电流超过熔体的最小熔断电流时，熔体被加热而熔断，从而切断故障电路。

熔断器结构简单、价格低廉，主要缺点是前后级保护的配合较困难；熔体熔断后，更换比较烦琐。

2. 主要技术参数

1）熔断器额定电流：熔断器的载流部分和接触部分长期允许通过的最大电流。

2）熔体额定电流：熔体本身允许长期通过而不熔断的最大电流。该电流不得超过熔断器额定电流。

3）熔体熔断电流：熔体能熔断的最小电流。

4）熔断器断流电流：熔断器所能切除的最大电流。

3. 几种常用的高压熔断器

（1）RN系列高压熔断器

RN系列户内式高压熔断器主要用于3～35kV供配电系统短路保护和过负荷保护。其中RN1、RN5系列高压熔断器用于电力变压器和电力线路保护，RN2、RN6系列高压熔断器额定电流很小，专门用作电压互感器的短路保护。

图3-8和图3-9分别为RN1、RN2系列高压熔断器结构示意图和RN1系列熔管内部结构示意图。RN1、RN2系列高压熔断器主要由熔管、触座、熔断指示器、绝缘子和底座等构成。熔管一般为瓷质管，熔丝由单根或多根镀银的细铜丝并联绕成螺旋状，熔丝埋放在石英砂中，熔丝上焊有小锡球，电流过大时，铜丝上锡球受热熔化，铜锡相互渗透形成熔点较低的铜锡合金（冶金效应），使铜熔丝能在较低的温度下熔断。当短路发生时，几根并联铜丝熔断可将粗弧分细，电弧在石英砂中燃烧。因此，这种熔断器的灭弧能力很强，能在冲击电流到达之前就将电弧熄灭，也称限流式熔断器。

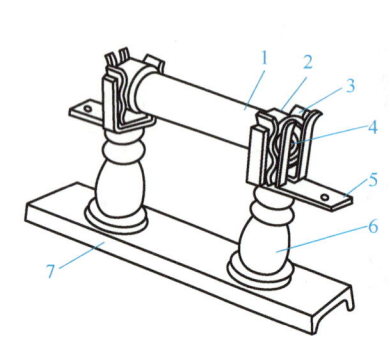

图3-8 RN1、RN2系列高压熔断器结构示意图
1—瓷熔管 2—金属管帽 3—弹性触座
4—熔断指示器 5—接线端子 6—瓷绝缘子 7—底座

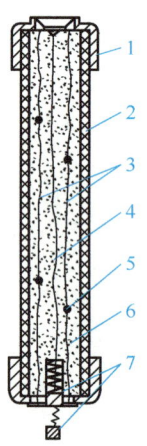

图3-9 RN1系列熔管内部结构示意图
1—管帽 2—瓷管 3—工作熔体 4—指示熔体
5—锡球 6—石英砂填料 7—熔断指示器（熔断后弹出状态）

（2）RW系列高压跌落式熔断器

RW系列户外高压跌落式熔断器主要作为配电变压器或电力线路的短路保护和过负荷保护。其结构主要由上静触头、上动触头、熔管、熔丝、下动触头、下静触头、瓷绝缘子和安装板等组成。

图3-10为RW4-10（G）型户外高压跌落式熔断器结构示意图，熔管上端的动触头借助熔管内总张力拉紧后，利用绝缘棒，先将下动触头卡入下静触头，再将上动触头推入上静触头内锁紧，接通电路。当线路上发生短路时，短路电流使熔丝熔断而形成电弧，消弧管（内管）由于电弧燃烧而分解出大量的气体，使管内压力剧增，并沿管道向下喷射吹弧，使电弧迅速熄灭。同时，由于熔丝熔断使上动触头失去了张力释放熔管，在触头弹力及自重作用下跌落而断开。

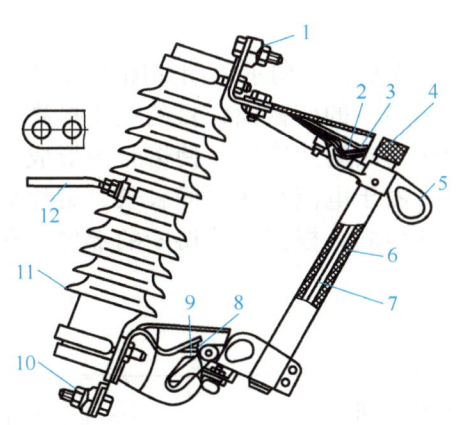

图 3-10 RW4-10（G）型户外高压跌落式熔断器结构示意图

1—上接线端子 2—上静触头 3—上动触头 4—管帽（带薄膜）5—操作环 6—熔管 7—铜熔丝 8—下动触头
9—下静触头 10—下接线端子 11—瓷绝缘子 12—固定安装板

RW 系列高压跌落式熔断器采用逐级排气结构，熔管上端封闭，可防雨水。当短路电流较小时，电弧所产生的高压气体因压力不足，只能向下排气，此为单端排气；当短路电流较大时，管内气体压力较大，使上端封闭薄膜冲开形成两端排气，同时还有助于防止分断大的短路电流时熔管爆裂。

4. 几种常见的低压熔断器

低压熔断器可用于设备和线路的过负荷和短路保护。低压熔断器种类较多，如瓷插式（RC 系列）、螺旋式（RL 系列）、无填料封闭管式（RM 系列）、有填料封闭管式（RTO 系列）等。

（1）螺旋式熔断器

常见的螺旋式熔断器有 RL1 系列和 RLS 系列，前者可用作一般电路的过负荷或短路保护，后者用于半导体整流器件或成套装置中作为短路保护或过负荷保护。RL1 系列螺旋式熔断器外形及结构示意图如图 3-11 所示，它由瓷质螺帽、熔体管和底座等组成。底座装有接线触头，分别与底座触头和底座螺纹壳相连。熔体管由瓷质的外套管、熔体和石英填料密封在瓷管内构成，并有表明熔体熔断的指示器，瓷质螺帽上有玻璃窗口。使用时，放入熔体管旋入底座螺纹壳后，使熔断器串联在回路中。

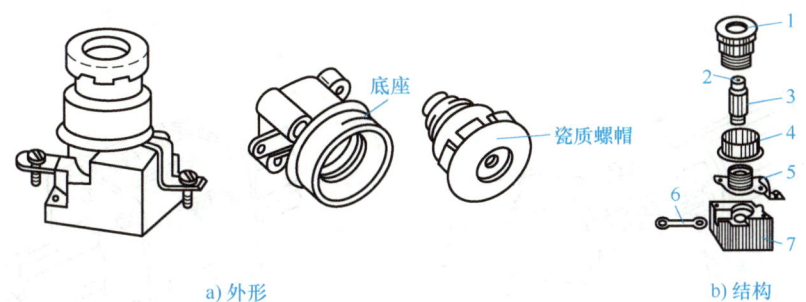

图 3-11 RL1 系列螺旋式熔断器外形及结构示意图

1—瓷质螺帽 2—熔断指示器 3—熔体管 4—瓷套 5—上接线端 6—下接线触头 7—底座

螺旋式熔断器的优点是在带电时，不用特殊工具即可更换熔体管而不接触带电部分。但装接时，必须将底座螺纹壳的上接线端 5 接负荷，而将底座触头的接线端接电源。

（2）无填料封闭管式熔断器

RM10 系列无填料封闭管式熔断器结构示意图如图 3-12 所示，其熔管内安装有变截面锌熔片。锌熔片之所以冲制成宽窄不一的变截面，目的在于提高灭弧性能和便于判断事故的性质。短路时，短路电流首先加热熔断熔片窄部，使熔管内形成几段串联短弧，从而使电弧迅速熄灭。在过负荷电流通过时，由于电流加热时间较长，熔片窄部散热较好，因此往往不在窄部熔断，而在宽窄之间的斜部熔断。根据熔片熔断的部位，即可大致判断致使熔断器熔断的故障电流性质。

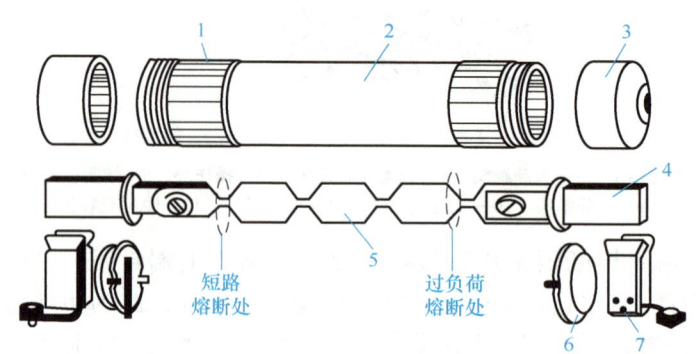

图 3-12　RM10 系列无填料封闭管式熔断器

1—黄铜圈　2—纤维管　3—黄铜帽　4—刀触头　5—熔片　6—特种垫圈　7—刀触座

无填料封闭管式熔断器由于结构简单、价格低廉及更换熔片方便，目前仍较普遍地应用在低压配电装置中。

（3）有填料封闭管式熔断器

RTO 系列有填料封闭管式熔断器结构示意图如图 3-13 所示，主要由熔管、熔体、石英砂和底座等部分组成，熔体用精轧的紫铜片冲成筛孔网状，然后用锡焊成锡桥，紫铜片上还有特殊的变截面小孔，在较小的过负荷情况下，熔体的熔断靠锡桥的熔化来完成。由于有了锡桥，即使在发热最严重时通过临界电流（即熔断器的最小熔断电流，是燃弧时间最长且最难开断的电流），熔断器的温度也不会过高，从而减轻了熔断器在长期运行情况下的氧化。熔体的另一特点是增加了引燃栅结构，每一根并联熔体几乎同时燃弧，从而使每一根并联熔体分担了一部分电弧能量，使电弧很快熄灭，断流容量提高，燃弧时间也较稳定。熔体的四周充满石英砂，以便熄灭电弧。熔体熔断后有红色的指示器弹出，便于运行人员及时发现。

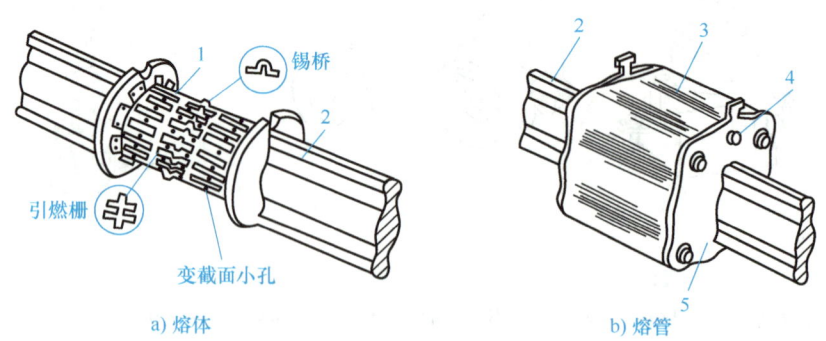

a) 熔体　　　　　　　　　　　b) 熔管

图 3-13　RTO 系列有填料封闭管式熔断器结构示意图

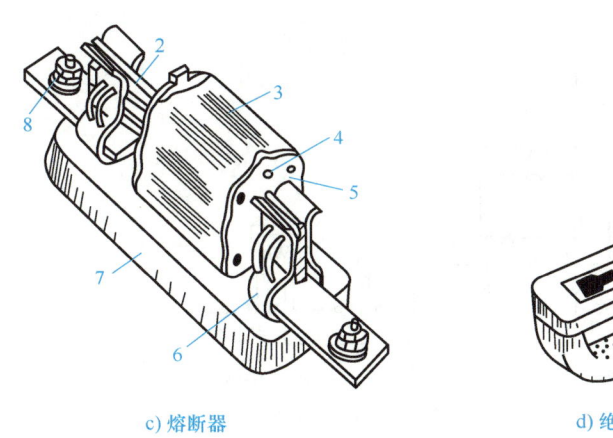

c) 熔断器　　　　　　　　　d) 绝缘操作手柄

图 3-13　RTO 系列有填料封闭管式熔断器结构示意图（续）

1—栅状铜熔体　2—触刀　3—瓷熔管　4—熔断指示器　5—盖板　6—弹性触座　7—瓷质底座　8—接线端子
9—扣眼　10—绝缘拉手手柄

RTO 系列有填料封闭管式熔断器断流能力较强，并有限流作用，保护性能稳定。但熔体熔断后不能更换，整个熔管报废。

3.1.7　互感器

1. 互感器的作用

互感器包括电压互感器和电流互感器，它们是一次系统与二次系统之间的联络元件，分别向测量仪表、继电器的电压线圈和电流线圈等供电。

互感器的作用有以下几个方面：

1）变换功能。将一次回路的高电压变为二次回路的低电压（额定标准值为 100V、$100V/\sqrt{3}$）；将一次回路的大电流变为二次回路的小电流（额定标准值为 5A 或 1A）。此功能可使测量仪表和保护等装置标准化、小型化。

2）隔离功能。使二次设备和工作人员与高电压部分隔离，且互感器二次侧必须一端接地，以保证人身和设备的安全。

3）使二次回路不受一次回路限制，接线灵活，维护、调试方便。

4）二次设备的绝缘水平可按低电压、载流部分按小电流设计，结构轻巧、价格低廉，使仪表制造设计标准化，且便于实现远程控制和测量等。

5）可获取零序电流分量、零序电压分量，供给单相接地故障及绝缘监视保护装置。

2. 电流互感器

电流互感器（Current Transformer，CT）是变换电流的设备。

（1）基本结构及变流比

电流互感器的基本结构及接线如图 3-14 所示，它由铁心、一次绕组、二次绕组等组成。其结构特点是一次绕组匝数少且导线粗；二次绕组匝数较多，导线较细。电流互感器的一次绕组串联在一次电路中，二次绕组与电流表及表计、继电器的电流线圈串联，形成闭合回路。由于这些表计和电流线圈的阻抗很小，所以工作时电流互感器二次回路接近短路运行状态。

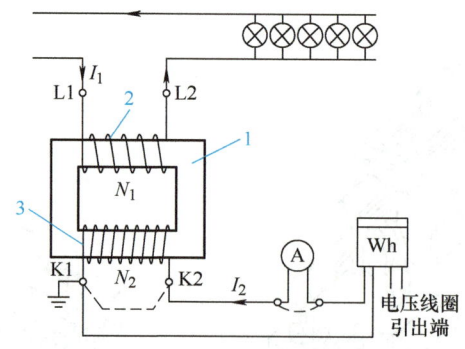

图 3-14 电流互感器的基本结构及接线

1—铁心　2——次绕组　3—二次绕组

电流互感器的变流比用 K_i 表示，则

$$K_i = \frac{I_{1N}}{I_{2N}} \approx \frac{N_2}{N_1} \tag{3-1}$$

式中，I_{1N}、I_{2N} 分别为电流互感器一次侧和二次侧的额定电流；N_1、N_2 分别为一次绕组和二次绕组匝数。

（2）电流互感器的接线方式

电流互感器的接线方式如图 3-15 所示。

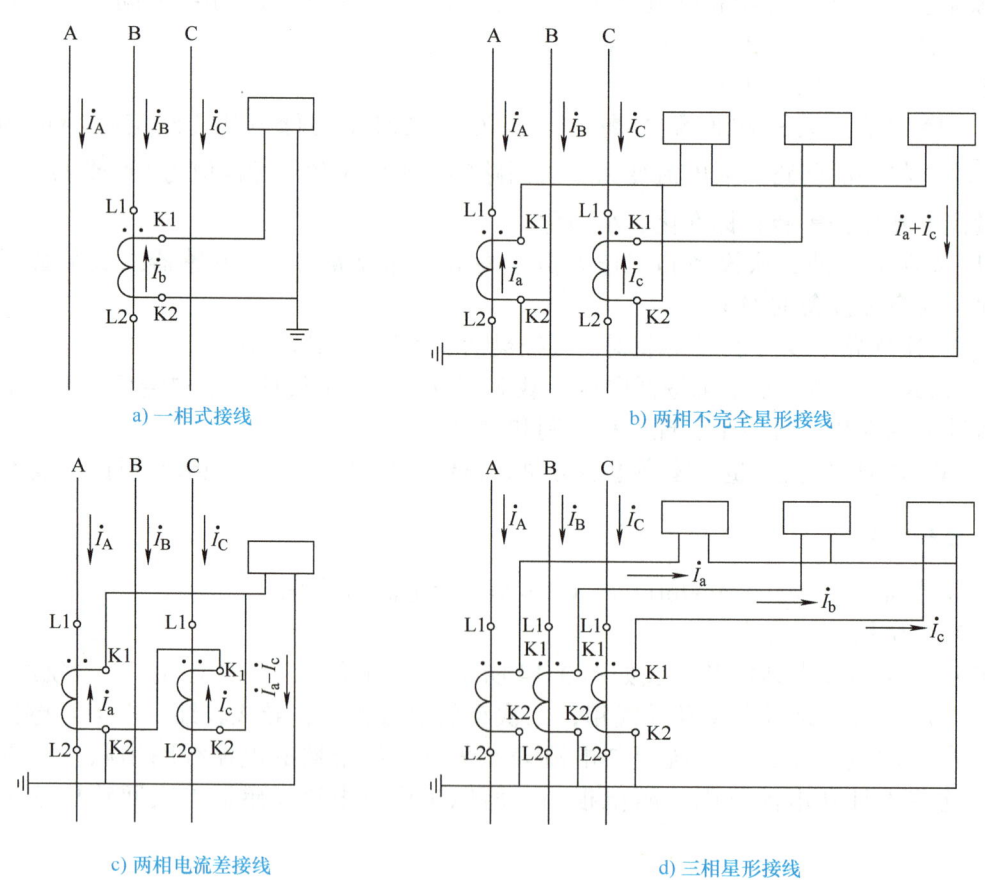

图 3-15 电流互感器的接线方式

1）一相式接线。如图3-15a所示，电流互感器绕组中通过的电流为一次电路对应的线电流。这种接线适用于负荷平衡的三相电路，供测量电流和接过负荷保护装置用。

2）两相不完全星形接线。如图3-15b所示，在中性点不接地系统中，这种接线能测量三个线电流，公共线上的电流为 $\dot{I}_a + \dot{I}_c = -\dot{I}_b$，广泛用于中性点不接地系统中的三相电流、电能测量及过电流保护。

3）两相电流差接线。这种接线又称两相一继电器式接线，如图3-15c所示。流过电流继电器线圈的电流为两相线电流相量差 $\dot{I}_a - \dot{I}_c$，其数值是线电流的$\sqrt{3}$倍。这种接线适用于中性点不接地系统，作为过电流保护。

4）三相星形接线。如图3-15d所示，由于每相均装有电流互感器，能反映各相的线电流。这种接线广泛用于三相负荷不平衡的高压或低压系统中，作为三相电流、电能测量及过电流保护用。

（3）电流互感器的种类

电流互感器的种类很多，按一次电压分有高压和低压两大类；按一次绕组匝数分有单匝式和多匝式；按用途分有测量用和保护用；按绝缘介质类型分有油浸式、环氧树脂浇注式、干式、SF_6气体绝缘等。

图3-16和图3-17分别为LMZJ1-0.5型和LQJ-10型电流互感器结构示意图。LMZJ1-0.5型电流互感器穿过其铁心的母线就是其一次绕组（按内匝算为1匝）。LQJ-10型电流互感器具有两个不同的铁心和二次绕组，分别用于测量和保护。测量用的铁心易于饱和，保护用的铁心不易饱和。

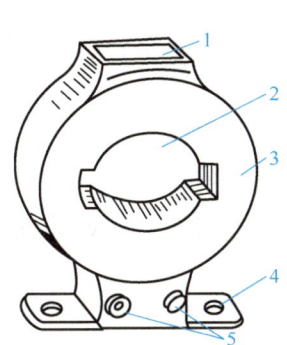

图3-16 LMZJ1-0.5型电流互感器结构示意图
1—铭牌 2—一次母线穿孔 3—铁心，外绕二次绕组，环氧树脂浇注 4—安装板 5—二次接线端子

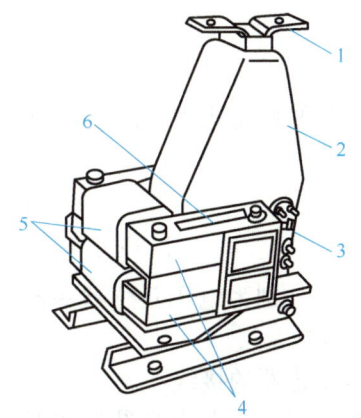

图3-17 LQJ-10型电流互感器结构示意图
1—一次接线端子 2—一次绕组（树脂浇注）；3—二次接线端子 4—铁心 5—二次绕组 6—警告牌

（4）电流互感器的使用注意事项

1）电流互感器在工作时二次侧不得开路。根据磁动势方程式 $\dot{I}_1 N_1 + \dot{I}_2 N_2 = \dot{I}_0 N_1$，正常工作时，$\dot{I}_1$产生的磁动势$\dot{I}_1 N_1$大部分被二次电流$\dot{I}_2$产生的磁动势$\dot{I}_2 N_2$所抵消，合成磁动势$\dot{I}_0 N_1$很小。当二次侧开路时，$\dot{I}_2 N_2 = 0$，但$\dot{I}_1 N_1$不变，合成磁动势（$\dot{I}_0 N_1 = \dot{I}_1 N_1$）突然增大很多，将会产生以下严重后果：①在二次侧会感应出很高的电动势，危及人身和设备安全；②互感器铁心由于磁通剧增而过热，可能烧毁电流互感器；③产生严重的剩磁现象，降低电流互感器的准确度。因此，电流互感器二次侧不允许开路。故不允许在其二次侧接入开关或熔断器；拆换二次仪表或继电器前，应先将其两端短接，拆换后再拆除短接线。

2）电流互感器二次侧必须有一端接地。电流互感器二次侧一端接地是为了防止一、二次绕组间绝缘击穿时，一次侧高压窜入二次侧，危及人身和二次设备安全。

3）电流互感器在接线时，必须注意其端子的极性。按规定，电流互感器一次绕组的L1和L2端分别与二次绕组的K1和K2端是同名端。

3. 电压互感器

电压互感器（Potential Transformer，PT）是变换电压的设备。

（1）基本结构及变压比

电压互感器的基本结构及接线如图3-18所示，它由铁心、一次绕组、二次绕组等组成。一次绕组并联在一次电路上，一次绕组匝数较多，二次绕组的匝数较少，相当于降压变压器。在二次回路中，电压表及表计、继电器的电压线圈与二次绕组并联，这些电压表或电压线圈的阻抗很大，所以工作时二次绕组接近开路运行状态。

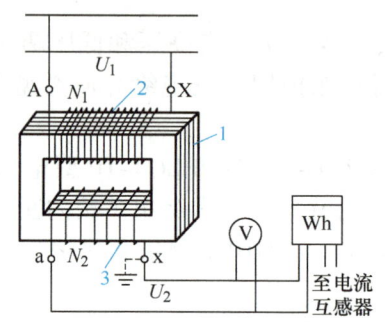

图3-18 电压互感器的基本结构及接线

1—铁心 2——次绕组 3—二次绕组

电压互感器的变压比用K_u表示，则

$$K_u = \frac{U_{1N}}{U_{2N}} \approx \frac{N_1}{N_2} \tag{3-2}$$

式中，U_{1N}、U_{2N}分别为电压互感器一次绕组和二次绕组的额定电压；N_1、N_2分别为一次绕组和二次绕组的匝数。

（2）电压互感器的接线

电压互感器的接线方式如图3-19所示。

1）一相式接线。采用一只单相电压互感器的接线，如图3-19a所示，供仪表和继电器一个线电压。

2）两相式接线。又称Vv形（即V/v）接线，采用两只单相电压互感器的接线，如图3-19b所示，可供仪表和继电器三个线电压。

3）YNyn（即Y0/Y0）形接线。采用三只单相电压互感器的接线，如图3-19c所示，可供仪表和继电器三个线电压和三个相对地电压。

4）YNynd0（即Y0/Y0/△）形接线。采用一只三相五芯柱式电压互感器或三只单相三绕组电压互感器接成YNynd0形，如图3-19d所示。其中一组二次绕组接成yn，供测量三个线电压和三个相对地电压；另一组绕组（零序绕组）接成d0（开口三角形），可以获取零序电压，用于系统的绝缘监视。在系统正常工作时，开口三角两端的电压接近于零；而当系统发生单相接地故障时，开口三角两端将出现接近100V的零序电压，使电压继电器动作，发出报警信号。

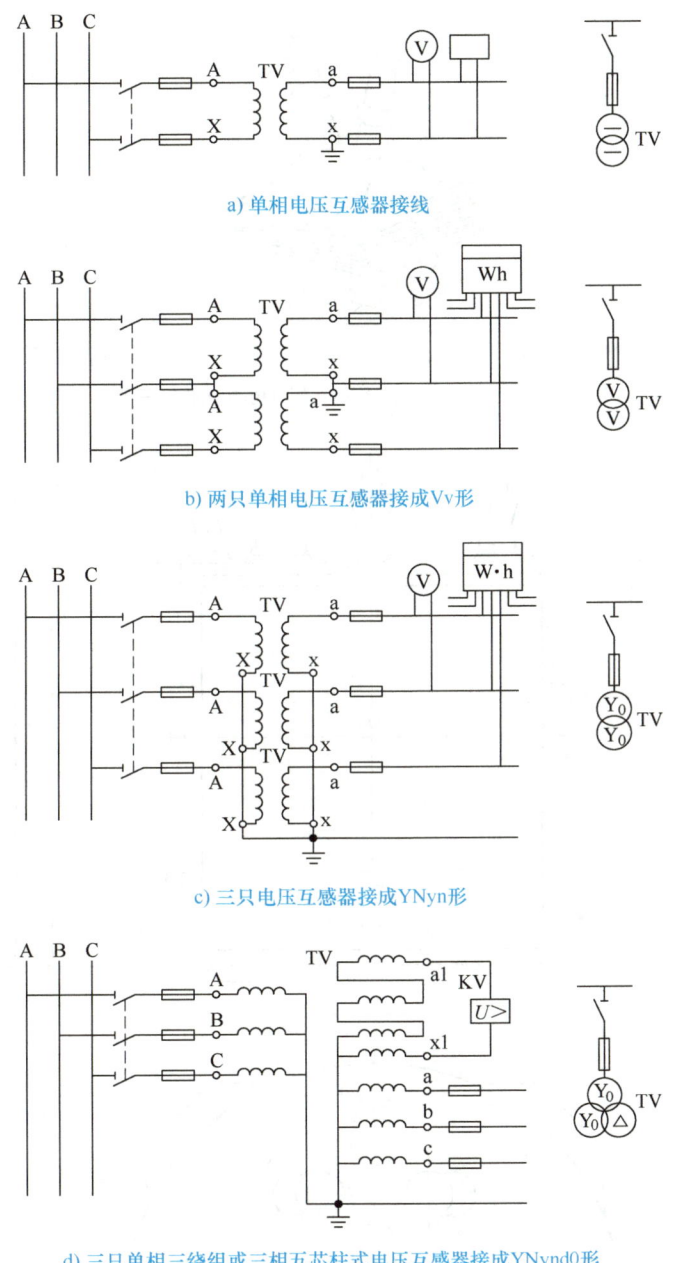

a) 单相电压互感器接线

b) 两只单相电压互感器接成Vv形

c) 三只电压互感器接成YNyn形

d) 三只单相三绕组或三相五芯柱式电压互感器接成YNynd0形

图3-19 电压互感器的接线方式

（3）电压互感器的种类

电压互感器按绝缘介质分有油浸式、环氧树脂浇注式两大主要类型；按使用场所分为户内式和户外式；按相数分为三相和单相两类。在高压系统中，还有电容式电压互感器、气体电压互感器、电流电压组合互感器等。

图3-20和图3-21分别为JDZ-3、JDZ-6、JDZ-10型和JSJW-10型电压互感器结构示意图。

（4）电压互感器的使用注意事项

1）电压互感器在工作时，其一、二次侧不得短路。电压互感器一次侧短路时会造成供电线路短路；二次回路发生短路时，有可能造成电压互感器烧毁。因此，电压互感器一、二次侧都必须装设熔断器进行短路保护。

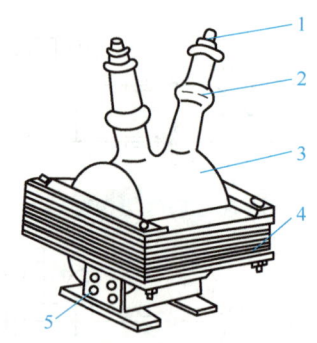

图 3-20　JDZ-3、JDZ-6、JDZ-10 型电压互感器结构示意图

1——一次接线端子　2——高压绝缘套管　3——一、二次绕组，环氧树脂浇注　4——铁心（壳式）　5——二次接线端子

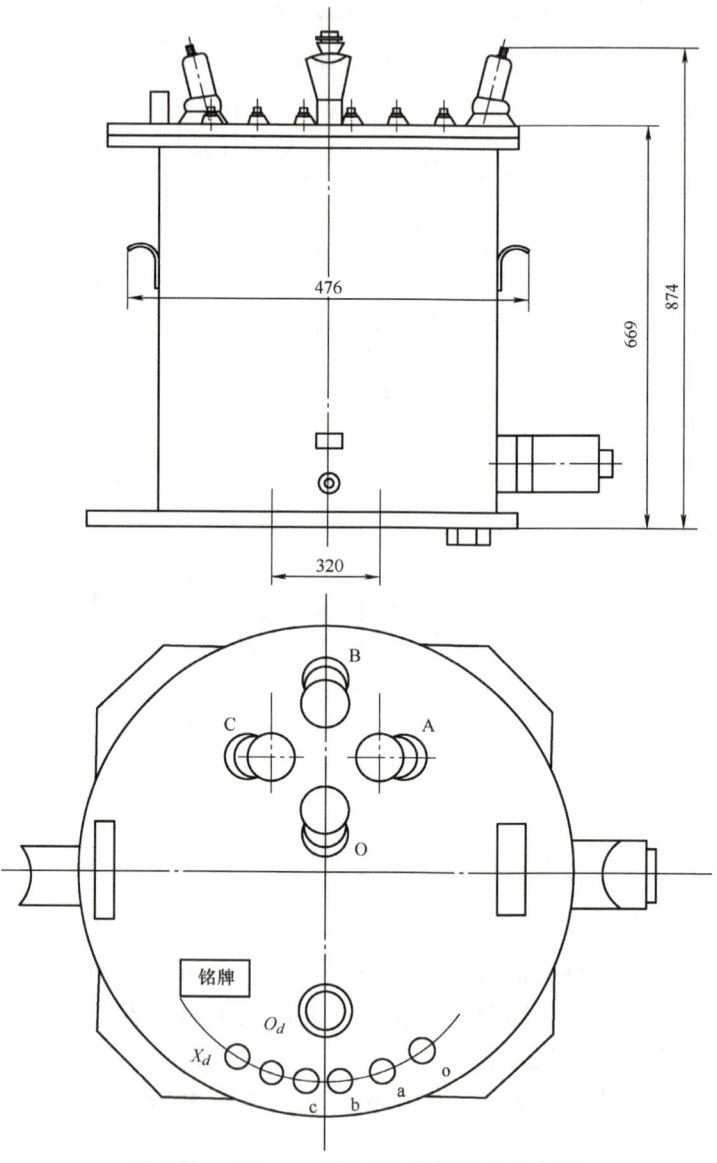

图 3-21　JSJW-10 型电压互感器结构示意图

2）电压互感器二次侧必须有一端接地。这样做的目的是防止一、二次绕组间的绝缘击穿时，一次侧的高压窜入二次回路中，危及人身及二次设备安全，通常将公共端接地。

3）电压互感器在接线时，必须注意其端子的极性。

3.1.8 刀开关

低压刀开关可用来接通和切断小电流回路或作为隔离电源，以确保检修人员的安全。

1）用手柄操作的单投（HD 系列）和双投（HS 系列）型刀开关。图 3-22 所示为 HD13 系列刀开关结构示意图。装有灭弧罩的刀开关可切断负荷电流，不装灭弧罩的刀开关不能切断大电流，只作为隔离开关使用。

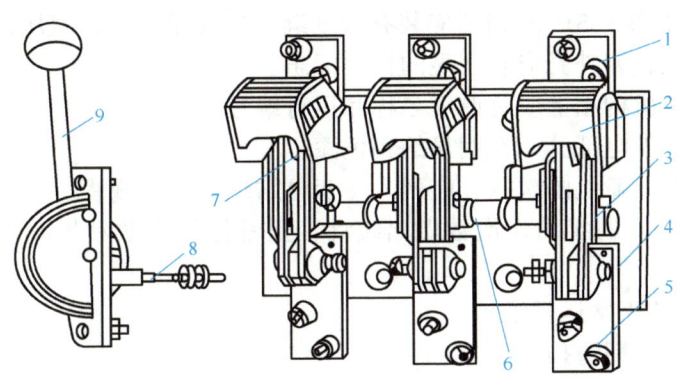

图 3-22　HD13 系列刀开关结构示意图

1—上接线端子　2—钢片灭弧罩　3—闸刀　4—底座　5—下接线端子　6—主轴　7—静触头　8—传动连杆　9—操作手柄

2）HH 系列封闭式开关熔断器组。又称负荷开关，如图 3-23 所示，由刀开关、熔断器、灭弧装置、操作机构和钢板或铸铁做成的外壳构成。三把闸刀固定在一根绝缘方轴上，由手柄操纵。

封闭式开关熔断器组的操作机构设有联锁装置，当开关合上时，箱盖不能打开；箱盖打开时，开关不能合闸，以保证操作安全。采用储能分、合闸方式，有利于迅速灭弧。

3）低压熔断器式开关。它是一种低压刀开关和低压熔断器组合而成的开关电器，也称刀熔开关。常见的 HR3 系列刀熔开关就是将 HD 系列刀开关的闸刀换上具有刀形触头的 RT0 系列熔断器，如图 3-24 所示。

刀熔开关具有刀开关和熔断器的双重功能。采用这种组合型的开关电器，可以简化低压配电装置的结构，经济适用，因此广泛应用在低压配电装置上。

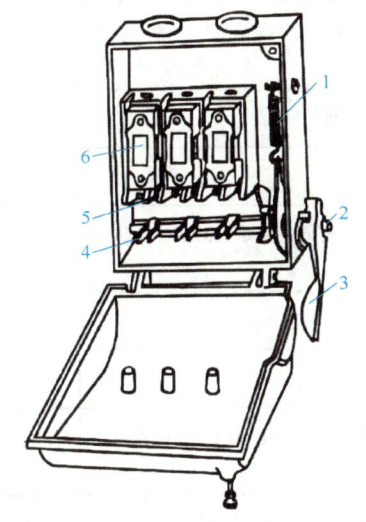

图 3-23　HH 系列封闭式负荷开关

1—弹簧　2—转轴　3—手柄
4—动触刀　5—静触座　6—熔断器

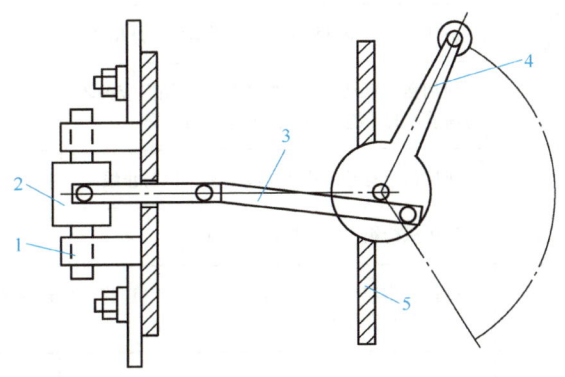

图 3-24　低压熔断器式开关结构示意图

1—RT0 系列熔断器的熔管　2—弹性触座
3—传动连杆　4—操作手柄　5—配电屏面板

技能训练 5　高压断路器的运行维护

（1）高压断路器运行维护的一般要求

1）断路器应有制造厂铭牌，断路器应在铭牌规定的额定值内运行。

2）断路器的分、合闸位置指示器应易于观察且指示正确，油断路器应有易于观察的油位指示器和上、下限监视线；SF_6 断路器应装有密度继电器或压力表，液压机构应装有压力表。

3）断路器的接地金属外壳应有明显的接地标志。

4）每台断路器的机构箱上应有调度名称和运行编号。

5）断路器外露的带电部分应有明显的相色漆。

6）断路器允许的故障跳闸次数，应列入《变电站现场运行规程》。

7）应对每台断路器的年动作次数做出统计，正常操作次数和短路故障开断次数应分别统计。

（2）高压断路器的正常运行维护

1）不带电部分的定期清扫。

2）配合停电进行传动部位检查。

3）按设备使用说明书规定对机构添加润滑油。

4）油断路器根据需要补充或放油，并进行放油阀渗油处理。

5）SF_6 断路器根据需要补气，并进行渗漏气体处理。

6）检查合闸熔丝是否正常，核对容量是否相符。

（3）维护记录

将维护内容记入维护记录表（在维护记录表上记录维护时间、维护人员姓名及设备状况等），见表 3-1。

表 3-1　高压断路器运行维护记录表

	内容	情况记录
断路器维护安全要求	气动操动机构压缩空气管路及高压储气罐的底部排水阀门按相关规定应定期放水、排污，直至无水雾喷出时为止	
	空气管路系统的过滤器应定期清洗滤网和防尘罩，以保证进入断路器气动操动机构内的压缩空气质量良好	
	空气压缩机出口处的排污阀工作状态良好，空气压缩机停机时均应排污	
	应认真做好空气压缩机累计启动时间和次数的统计记录	
	应加强对操动机构的维护检查，箱门应关闭严密，箱体应采取良好有效的防水、防灰尘、防小动物进入的措施，并保持内部清洁干燥	
	机构箱应有通风孔和防潮措施，以防止线圈、端子排等受潮、结露、生锈	
	液压机构箱应有隔热防寒措施	
	维护工作应由两人进行，工作结束，应将机构箱内杂物收拾干净，关好机构箱门，经检查无误后，工作人员方能离去	
时间	记录人	

技能训练6　高压断路器的操作

（1）工作前的准备

1）工器具的选择、检查：要求能满足工作需要、质量符合要求。

2）着装、穿戴：工作服、绝缘鞋、安全帽。

（2）工作内容

1）高压断路器操作前的检查要点。

① 在断路器检修结束后送电前，应收回所有的工作票，拆除安全措施，恢复常设的遮拦，并对断路器进行全面的检查。

② 检查断路器两侧的隔离开关是否均在断开位置。

③ 检查断路器三相是否均在断开位置。

④ 检查油断路器油位是否在正常位置，油色是否透明呈淡黄色，有无发黑、漏油现象。

⑤ 检查断路器的套管是否清洁，有无裂纹及放电痕迹。

⑥ 检查操动机构动作是否良好，连杆、拉杆、瓷绝缘子、弹簧等应完整无损。

⑦ 检查分、合闸位置指示器是否在分闸位置。

⑧ 检查端子箱内端子排和二次回路接线是否完好、有无受潮、锈蚀现象。

⑨ 检查断路器的接地装置是否坚固不松动。

断路器送电前检查最主要的是检查其分、合闸位置指示器是否在分闸位置。

2）分、合闸操作。根据该高压断路器的操作规程要求进行分、合闸操作。

3）断路器故障状况下的操作规定。

① 在断路器运行中，由于某种原因造成油断路器严重缺油，SF_6 断路器气体压力异常（如突然降到零等），严禁对断路器进行分、合闸操作，应立即断开故障断路器的控制（操作）电源，及时采取措施，将故障断路器退出运行。

② 分相操作的断路器合闸操作时，若发生非全相合闸，应立即将已合上相拉开，重新操作合闸一次。若仍不正常，则应拉开已合上相，切断该断路器的控制（操作）电源，查明原因。

③ 分相操作的断路器分闸操作时，若发生非全相分闸，应立即切断控制（操作）电源，手动将拒动相分闸，查明原因。

（3）操作记录

按要求进行操作记录（在操作记录表上记录操作时间、操作人员姓名及设备状况等），见表3-2。

表3-2　高压断路器操作记录表

序号	检查操作项目	检查操作内容	检查操作结果
1	操作前的准备	在断路器操作前，必须按《电业安全工作规程》要求，填写操作票或按命令执行	
		命令方式可以为口头或者电话命令。命令必须清楚正确，值班员应将发令人、负责人及操作任务详细记入操作记录表中	
		操作票要用钢笔或圆珠笔填写，一式两份，填写内容应正确清楚，不得任意涂改	
		一个工作负责人只能发给一张操作票	
		操作票的签发人不得兼任该项工作的工作负责人	
		工作负责人可作为施工的监护人，专职的操作监护人不得兼做其他任何工作	

（续）

序号	检查操作项目	检查操作内容	检查操作结果
2	断路器操作的一般安全要求	断路器合闸前，应检查继电保护是否按规定投入。分闸前应考虑所带负荷的安排	
		一般不允许用手动机械合断路器	
		断路器经检修恢复运行前应进行试操作，检查动作及分、合闸，以及防误闭锁装置以确保正常	
		长期停断路器在正式进行操作前应通过远方控制方式操作2、3次，无异常后方可按操作票拟定的方式操作	
		对长期处于备用状态的断路器，应定期进行分、合闸操作检查，在低温地区还应采取防寒措施和进行低温下的操作试验	
		操作前应检查控制回路、控制电源（气源）或液压回路是否正常，储能机构是否已储能，即是否具备运行操作条件	
		操作中间时监视有关电压、电流、功率等表计的指示及控制台上红、绿指示灯的变化	
		操作中发现液压机构的液压系统压力严重下降甚至接近或达到失压，应停止操作，并立即断开液压回路打压油泵的电源，再将卡具可靠地装好，如为一台液压机构操动三相的产品，也可将工作缸与水平拉杆的边接头解脱	
		严禁使用强度不够的钢板、钢管或钢丝绑卡作为防断路器慢分措施卡具使用	
		断路器液压机构失压，处理完毕重新打压到额定压力后，按动合闸阀使其合闸，如卡具能轻易插入，说明故障已排除，否则仍有故障，应继续修理，不得强行取下卡具，更不能进行操作	
		液压机必须使用微型开关或电接点压力表的失压闭锁，在未采用防慢分措施前，严禁人为启动油泵打压	
		操作中应认真监视断路器分、合闸状态指示灯，发现异常应停止操作，查明原因并进行处理	
		液压（气动）机构在运行操作中的补充打压次数应符合相关规定（导则）及制造厂的规定	
		操动机构或断路器本体不应有卡涩现象；断路器分、合闸电磁铁装配中动铁心应动作可靠及灵活，无卡涩；动铁心顶针固定应牢固，无变形；液压操动机构分、合闸阀的顶针无松动、变形	
		液压机构在压力异常信号发出时，禁止操作弹簧储能机构。在储能信号发出时，禁止合闸操作	
		断路器跳闸次数临近检修周期时，需解除重合闸装置	
		操作时控制开关不应返回太快，应待红、绿信号发出后再放手，以免分、合闸线圈短时通电而拒动。电磁机构不应返回太慢，防止辅助开关故障，烧毁合闸线圈	
		断路器合闸后，应确认三相均已接通，自动装置已按规定设置	
3	油断路器的操作要求	油断路器进行操作前，首先应检查断路器油位、油色，油位要在正常范围内，油色应正常	
		运行中断路器在严重缺油情况下，严禁分、合闸操作，应立即断开故障断路器的控制电源，及时采取措施，断开上一级断路器，将故障断路器退出运行	
		缺油时，应查找缺油原因，及时补充同一牌号合格的绝缘油，如需与其他牌号混用，需进行混油试验	
4	SF_6断路器的操作要求	操作前应检查SF_6断路器气体压力，应按当时环境温度核实在规定范围内	
		各部分管道应无异声（漏气声、振动声）及异味，防爆膜应无异状	
		当发现SF_6气体压力异常（或突然降到零等），严禁对SF_6断路器进行分、合闸操作，应立即断开故障SF_6断路器的控制电源，采取措施，断开上一级断路器，将故障SF_6断路器退出运行。若不能及时退出运行，应立即报告上级领导，并记入运行记录表和设备缺陷记录表	

技能训练7　隔离开关的维护

（1）工作前的准备同前
（2）工作内容
隔离开关的维护主要工作内容如下：

1）清扫瓷件表面的尘土，检查瓷件表面是否掉釉、破损，有无裂纹和闪络痕迹，绝缘子的铁、瓷结合部位是否牢固。若破损严重，应进行更换。

2）用汽油擦净刀片、触头或触指上的油污，检查接触表面是否清洁，有无机械损伤、氧化和过热痕迹及扭曲、变形等现象。

3）检查触头或刀片上的附件是否齐全，有无损坏。

4）检查连接隔离开关和母线、断路器的引线是否牢固，有无过热现象。

5）检查软连接部件有无折损、断股等现象。

6）检查并清扫操动机构和传动部分，并加入适量的润滑油脂。

7）检查传动部分与带电部分的距离是否符合要求，定位器和制动装置是否牢固，动作是否正确。

8）检查隔离开关的底座是否良好，接地是否可靠。

（3）维护记录

按要求进行维护记录（在维护记录表上记录维护时间、维护人员姓名及设备状况等），见表3-3。

表 3-3　隔离开关维护检查记录表

	内容	情况记录
隔离开关维护检查	操动机构、传动装置安装应牢固，动作灵活可靠，位置指示正确	
	合闸时三相不同期值应符合产品的技术规定	
	相间距离和分闸时触头打开角度和距离，应符合产品的技术规定	
	触头接触紧密良好	
	油漆完整，相色标志正确，接地良好	
	安装位置正确，符合设计及规范要求	
	设备外观完好，瓷绝缘无损伤，无污痕	
时间	记录人	

技能训练 8　户外高压跌落式熔断器的操作

（1）工作前的准备

1）选择工作需要的工器具：安全帽、绝缘手套、绝缘鞋、绝缘棒、护目镜等。

2）检查工作器具，检查方法正确、规范。

3）填写检修工作票、倒闸操作票。

4）将变压器负荷侧全部停电。

5）穿绝缘鞋，戴绝缘手套及护目镜，准备绝缘棒、绝缘台、绝缘垫。

6）落实操作人和监护人。

（2）工作内容

1）拉闸操作：拉闸时，先断中相后断两边相，每相操作均应一次成功。

2）合闸操作：先合两边相后合中相，每相操作均应一次成功。

1）高压熔断器是一种保护电器，主要用于电路短路或过负荷时使电路自动切断。其原理是利用金属熔体在短路或过负荷时的高温下熔断而断开电路。

2）高压隔离开关主要起隔离作用，当其断开时，应使电路中有明显的断开点，便于检修人员安全工作。需要特别注意的是，高压隔离开关不能对负荷电流、短路电流进行分断，必须与断路器一起对电路进行控制。高压隔离开关主要用于检修时隔离电源、倒母线操作、分合小电流电路等。

3）高压负荷开关是介于隔离开关和断路器之间的一种开关电器。它具有灭弧装置，但灭弧能力较小，只能用来接通和断开负荷电流，不能用来断开短路电流。高压负荷开关主要用来通断正常的负荷电流和过负荷电流或用以隔离电压，常与高压熔断器配合使用，当发生短路故障时，由熔断器起短路保护作用。

4）高压断路器有很强的灭弧能力，可以用来通断负荷电流和短路电流。正常运行时可用它来变换运行方式，将设备或线路投入运行或退出运行，起控制作用；当设备或线路发生故障时，则通过继电保护装置的作用，将故障部分切除，保证无故障部分正常运行，起保护作用。高压断路器主要有油断路器、真空断路器和 SF_6 断路器等。

5）互感器分为电压互感器和电流互感器两大类。目前大多采用电磁式互感器，其工作原理与电力变压器相似。

电压互感器是将高电压变为低电压，其一次绕组并联于一次电路中，二次绕组向测量仪表和继电保护装置中的继电器电压线圈供电。正常工作时电压互感器二次侧相当于开路，运行中其二次侧不能短路。

电流互感器是将大电流变为小电流，向二次侧仪表供电。电流互感器一次绕组串联于电路中，二次绕组与测量仪表和继电保护装置中的继电器电流线圈串联。正常工作时，电流互感器二次侧相当于短路，运行中其二次侧不允许开路。

互感器是工厂供配电系统中重要的电气设备，必须采取措施保证互感器安全可靠运行。

1. 高压熔断器的主要功能是什么？什么是限流熔断器？
2. 一般跌落式熔断器与一般高压熔断器在功能方面有何异同？负荷型跌落式熔断器与一般跌落式熔断器在功能方面又有什么区别？
3. 如何安装、操作跌落式熔断器？
4. 高压隔离开关有哪些功能？为什么它不能带负荷操作？为什么它能作为隔离电器来保证安全检修？
5. 高压隔离开关运行维护中的巡视检查和维护各有哪些内容？
6. 高压负荷开关有哪些功能？为什么它常与高压熔断器配合使用？
7. 高压负荷开关的巡视检查内容有哪些？
8. 高压断路器有哪些功能？少油断路器中的油和多油断路器中的油各起什么作用？
9. 油断路器、真空断路器和 SF_6 断路器各自的灭弧介质是什么？灭弧性能各如何？这三种断路器各适用于哪些场合？
10. 高压断路器的巡视检查内容有哪些？
11. 电压互感器和电流互感器各有哪些功能？运行中的电压互感器二次侧为什么不允许短路？运行中的电流互感器二次侧为什么不允许开路？
12. 分别画图说明电压互感器和电流互感器的接线方式和特点。

项目 4

室外供电线路结构与敷设

🔍 项目概述

本项目分为两个任务：室外架空电力线路分析和室外电力电缆线路敷设。项目的设计思路是：任务1以典型的架空线路为例，主要让学生了解室外架空电力线路的结构、短路故障对电力系统的影响等；任务2主要介绍室外电力电缆线路的结构及其敷设方式，让学生掌握电力电缆线路的敷设方法。

⬡ 素质延展

"西电东送"工程，对于我国今天的经济腾飞可谓有着决定性的作用。"西电东送"是"西部大开发"的标志性工程。"十五"期间，"西电东送"形成北、中、南三路送电线路，带动我国设备制造业、电力施工业、建材业等领域的发展。但远距离送电，电能的损耗不可避免，特高压输电技术解决了我国电力跨区域远距离输送的难题。"西电东送"工程的顺利实施，有利于西部能源资源优势转化为经济优势，减轻了环境和运输压力，对于合理配置资源、优化能源结构、促进我国社会经济可持续发展具有重要意义。

任务 1 >>> 室外架空电力线路分析

📝 学习目标

1）分析说明10kV架空电力线路的结构。
2）列举架空电力线路敷设方式的特点。

❗ 任务描述

1）分析说明10kV终端式电缆登杆装置（无熔丝，15m）的结构。
2）分析说明10kV瓷横担三角排列直线杆装置结构。

相关知识

4.1.1 架空线路的特点

架空线路最大的优点是初次投资少,而且能够迅速查出故障点,很快修复。但在另一方面,导线容易受到机械性破坏,很容易因鸟害、动物祸害、雷击等而停电;在可能使用起重机或起重货车的地方,危险性更大;在一些地区,由于绝缘子的污染和导线的腐蚀,架空线路维修费用可能很高。裸露的架空线路更易遭受雷击而停电,必须安装架空地线和避雷器。

4.1.2 一般架空线路的结构

架空线路主要由电杆、导线、横担、绝缘子、拉线及金具等组成,如图4-1所示。

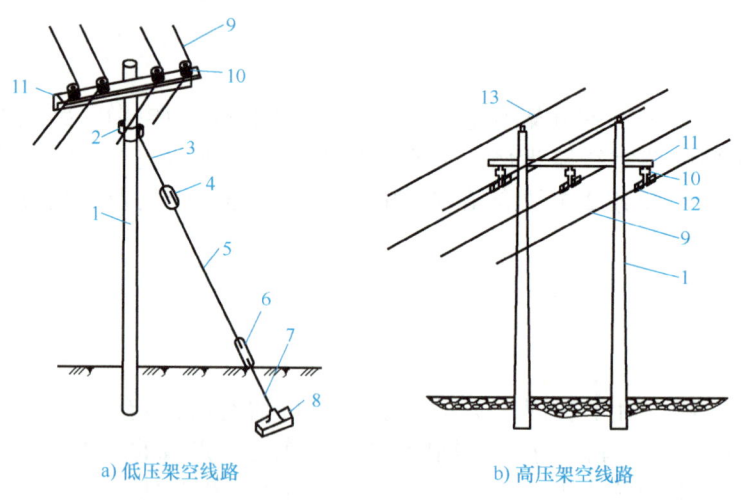

a) 低压架空线路　　　　b) 高压架空线路

图 4-1　架空线路的结构

1—电杆　2—拉线的抱箍　3—上把　4—拉线绝缘子　5—腰把　6—花篮螺钉　7—底把　8—拉线底盘
9—导线　10—绝缘子　11—横担　12—线夹　13—避雷线

1. 电杆

电杆按材质分为木杆、钢筋混凝土杆及金属塔杆。其中,木杆用于临时供电线路,钢筋混凝土杆用于低压线路,金属塔杆用于高压线路。

电杆按其功能分为直线杆、转角杆、终端杆、跨越杆、耐张杆、分支杆等,如图4-2所示。

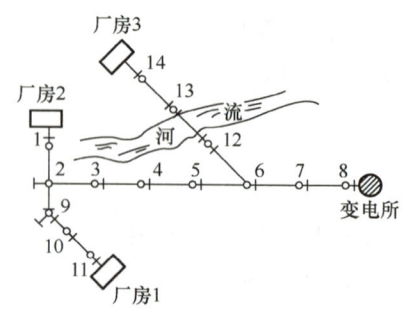

图 4-2　架空线路的杆型及应用

1、8、11、14—终端杆　2、6—分支杆　3、4、5、7、10—直线杆　9—转角杆　12、13—跨越杆

直线杆：用以支持导线、绝缘子及金具等的重量，承受侧面风压，用在线路中间。

耐张杆：即承力杆，它要承受导线的水平张力，同时将线路分隔成若干段，以加强机械强度，限制事故范围。

转角杆：线路转角处使用的杆塔，有直线转角和耐张转角两种，正常情况下除承受导线等垂直荷重和内角平分线方向风力水平荷重外，还要承受内角平分线方向导线全部拉力和合力。

分支杆：线路分支处的杆塔，正常情况下除承受直线杆塔所承受的荷重外，还要承受分支导线等的垂直荷重、水平风力荷重和侧分支线方向导线的全部拉力。

终端杆：线路终端处的杆塔，除承受导线的垂直荷重和水平风力外，还要承受顺线路方向的全部导线的拉力。

跨越杆：跨越铁路、通航河道、公路、建筑物和电力线、通信线等处所使用的杆塔。

2. 拉线

拉线按安装方式分为普通拉线、水平拉线、V形拉线、Y形拉线和弓形拉线五种，拉线横截面积有 $35mm^2$ 和 $70mm^2$ 两种。

3. 横担、线路绝缘子和金具

横担用来固定绝缘子以支承导线，并保持各相导线之间的距离。目前常用的横担有铁横担和瓷横担。铁横担由角钢制成。10kV线路多采用∟63×6的角钢，380V线路多采用∟50×5的角钢。铁横担的机械强度高，应用广泛。瓷横担兼有横担和绝缘子的作用，能节约钢材并提高线路的绝缘水平，但机械强度较低，一般仅用于较小截面导线的架空线路。

线路绝缘子用来固定导线并使导线与电杆绝缘。

线路金具用来连接导线、安装横担和绝缘子的金属附件，包括安装针式绝缘子的直角和弯脚，安装蝴蝶式绝缘子的穿心螺钉，将横担或拉线固定在电杆上的U形抱箍，调节松紧的花篮螺钉以及悬式绝缘子串的挂环、挂板、线夹等。图4-3为架空线路常用金具。

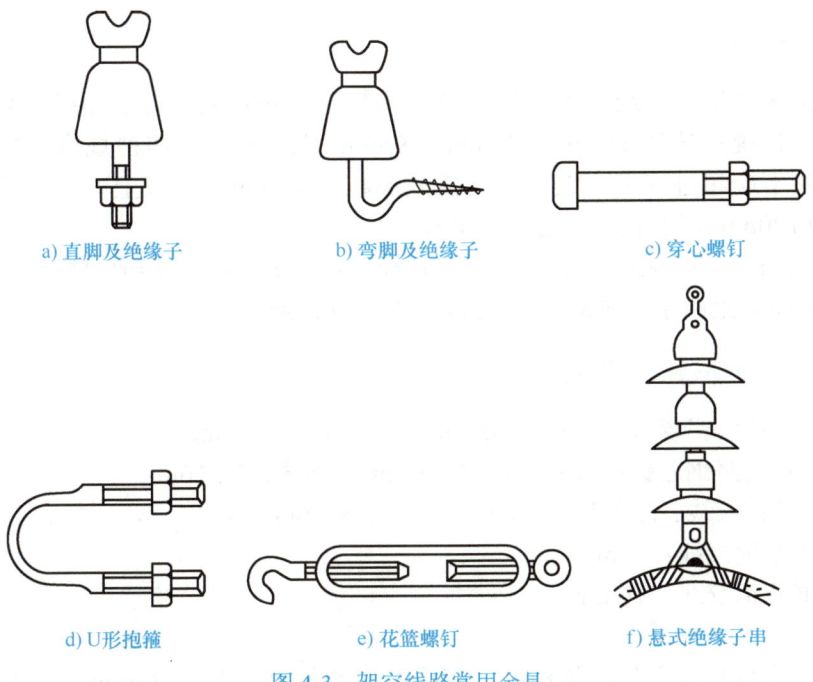

图 4-3 架空线路常用金具

4. 架空导线

架空导线是架空线路的主体构件，担负着输送电能的作用。导线架设在电杆上，经常承受风、雨、冰、雪、空气温度等的作用以及大气中各种有害物质的侵蚀，因此要求导线满足导电性能好、机械强度高、密度小、价格低且耐腐蚀等主要条件。常用架空导线的种类有铜线、铝线、钢芯铝线、钢线及绝缘导线等。

4.1.3 架空线路的敷设方法

1. 电杆的敷设

低压电杆的杆距为 30～45m。架空导线间距不小于 300mm，靠近混凝土杆的两根导线间距不小于 500mm。上下两层横担间距：直线杆为 600mm；转角杆为 300mm。广播线、通信电缆与电力线同杆架设时应在电力线下方，两者垂直距离不小于 1.5m。安装卡盘的方向要注意，在直线杆线路中应一左一右交替排列。安装转角杆时应注意导线受力方向和拉线的方向。

2. 横担的敷设

横担一般架设在电杆靠近负荷的一侧。导线在横担上排列应符合以下规律：

1）面向负荷，从左侧起为 L1、N、L2、L3、PE。

2）动力、照明在两个横担上分别架设时，对于上层横担，面向负荷从左侧起为 L1、L2、L3；下层横担是单相三线时，面向负荷从左侧起为 L1、（或 L2、L3）、N、PE。

建筑工地临时供电的杆距一般不大于 35m，线间的距离不得小于 0.3m；横担间的最小垂直距离不小于表 4-1 的要求。

表 4-1 横担间的最小垂直距离　　　　　　　　　　　　　　　　（单位：m）

排列方式	直线杆	分支或转角杆	排列方式	直线杆	分支或转角杆
高压与低压	1.2	1.0	低压与低压	0.6	0.3

3. 架空导线的敷设

市区或居民区的架空导线必须用绝缘导线。郊区 0.4kV 室外架空导线应采用多芯铝绞导线，导线横截面积统一选用 35mm²、70mm²、95mm² 及 120mm² 四种规格。同一横担上导线横截面积等级差不应超过三级。架空导线横截面积在 120mm² 及以上时，终端杆、直线杆及转角杆应使用 ϕ190mm 以上直径的混凝土电杆。

TN-S 供电系统架空线路，在终端杆处 PE 线应做重复接地，接地电阻不大于 10Ω，当与引入线处重复接地点距离小于 50m 时，可以不做重复接地。

4. 架空线路的最小横截面积要求

1）6～10kV 线路铝绞线：居民区 35mm²，非居民区 25mm²。

2）6～10kV 线路钢芯铝绞线：居民区 25mm²，非居民区 16mm²。

3）6～10kV 铜绞线：居民区 16mm²，非居民区 16mm²。

4）<1kV 线路铝绞线：16mm²。

5）<1kV 钢芯铝绞线：16mm²。

6）<1kV 铜线：10mm²。

1kV 以下线路与铁路交叉跨越档处，绞线的最小横截面积为 35mm²。低压进户线应用绝缘导线，横截面积不小于表 4-2 中所列数值。

表 4-2　低压进户绝缘导线的最小横截面积

敷设方式	档距 /m	最小横截面积 /mm²	
		绝缘铝线	绝缘铜线
自电杆上引下	<10	6	4
	10～25	10	6
沿墙敷设	≤6	6	4

5. 架空线路的高度

导线对地必须保证安全距离，不得低于表 4-3 中的数据。

表 4-3　导线对地的安全距离　　　　　　　　　（单位：m）

情况	跨铁路、河流	交通要道、居民区	人行道、非居民区	乡村小道
安全距离	7.5	6	5	4

6. 电杆埋深

电杆埋深一般为杆长的 1/6；下有底盘和卡盘，防止电杆倾斜；卡盘安装位置应沿纵向在一杆左侧、下一杆右侧，交替设置。

4.1.4　架空线路分析

图 4-4 为 10kV 高压架空配电线路中一种终端杆的装置图。终端杆是装设在架空线路终点（或起点）的耐张型电杆，它承受线路最后一个耐张段（或第一个耐张段）导线的拉力。终端杆只有一侧有导线，另一侧的导线很短，为高压引下线。终端杆在高压引下线一侧加装拉线来平衡线路导线的拉力。具体的部件明细见表 4-4。

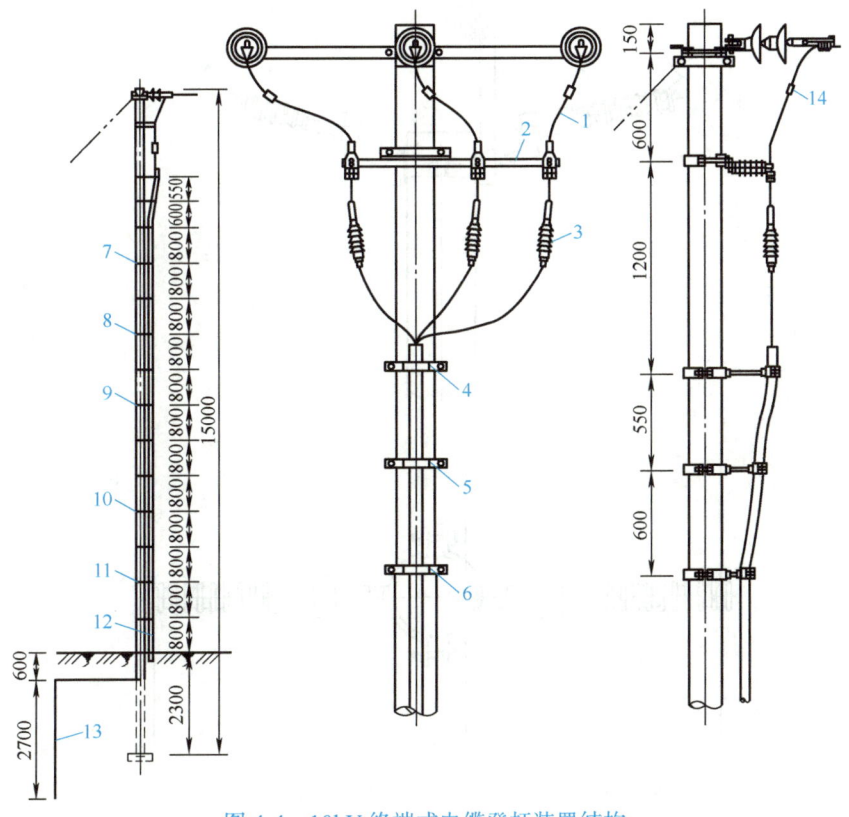

图 4-4　10kV 终端式电缆登杆装置结构

表 4-4　10kV 终端式电缆登杆装置部件明细表

序号	材料名称及规格	单位	数量	序号	材料名称及规格	单位	数量
1	电缆登杆高压引下线	套	3	8	ϕ280 电缆登杆固定装置	套	2
2	ϕ205 电缆登杆避雷器支架组件	套	1	9	ϕ305 电缆登杆固定装置	套	3
3	10kV 硅橡胶电缆头及附件	套	3	10	ϕ330 电缆登杆固定装置	套	2
4	ϕ230 电缆登杆固定装置	套	1	11	ϕ355 电缆登杆固定装置	套	2
5	ϕ230 电缆登杆固定装置	套	1	12	电缆保护罩及螺栓	副	1
6	ϕ230 电缆登杆固定装置	套	1	13	单根接地管接地装置	套	1
7	ϕ255 电缆登杆固定装置	套	2	14	弹射式楔形线夹	只	3

在终端杆的杆顶布置中，一律采用铁横担加支持铁拉板，如三角排列，用 2000mm 长的终端铁横担和 750mm 长的支持铁拉板；如水平排列，用 2500mm 长的终端铁横担和 1020mm 长的支持铁拉板。导线在终端杆上用悬式绝缘子和耐张线夹固定。

图 4-5 是 10kV 高压架空配电线路中一种直线杆的装置图。直线杆也称中间杆，用于架空线路的直线段，分布在两个耐张杆的中间，是架空线路上数量最多的一种杆型。直线杆只承受垂直荷重（导线、绝缘子、金具和覆冰质量）和水平（侧向）风压，不能承受线路方向的拉力，所以直线杆结构比较简单。瓷横担是用陶瓷材料制成的一种横担，它不仅具有横担的作用，还可以代替绝缘子来支持导线。图 4-5 中是一种三角排列的瓷横担，具体的部件明细见表 4-5。

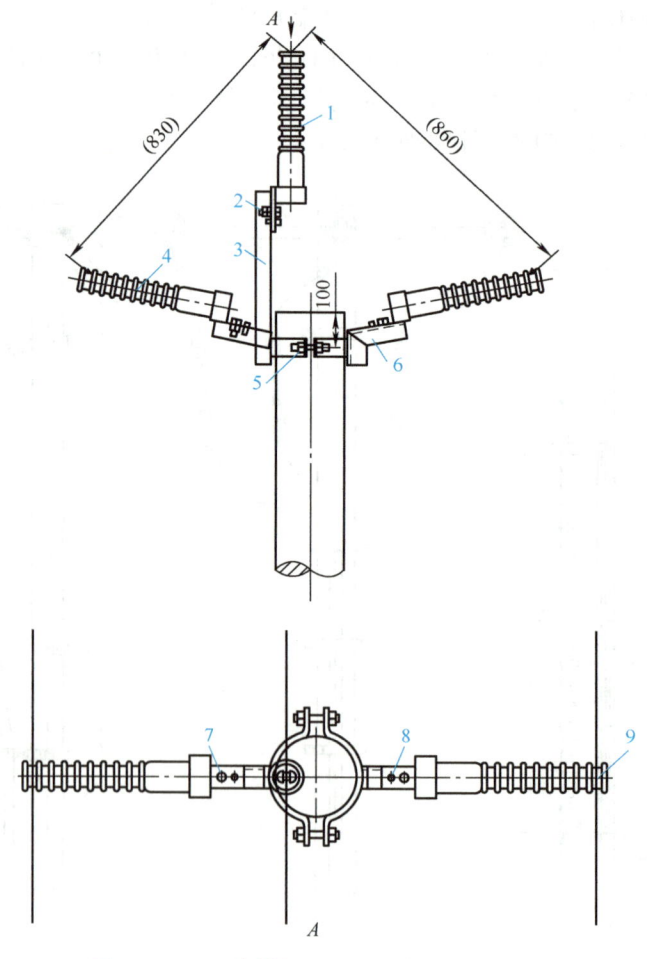

图 4-5　10kV 瓷横担三角排列直线杆装置结构

表 4-5　10kV 瓷横担三角排列直线杆装置部件明细表

序号	材料名称及规格	单位	数量	序号	材料名称及规格	单位	数量
1	10kV 瓷横担绝缘子（顶相）	只	1	6	φ190 瓷横担边相抱箍支架	块	1
2	M16×55×40 单电缆帽螺栓（加螺母）	只	1	7	M16×75×50 单电缆帽螺栓	只	2
3	φ190 瓷横担顶相抱箍支架	块	1	8	φ×30 圆钢钾钉销子	只	3
4	10kV 瓷横担绝缘子（边相）	只	2	9	1×10 铝包带	kg	0.1
5	M16×75×50 单电缆帽螺栓	只	2				

技能训练 9　架空线路的巡视检查与维护

（1）工作前的准备

1）工器具的选择、检查：要求能满足工作需要，质量符合要求。

2）着装、穿戴：工作服、绝缘鞋、安全帽、安全带。

（2）工作内容

为了掌握架空线路的运行状况，及时发现缺陷和威胁线路安全运行的隐患，必须定期进行架空线路的巡视检查。

1）架空线路巡查种类与巡查周期。架空线路巡查种类与巡查周期见表 4-6。

表 4-6　架空线路巡查种类与巡查周期

序号	巡查种类	巡查说明	巡查周期	备注
1	定期巡查1～10kV 线路及1kV 以下线路	由专职巡线员进行，掌握线路的运行状况及沿线环境变化情况，并做好保护线路的宣传工作	市区：一般每月一次，郊区及农村：一般每季至少一次	
2	特殊性巡查	是指在气候恶劣、河水泛滥，火灾和其他特殊情况下，对线路的全部或部分进行巡视或检查		
3	夜间巡查	在线路高峰负荷或阴雾天气时进行，检查导线接点有无发热打火现象，绝缘子表面有无闪络等		按需要定
4	故障性巡查	查明线路发生故障的地点和原因	由配电系统调度或配电主管生产领导决定，一般对线路进行抽查巡视	
5	监察性巡查	由部门领导或专责技术人员进行，目的是了解线路及设备状况，并检查、指导巡线员的工作		

2）架空线路巡查内容。架空线路巡查内容主要有杆塔巡查，导线、架空地线巡查，绝缘子巡查，横担及金具巡查，防雷设施巡查，接地装置巡查，拉线、顶（撑）杆、接线柱巡查，接户线巡查，沿线巡查等。

巡查中若发现异常情况，应记入专用的记录表内，重要情况应及时汇报上级，并请示处理。

3）架空线路维护的主要内容如下：

① 清除绝缘子上的污秽和防污。

② 清除架空线路上的覆冰。

③ 处理架空线路的事故。

任务 2 　室外电力电缆线路的敷设

学习目标

1）区分各种常用电缆的结构和型号含义。
2）复述电缆敷设的步骤。

任务描述

某车间从低压配电房引入进线电源，采用铠装电力电缆引入，电缆沟直埋式敷设。请设计直埋电缆沟的结构，并描述电缆敷设的过程。

相关知识

4.2.1　电缆的认识

1. 电缆传输电能的特点

1）不受外界风、雨、冰雹及人为损伤，供电可靠性高。
2）材料和安装成本较高，造价约为架空线的 10 倍。
3）不占用地面空间，有利于环境美观。
4）与架空线比较，横截面积相同时电缆供电容量可以较大，电缆导线的阻抗小。

2. 电缆的分类

1）按作用分类，电缆可分为电力电缆、控制电缆、电话电缆、射频同轴电缆及移动式软电缆等。

2）按电压等级分类，电缆可以分为 0.5kV、1kV、3kV、6kV、10kV、20kV、35kV、60kV、110kV、220kV 及 330kV 等。其中，1kV 电压等级电力电缆使用最多。3～35kV 电压等级电力电缆常用于大中型建筑内的主要供电线路。60～330kV 电压等级的电力电缆用于不宜采用架空导线的送电线路以及过江、海底敷设等场合。电缆还可分为低压电缆（小于 1kV）和高压电缆（大于 1kV）。从施工技术要求、电缆接头、电缆终端头结构特征及运行维护等方面考虑，电缆可分为低电压电力电缆、中电压电力电缆（1～10kV）及高电压电力电缆。

3）电缆也可按电线芯横截面积分类。电力电缆的导电芯线是按照一定等级的标称横截面积制造的。我国电力电缆的标称横截面积系列为 $1.5mm^2$、$2.5mm^2$、$4mm^2$、$6mm^2$、$10mm^2$、$16mm^2$、$25mm^2$、$35mm^2$、$50mm^2$、$70mm^2$、$95mm^2$、$120mm^2$、$150mm^2$、$185mm^2$、$240mm^2$、$300mm^2$、$400mm^2$、$500mm^2$ 及 $600mm^2$，共 19 种。高压充油电缆标称横截面积系列为 $100mm^2$、$240mm^2$、$400mm^2$、$600mm^2$、$700mm^2$ 及 $845mm^2$，共 6 种。多芯电缆都是以其中横截面积最大的相线为准。

4）按导线芯数分类，电力电缆导电芯线有 1～5 芯五种。单芯电缆用于传输单相交流电、直流电及特殊场合（高压电机引出线）。60kV 及以上电压等级的充油、充气高压电缆多为单芯。二芯电缆多用于传送单相交流电或直流电。三芯电缆用于三相交流电网中，广泛用于 35kV 以下的电缆线路。四芯电缆用于低压配电线路、中性点接地的 TT 方式和 TN-C 方式供电系统。五芯电缆用于低压配电线路、中性点接地的 TN-S 方式供电系统。

5）按绝缘材料分类，电缆可分为以下几种：

① 油浸纸绝缘电力电缆。它是历史最久、应用最广泛的一种电缆，成本低，寿命长，耐热、耐电强度高，介电性能稳定，用于各种低压等级电力系统中，通常以纸为主要绝缘材料，用绝缘浸渍剂充分浸渍制成。

② 塑料绝缘电缆。塑料绝缘电缆制造简单，重量轻，终端头和中间接头制造容易，弯曲半径小，敷设简单，维护方便，有一定的耐化学腐蚀和耐水性能，可用于高落差和垂直敷设场合。塑料绝缘电缆有聚氯乙烯绝缘电缆和交联聚乙烯绝缘电缆，前者用于 10kV 以下的电缆线路中，后者用于 10kV 以上至高压电缆线路中。

③ 橡胶绝缘电缆。橡胶富有弹性，性能稳定，有较好的电气、机械、化学性能，橡胶绝缘电缆大多数用于 10kV 以下的电力系统中。

④ 阻燃聚乙烯绝缘电缆。前面三种电缆的共同缺点是材料具有可燃性，当线路中或接头处发生故障时，电缆可能因局部过热而燃烧，扩大事故范围。阻燃聚乙烯绝缘是在聚氯乙烯中加入阻燃剂，即使明火也不会燃烧。它属于塑料电缆的一种，常用于 10kV 以下电力系统中。

3. 电缆的内部结构

电缆的基本构造主要为三部分：导电线芯，用来传输电能；绝缘层，保证电能沿线芯传输，在电气上使线芯与外界隔离；保护层，起保护密封作用，使绝缘层不被潮气浸入，不受外界损伤，保持绝缘性能。电力电缆的结构如图 4-6 所示。

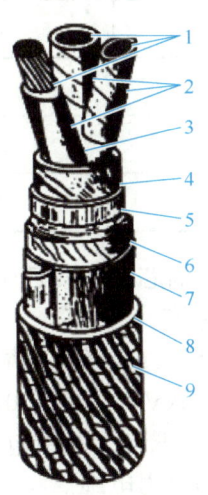

图 4-6 电力电缆的结构

1—线芯　2—绝缘层　3—麻筋　4—油浸纸　5—铅包　6—涂沥青的纸带
7—浸沥青的麻被　8—铜铠　9—麻被

4. 电缆型号及特点

电缆的型号内容包含其用途类别、绝缘材料、导体材料及铠装层等。在电缆型号后面还有芯线根数、横截面积、工作电压和长度。

（1）一般电缆型号的含义

电缆型号的含义和外护层代号的含义见表 4-7 和表 4-8。

表 4-7 电缆型号的含义

类别	导体	绝缘	内护套	特征
电力电缆（省略不表示）	T：铜线（可省）	Z：纸绝缘	Q：铅包	D：不滴油
K：控制电缆	L：铝线	X：天然橡胶	L：铝包	P：分相金属护套
P：信号电缆		（X）D：J基橡胶	H：橡套	
B：绝缘电缆		（X）E：乙丙橡胶	（H）F：非燃性橡套	P：屏蔽
R：绝缘软电缆		V：聚氯乙烯	V：聚氯乙烯护套	
Y：移动式软电缆		Y：聚乙烯		
H：市内电话电缆		YJ：交联聚乙烯	Y：聚乙烯护套	

表 4-8 电缆外护层代号的含义

第 1 个数字		第 2 个数字	
代号	铠装层类型	代号	外护层类型
0	无	0	无
1		1	纤维绕包
2	双钢带	2	聚氯乙烯护套
3	细圆钢丝	3	聚乙烯护套
4	粗圆钢丝	4	

例如：VV22（3×25+1×16）表示铜芯、聚氯乙烯内护套、双钢带铠装、聚氯乙烯外护套、三芯 25mm²、一根 16mm² 的电力电缆。

YJLV22-（3×120）-10-300 表示铝芯、交联聚乙烯绝缘、聚氯乙烯内护套、双钢带铠装、聚氯乙烯外护套、三芯 120mm²、电压 10kV、长度 300m 的电力电缆。

ZQ21（3×50）-10-250 表示铜芯、纸绝缘、铅包、双钢带铠装、纤维外被层（如油麻）、三芯 50mm²、电压 10kV、长度 250m 的电力电缆。

（2）五芯电力电缆型号的含义

五芯电力电缆的出现是为了满足 TN-S 供电系统的需要，其型号及有关数据见表 4-9。

表 4-9 五芯电力电缆型号的含义

型号		电缆名称	芯数	标称横截面积/mm²
铜芯	铝芯			
VV	VLV	PVC 绝缘 PVC 护套电力电缆	3+2 4+1 5	4～185
VV22	VLV22	PVC 绝缘钢带铠装 PVC 护套电力电缆		
ZR-VV	ZR-VLV	阻燃型 PVC 绝缘 PVC 护套电力电缆		
ZR-VV22	ZR-VLV22	阻燃型 PVC 绝缘钢带铠装 PVC 护套电力电缆		

（3）交联聚乙烯绝缘电力电缆型号的含义

交联聚乙烯绝缘电缆即 XLPE 电缆，是利用化学或物理的方法使电缆的绝缘材料聚乙烯塑料的分子由线形结构转变为立体网状结构，即把原来是热塑性的聚乙烯转变成热固性的交联聚乙烯塑料，从而大幅度提高了电缆的耐热性能和使用寿命，而且仍保持其优良的电气性能。交联聚乙烯绝缘电力电缆的型号及适用范围见表 4-10。

表 4-10　交联聚乙烯绝缘电力电缆的型号及适用范围

电缆型号		名称	适用范围
铜芯	铝芯		
YJV	YJLV	交联聚乙烯绝缘聚氯乙烯护套电力电缆	室内、隧道、穿管、埋入土内（不受机械力）
YJY	YJLY	交联聚乙烯绝缘聚乙烯护套电力电缆	
YJV22	YJLV22	交联聚乙烯绝缘聚氯乙烯护套钢带铠装电力电缆	室内、隧道、穿管、埋入土内
YJV32	YJLV32	交联聚乙烯绝缘聚氯乙烯护套细钢丝铠装电力电缆	竖井、水中，有落差的地方，能承受外力

（4）同芯导体电力电缆

目前国内低压电力电缆都为各芯线共同绞合成缆，这种结构的电缆抗干扰能力较差，抗雷击的性能也差，电缆的三相阻抗不平衡和零序阻抗大，难以使线路保护电器可靠地动作等。而同芯导体电力电缆则解决了以上问题。

（5）聚氯乙烯绝缘聚氯乙烯护套电力电缆的特点

聚氯乙烯绝缘聚氯乙烯护套电力电缆长期工作温度不超过 70°C，电缆导体的最高温度不超过 160°C，短路最长时间不超过 5s，施工敷设最低温度不得低于 0°C，最小弯曲半径不小于电缆直径的 10 倍。聚氯乙烯绝缘聚氯乙烯护套电力电缆技术数据见表 4-11。

表 4-11　聚氯乙烯绝缘聚氯乙烯护套电力电缆技术数据

产品型号		芯数	标称横截面积/mm^2
铜芯	铝芯		
VV/VV22	VLV/VLV22	1	1.5～800 2.5～800 10～800
VV/VV22	VLV/VLV22	2	1.5～805 2.5～805 10～805
VV/VV22	VLV/VLV22	3	1.5～300 2.5～300 10～300
VV/VV22	VLV/VLV22	3+1	4～300
VV/VV22	VLV/VLV22	4	4～185

4.2.2 电缆的敷设方式

1. 直埋敷设

直接埋地敷设必须采用铠装电缆,这种敷设方式投资省、散热好,但不便于检修和查找故障,且易受外来机械损伤和水土侵蚀,一般用于户外电缆不多的场合。直埋式电缆沟构造如图 4-7 所示,具体敷设应符合以下要求:

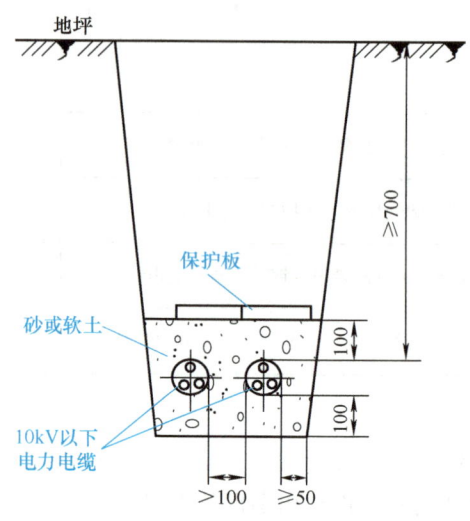

图 4-7 直埋式电缆沟构造

1)电缆表面距地面的距离不应小于 0.7m,电缆沟深不小于 0.8m,电缆的上下各有 10cm 砂子(或过筛土),上面还要盖砖或混凝土盖板。地面上在电缆拐弯处或进建筑物处要埋设方向桩,以备日后施工时参考。在引入建筑物处、与地下建筑物交叉及绕过地下建筑处可浅埋,但应采取保护措施。

2)电缆应埋设于冻土层以下,当受条件限制时,应采取防止电缆受到损坏的措施。

3)电缆与热管道及热力设备平行、交叉时,应采取隔热措施,使电缆周围土壤温升不超过 10°C。

4)电缆与厂区道路交叉时,应敷设于坚固的保护管或隧道内,电缆管的两端宜伸出道路路基两边各 2m。直埋电缆在直线段每隔 50~100m 处、电缆接头处、转弯处、进入建筑物等处应设置明显的方位标志或标桩。

2. 电缆沟敷设

直埋电缆一般限 6 根电缆以内,超过 6 根应采用电缆沟敷设方式。电缆沟内要预埋金属支架,当电缆较多时,可以两侧都设支架,一般最多可设 12 层电缆。如果电缆非常多,则可用电缆隧道敷设。图 4-8 为电缆沟构造。

1)有化学腐蚀液体或高温熔化金属溢流的场所或在载重车辆频繁经过的地段,不得用电缆沟敷设电缆。

2)经常有工业水溢流的场所或可燃粉尘弥漫的房间内不宜用电缆沟敷设电缆。

3)在建筑物内地下电缆数量较多但不需要采用隧道时或道路开挖不便且电缆需分期敷设时,宜用电缆沟敷设电缆。

4)有防爆、防火要求的明敷电缆,应采用埋砂敷设的电缆沟。

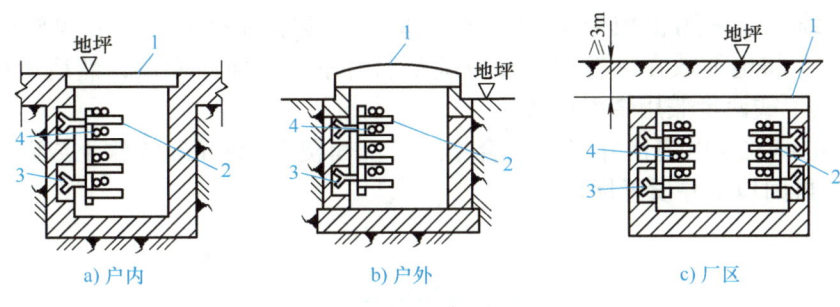

图 4-8 电缆沟构造

1—盖板 2—电缆支架 3—预埋铁件 4—电缆

3. 电缆穿管敷设

1）在有爆炸危险场所敷设的电缆、露出地坪上需要保护的电缆、与道路交叉的地下电缆应穿管敷设。

2）地下电缆通过房屋或广场的地段、电缆敷设在规划将作为道路的地段，宜穿管敷设。

3）在地下管网较密的建筑物、道路狭窄或道路挖掘困难的通道等场所且电缆数量较多的情况下，可穿管敷设。

4. 沿墙敷设

电缆沿墙敷设一般用于室内环境正常的场合，电缆支架通过预埋铁件架设在墙上，电缆放置在电缆支架上。

5. 电缆桥架敷设

采用电缆桥架敷设的电缆线路整齐美观、便于维护，槽内可以使用价格低廉的无铠装的全塑电缆。

6. 架空电缆

架空电缆可用来代替架空线，最大的好处是有更高的安全性和可靠性，所占的空间也比较小。

4.2.3 直埋电缆的敷设步骤

1）依据设计图样，复测电缆敷设路径，确保路径的准确性。

2）准备各种材料及工器具，检查是否合格、齐全。决定电缆中间接头位置，将电缆安全运送到便于敷设的现场。

3）根据复测记录，决定敷设电缆线路的走向，进行放样画线。在市区内，可用石灰粉和绳子在地上标明电缆的位置和电缆沟的开挖宽度，其宽度应根据人体宽度和电缆条数以及电缆间距而定。当敷设一根电缆时，开挖宽度一般为 0.5m，同沟敷设两根电缆时，宽度为 0.6m 左右。在农村，可用标桩钉在地上，标明电缆沟的位置。在山坡地带，应挖成蛇形曲线，曲线的振幅为 1.5m，这样可以减缓电缆的敷设坡度，使其最高点受拉力较小，且不易被洪水冲断。

4）敷设过路保护管。可以采用不开挖路面的顶管法或开挖路面的施工方法，使钢管敷设在地下。

5）挖沟。挖沟时应采用垂直开挖，挖出来的泥土分别堆在沟边的两旁。开挖深度不小于 0.85m。在土质松软处开挖时，应在沟壁上加装护板，以防电缆沟倒塌。电缆沟验收合格后，在沟底铺上 100mm 厚的砂层。

6）敷设电缆。可采用机械牵引进行电缆敷设。具体的做法是先沿沟放好滚轮，每隔2～2.5m 放一个，将电缆放在滚轮上，使电缆牵引时不至与地面摩擦，然后用机械（如卷扬机、绞磨等）、人工或两者兼用牵引电缆。

7）填沟。电缆放入电缆沟并经检查合格后，上面覆以 100mm 的软土或砂层，然后盖上水泥保护盖板，再回填土并设置标桩。

技能训练 10　电缆线路的巡视检查

（1）工作前的准备

1）工器具的选择、检查：要求能满足工作需要，质量符合要求。

2）着装、穿戴：工作服、绝缘鞋、安全帽、安全带。

（2）工作内容

1）电缆线路及电缆线段的巡查周期。

① 敷设在土中、隧道中及沿桥梁架设的电缆，每 3 个月至少巡查一次。根据季节及基建工程的特点，应增加巡查次数。

② 电缆竖井内的电缆，每半年至少巡查一次。

③ 水底电缆线路，根据现场具体需要确定。

④ 发电厂、变配电所的电缆沟、隧道、电缆井、电缆架及电缆线段等，每 3 个月至少巡查一次。

⑤ 对于挖掘暴露的电缆，按工程情况，酌情加强巡查。

2）电缆终端头的巡查周期。电缆终端头应根据现场运行情况每 1～3 年停电检查一次。污秽地区的电缆终端头的巡查与清扫周期，可根据当地的污秽程度决定。装有油位指示的电缆终端头，每年夏、冬季节各检查一次。

3）电缆线路巡查的主要内容。巡查电缆线路上是否堆置矿渣、建筑材料、笨重物体、酸碱性物质或砌堆石灰坑等。对于敷设在地下的每一条电缆线路，应查看路面是否正常，有无挖掘痕迹及路线标桩是否完整无缺等。对于户外与架空线路连接的电缆和终端头，应检查其是否完整，引出线的接点有无发热现象，电缆铅包有无龟裂漏油，靠近地面的一段电缆是否被车辆撞碰等。对于通过桥梁的电缆，应检查桥梁两端电缆是否拖拉过紧，保护管或槽有无脱开或锈烂现象。

巡视检查中若发现异常情况，应记入专用的记录表，重要情况应及时汇报上级，并请示处理。

技能训练 11　测量 10kV 电缆线路的绝缘电阻

（1）工作前的准备

1）工器具的选择、检查：选择合适的绝缘电阻表（2500V 级）及相应的工具，要求能满足工作需要，质量符合要求。

2）着装、穿戴：工作服、绝缘鞋、安全帽、安全带。

（2）工作内容

1）测量操作过程。

① 对绝缘电阻表进行校表试验。

② 打开电缆接头，并将电缆放电。

③ 绝缘电阻表的 L 端接电缆芯线，E 端接电缆金属外皮，G 端接于电缆屏蔽纸上，接线

方式如图 4-9 所示。

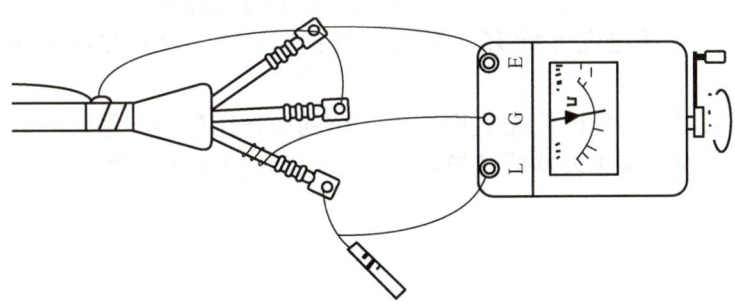

图 4-9　测量电缆绝缘电阻的接线方式

④ 检查所接线路是否正确，若正确，则摇动绝缘电阻表的手柄，保持均匀转速（120r/min），待表盘上的指针停稳后，指针示值就是被测电缆的绝缘电阻值。

⑤ 将电缆放电。

⑥ 将电缆的绝缘电阻与以前测量值进行对比，符合规程要求时，将电缆接头按原来各相连接方式重新连接好。

⑦ 拆下绝缘电阻表的引线，收好工器具。

2）测量时的安全与技术措施。

① 测量前，必须切断电缆的电源，并挂好标示牌；电缆相间及对地充分放电，使电缆处于安全不带电的状态。

② 接线柱引线应选用绝缘良好的多股导线，且不允许绞合在一起，也不得与地面接触。

③ 测量电缆的电容量较大时，应有一定的充电时间，电容量越大，充电时间越长。

项目小结

架空线路的特点是成本低、投资小、架设比较容易、易于发现和排除故障、维护检修方便，但架空线路占用地面位置，有碍交通和观瞻，受环境影响较大，安全可靠性较差。

电缆线路的敷设方式灵活，可直接埋地敷设，可采用电缆沟与隧道敷设，也可架空敷设。电缆线路与架空线路相比，虽然具有成本高、投资大、不易发现和排除故障、维修不便等缺点，但它具有运行可靠、受环境影响小、不占用地面等优点。

车间线路主要是指车间内外敷设的各类配电线路，主要采用绝缘导线，负荷较大时也采用裸母线明敷设的方式。

课后习题

1. 架空线路的电杆有哪几种？工厂架空线路中常用哪种电杆？为什么？
2. 架空线路中的横担起什么作用？常用的横担有哪些？
3. 架空线路中的导线应满足哪些条件？

4. 架空线路中，电杆根据功能的不同可以分为哪些类型？各起什么作用？

5. 电缆配电线路的特点是什么？

6. 从构造上来看，电缆主要由哪几部分组成？各部分的作用是什么？

7. 在电气图样上，某电缆旁标有这样的符号：YJV22-（4×95+1×50）-10-300，试说明该符号代表的含义。

8. 某厂区内将采用电缆配电线路直埋敷设，请问应选用何种电缆？为什么？

9. 电缆敷设时，如需穿越公路或建筑物，应采取哪些保护措施？

项目 5

倒闸操作

🔍 项目概述

倒闸操作是按规定实现的运行方式,对现场各种开关(断路器及隔离开关)所进行的分闸或合闸操作。它是变配电所值班人员的一项经常性的、复杂而细致的工作,同时又十分重要,稍有疏忽或差错都将造成严重事故,带来难以挽回的损失。所以,倒闸操作时应对倒闸操作的要求和步骤了然于胸,并在实际执行中严格按照这些规则操作。

🔷 素质延展

变电站是电网的"心脏",倒闸操作是变电运维人员的主要工作之一,单调死板,但对国家电网广元供电公司检修分公司变电运维一班班长李国强来说,26年扎根电力一线,承担着广元电网17座变电站的巡视和操作任务,带领班员实现了20余万次倒闸操作无误,把自己的青春洒在了电力事业上。李国强始终把安全放在第一位,无论是高温酷暑,还是天寒地冻,他带领班员保障17座变电站的可靠运行,当好变电站安全生产"守门人"。

任务1 》》》认识倒闸操作

📝 学习目标

1)解释归纳倒闸操作的定义、分类、条件、要求、措施、步骤。
2)正确填写倒闸操作票。

ℹ️ 任务描述

本任务介绍了倒闸操作的定义、分类,倒闸操作票的填写;倒闸操作的基本条件和基本要求,以及防止误操作的安全措施。要求学生掌握简单倒闸操作票的填写,以及倒闸操作时安全措施的实施与注意事项。

相关知识

5.1.1 倒闸操作概述

在变电站中，所有的电气设备都是通过断路器、隔离开关接到配电装置的汇流母线上。当电气设备需要从一种运行状态转变到另外一种运行状态；或者，为了满足检修、试验和安装等工作的要求，需要对变电站的运行状态进行变动，这些变动都需要运行值班人员进行倒闸操作。

倒闸操作是值班运行工作中一项重要的工作内容。它关系着变电站以及电力系统的安全运行，关系着操作人员本身或电气设备上的工作人员的生命安全。严重的误操作有时会造成电力系统瓦解或设备受到重大破坏。

倒闸操作可以通过就地操作、遥控操作、程序操作完成。遥控操作、程序操作的设备应满足有关技术条件。

倒闸操作的分类如下：

1）监护操作。由两人进行同一项的操作。

监护操作时，其中一人对设备较为熟悉者进行监护。特别重要和复杂的倒闸操作，由熟练的运行人员操作，运行值班负责人监护。

2）单人操作。由一人完成的操作。

单人值班的变电站或发电厂升压站操作时，运行人员根据发令人用电话传达的操作指令填写操作票，复诵无误。

实行单人操作的设备、项目及运行人员需经设备运行管理单位批准，人员应通过专项考核。

3）检修人员操作。由检修人员完成的操作。

经设备运行单位考试合格、批准的本单位的检修人员，可进行220V及以下的电气设备由热备用至检修或由检修至热备用的监护操作。监护人应是同一单位的检修人员或设备运行人员。

检修人员进行操作的接、发令程序及安全要求应由设备运行单位总工程师审定，并报相关部门和调度机构备案。

5.1.2 倒闸操作的基本条件

1）有与现场一次设备和实际运行方式相符的一次系统模拟图（包括各种电气接线图）。

2）操作设备应具有明显的标志，包括命名、编号、分合指示、旋转方向、切换位置的指示及设备相色等。

3）高压电气设备都应安装完善的防误操作闭锁装置。防误操作闭锁装置不得随意退出运行，停用防误操作闭锁装置应经本单位分管生产的行政副职或总工程师批准；短时间退出防误操作闭锁装置时，应经变电站站长或发电厂当班值长批准，并应按程序尽快投入。

4）有值班调度员、运行值班负责人正式发布的指令，并使用经事先审核合格的操作票。

5）下列三种情况应加挂机械锁：

① 未装防误操作闭锁装置或闭锁装置失灵的隔离开关手柄、阀厅大门和网门。

② 当电气设备处于冷备用时，网门闭锁失去作用时的有电间隔网门。

③ 设备检修时，回路中的各来电侧隔离开关操作手柄和电动操作隔离开关机构箱的箱门。

机械锁要一把钥匙开一把锁，钥匙要编号并妥善保管。

5.1.3 倒闸操作的基本要求

1）停电拉闸操作应按照断路器→负荷侧隔离开关→电源侧隔离开关的顺序依次进行，送电合闸操作应按与上述相反的顺序进行。禁止带负荷拉合隔离开关。

2）开始操作前，应先在模拟图（或微机防误装置、微机监控装置）上进行核对性模拟预演，无误后再进行操作，操作前应先核对系统方式、设备名称、编号和位置，操作中应认真执行监护复诵制度（单人操作时也应高声唱票），宜全程录音。操作过程中应按操作票填写的顺序逐项操作，每操作完一步，应检查无误后做一个"√"记号，全部操作完毕后进行复查。

3）监护操作时，操作人在操作过程中不准有任何未经监护人同意的操作行为。

4）操作中发生疑问时，应立即停止操作并向发令人报告。待发令人再行许可后，方可进行操作。不准擅自更改操作票，不准随意解除防误操作闭锁装置。解锁工具（钥匙）应封存保管，所有操作人员和检修人员禁止擅自使用解锁工具（钥匙）。若遇特殊情况需解锁操作，应经运行管理部门防误操作装置专责人到现场核实无误并签字后，由运行人员报告当值调度员，方能使用解锁工具（钥匙）。单人操作、检修人员在倒闸操作过程中禁止解锁。如需解锁，应待增派运行人员到现场，履行上述手续后处理。解锁工具（钥匙）使用后应及时封存。

5）电气设备操作后的位置检查应以设备实际位置为准，无法看到实际位置时，可通过设备机械位置指示、电气指示、带电显示装置、仪表及各种遥测、遥信等信号的变化来判断。判断时，应有两个及以上的指示，且所有指示均已同时发生对应变化，才能确认该设备已操作到位。以上检查项目应填写在操作票中作为检查项。

6）换流站直流系统应采用程序操作，程序操作不成功，在查明原因并经调度值班员许可后可进行遥控步进操作。

7）用绝缘棒拉合隔离开关、高压熔断器或经传动机构拉合断路器和隔离开关，均应戴绝缘手套。雨天操作室外高压设备时，绝缘棒应有防雨罩，还应穿绝缘靴。接地网电阻不符合要求的，晴天也应穿绝缘靴。雷电时，一般不进行倒闸操作，禁止就地进行倒闸操作。

8）装卸高压熔断器时应戴护目镜和绝缘手套，必要时使用绝缘夹钳，并站在绝缘垫或绝缘台上。

9）断路器遮断容量应满足电网要求。如遮断容量不够，应将操动机构（操作机构）用墙或金属板与该断路器隔开，应进行远方操作，重合闸装置应停用。

10）电气设备停电后（包括事故停电），在未拉开有关隔离开关和做好安全措施前，不得触及设备或进入遮拦，以防突然来电。

11）单人操作时，不得进行登高或登杆操作。

12）在发生人身触电事故时，可以不经许可，即行断开有关设备的电源，但事后应立即报告调度（或设备运行管理单位）和上级部门。

13）同一直流系统两端换流站间发生系统通信故障时，两站间的操作应根据值班调度员的指令配合执行。

14）双极直流输电系统单极停运检修时，禁止操作双极公共区域设备，禁止合上停运极中性线大地/金属回线隔离开关。

15）直流系统升降功率前应确认功率设定值不小于当前系统允许的最小功率，且不能超过当前系统允许的最大功率限制。

16）手动切除交流滤波器（并联电容器）前，应检查系统有足够的备用数量，保证满足当前输送功率的无功需求。

17）交流滤波器退出运行后再次投入运行前，应满足电容器放电时间要求。

5.1.4 变电所常见的倒闸操作

1. 输电线路的倒闸操作

（1）送电操作

输电线路的送电操作的正确顺序应从母线侧开始。送电前必须检查接地开关在断开位置或临时接地线已拆除，再检查断路器确实在断开位置后，先合上母线侧隔离开关，后合上负荷侧隔离开关，再合上断路器。接线如图5-1所示的线路，典型送电操作倒闸操作票内容见表5-1。

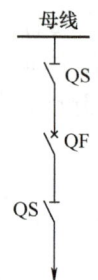

图 5-1　送电操作线路接线图

表 5-1　输电线路送电操作倒闸操作票内容

变电站（发电厂）倒闸操作票
单位　　　　　　　编号

发令人		受令人		发令时间	年　月　日　时
操作开始时间 年　月　日　时				操作结束时间 年　月　日　时	
（√）监护下操作		（　）单人操作		（　）检修人员操作	

操作任务：X-1线路送电

顺序	操作项目
1	收回线路X-1的检修工作票
2	拆除线路X-1出线侧隔离开关QS外侧的2号接地线
3	拆除线路X-1母线侧隔离开关QS与断路器间的1号接地线
4	检查停电线路X-1的断路器确实在断开位置
5	合上停电线路X-1的母线侧隔离开关QS
6	检查停电线路X-1的母线侧隔离开关QS应在合闸位置
7	合上停电线路X-1的出线侧隔离开关QS
8	检查停电线路X-1的出线侧隔离开关应在合闸位置
9	合上停电线路X-1的电压互感器一次侧的隔离开关

(续)

顺序	操作项目
10	检查停电线路 X-1 的电压互感器一次侧的隔离开关应在合闸位置
11	放上停电线路 X-1 的断路器 QF 的合闸熔断器
12	放上停电线路 X-1 的电压互感器二次侧的熔断器
13	放上停电线路 X-1 的断路器 QF 的操作熔断器
14	合上停电线路 X-1 的断路器 QF
15	检查停电线路 X-1 的断路器 QF 确实在合闸位置
16	投入停电线路 X-1 的自动重合闸
17	投入停电线路 X-1 的有关联锁跳闸连接片

备注：

操作人：　　　　　　监护人：　　　　　　值班负责人（值长）：

（2）停电操作

停电操作的顺序和送电操作的顺序相反，应先从负荷侧开始，即先断开断路器，并检查断路器确实在断开位置，再拉开负荷侧隔离开关，最后拉开电源侧隔离开关。

在线路停电前应停用线路重合闸装置，并断开与其断路器跳闸有联锁作用的连接片。线路停电后应挂上临时接地线或接地开关，并设置警告牌等安全措施。

2. 变压器的倒闸操作

1）如图 5-2 所示，双绕组主变压器投入运行时，应先合上电源侧隔离开关 1QS（或 3QS）、负荷侧的线路隔离开关 2QS（或 4QS）和电源侧断路器 1QF（或 3QF），使变压器充电，然后再合上负荷侧断路器 2QF（或 4QF）。

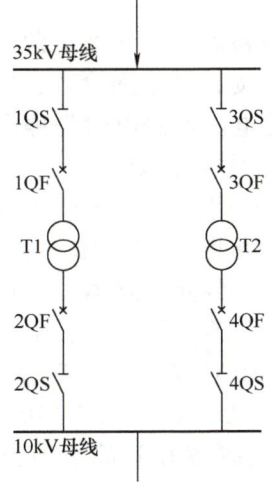

图 5-2　两台变压器并列运行接线图

下面以投入 T1 主变压器为例，典型操作票内容见表 5-2。

表 5-2　变压器倒闸操作票内容

变电站（发电厂）倒闸操作票					
单位		编号			
发令人		受令人		发令时间	年　月　日　时
操作开始时间 年　月　日　时				操作结束时间 年　月　日　时	
（√）监护下操作		（　）单人操作		（　）检修人员操作	
操作任务：双绕组变压器投入运行					

顺序	操作项目
1	收回检修工作票，拆除安全措施
2	对变压器 T1 系统做全面检查
3	检查变压器 T1 两侧的断路器 1QF 和 2QF 确实在断开位置
4	合上电源侧隔离开关 1QS
5	检查电源侧隔离开关 1QS 确实在合闸位置
6	合上负荷侧隔离开关 2QS
7	检查负荷侧隔离开关 2QS 确实在合闸位置
8	放上变压器 T1 两侧断路器的合闸熔断器
9	投入继电保护装置
10	放上变压器高压侧断路器的操作熔断器
11	放上变压器低压侧断路器的操作熔断器
12	合上电源侧断路器 1QF，向变压器充电 3min
13	检查电源侧断路器 1QF 确实在合闸位置
14	合上负荷侧断路器 2QF
15	检查负荷侧断路器 2QF 确实在合闸位置
16	投入变压器 T1 的冷却装置

备注：

操作人：　　　　　监护人：　　　　　值班负责人（值长）：

停用变压器时，先切断负荷侧断路器，后切断电源侧断路器，顺序和投入时相反。因为从电源侧逐级送电，如发生故障便于按送电范围检查、判断和处理。在多电源的情况下，按上述顺序停电，可以防止变压器反充电。若停电时先停电源侧，遇有故障可能造成保护误动作或拒动作，延长故障切断时间，扩大故障停电范围。

2）对于三绕组变压器的启用和停用，其操作原则与双绕组变压器相同。如投入时，通常也应先合电源侧断路器，后合负荷侧断路器。如三绕组升压变压器在送电时，应先合低、中、高各侧隔离开关，再合低、中、高各侧断路器；停用时相反。又如三绕组降压变压器在送电时，应先合高、中、低压侧隔离开关，再合高、中、低压侧断路器，停电时相反。

3）根据过电压规程的要求，220kV 双绕组变压器从高压侧充电时，其中性点的接地隔离开关必须合上，或经间隙接地；220kV/110kV/35kV 三绕组变压器从 220kV 侧充电时，220kV 侧中性点和 110kV 侧中性点的隔离开关都必须合上；若从 110kV 侧充电时，220kV 侧隔离开关也必须合上，或经间隙接地，以避免形成中性点不接地的电网。这是因为当断路器非全相合闸时，在变压器中性点上出现的过电压将威胁变压器中性点的绝缘，所以中性点应接地。

3. 母线的倒闸操作

为了对母线进行定期检修和清扫，或在运行中发生母线隔离开关故障而需要检修时，须将故障母线停电，使备用母线投入工作，因此需要进行母线的倒闸操作。母线的倒闸操作应按热备用运行的操作步骤进行。

如图 5-3 所示，接线采用双母线制，Ⅰ段母线运行，Ⅱ段母线热备用。在检修工作母线Ⅰ时，必须将所有电源和线路切换到热备用母线Ⅱ上，因此，首先要检查热备用母线是否完好。其方法是先合上母联断路器向热备用母线充电 3～5min，并对热备用母线进行外部检查，若热备用母线绝缘不良或有接地短路，则继电保护动作，自动跳开母联断路器 QF，而原运行状态并不因此被破坏。进行上述操作前值班人员应调整继电保护装置的动作电流和时限，其整定值应尽可能小，以便当热备用母线故障时，母联断路器 QF 能尽快跳闸。如果备用母线完好，母联断路器就不会跳闸，然后将继电保护整定值调整至原值并切断母联断路器的操作电源，即取下直流操作熔断器，以免在转换母线的过程中，因断路器过负荷或误跳闸等原因，引起带负荷拉合隔离开关。

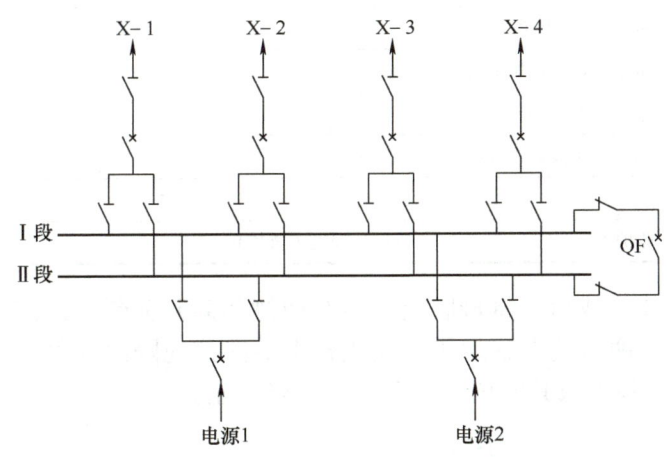

图 5-3 母线的倒闸操作接线图

在母联断路器接通状态下，合上热备用母线Ⅱ上的全部隔离开关（先合上热备用母线侧电源隔离开关，后合上热备用母线侧负荷隔离开关，以防止母联断路器误跳闸后，造成线路停电），再拉开工作母线Ⅰ上全部隔离开关（先拉开工作母线侧线路隔离开关，后拉开工作母线侧电源隔离开关）。这是因为备用母线和工作母线侧两组隔离开关的切换操作是在两组母线等电位的情况下进行的，若不切断负荷电流，就不会产生电弧，因而也就不会对工作人员和设备产生危险。

母线倒闸操作的典型操作票见表 5-3。

表 5-3 母线的倒闸操作票内容

变电站（发电厂）倒闸操作票					
单位		编号			
发令人		受令人		发令时间	年 月 日 时
操作开始时间 年 月 日 时			操作结束时间 年 月 日 时		
（√）监护下操作		（ ）单人操作		（ ）检修人员操作	
操作任务：停工作母线Ⅰ，把电源和负荷倒至热备用母线Ⅱ上					

(续)

顺序	操作项目
1	调整母联断路器的继电保护整定值
2	合上母联断路器向热备用母线Ⅱ充电 5min
3	对热备用母线Ⅱ进行外部检查,恢复母联断路器继电保护整定值
4	检查母联断路器确实在合闸位置
5	取下母联断路器的直流操作熔断器
6	依次全部合上热备用母线Ⅱ侧隔离开关
7	依次全部拉开工作母线Ⅰ侧隔离开关
8	放上母联断路器的直流操作熔断器
9	拉开母联断路器
10	检查母联断路器确实在断开位置
11	取下母联断路器的直流操作熔断器和合闸熔断器
12	拉开母联断路器两侧的隔离开关
13	检查母联断路器两侧的隔离开关确实在断开位置
14	取下电压互感器二次侧的熔断器
15	拉开停电母线电压互感器的隔离开关
备注:	

操作人：　　　　　　监护人：　　　　　　值班负责人（值长）：

母线倒闸操作工作完成后,将母联断路器及两侧隔离开关断开,使工作母线不带电。经验电确认无电压后,在两侧挂上临时接地线或合上短路接地隔离开关,并设置警告牌等安全措施,便可在退出的母线上或其隔离开关上进行检修作业。

5.1.5　防止误操作的组织措施

防止误操作的组织措施包括核对命令制、操作票制、图板演习制、监护—唱票—复诵制和检查汇报制,合称操作"五制"。

1）核对命令制。调度员发出操作命令,应首先和受令人互报姓名。发令应准确清晰,受令人应复诵操作命令内容,得到发令人的认可。发令、复诵及执行情况汇报,各环节发、受令双方都必须录音,并做好记录。

2）操作票制。操作票制度是操作"五制"的核心内容,前面已有详细论述,这里不再赘述。

3）图板演习制。图板演习制是指将已拟好的操作票,监护人会同操作人在模拟图板上进行模拟操作,对照接线图和当时的运行方式,依操作票顺序逐项核对设备名称、编号、操作顺序等,应无错漏。

4）监护—唱票—复诵制。监护—唱票—复诵制规定,倒闸操作必须由两人执行,其中对设备较熟悉者作为监护人。操作中监护人按照操作票填写的顺序,逐项发布操作命令,即唱票,并核对操作对象名称、编号实际状态和操作人复诵操作项目无误后执行一个操作动作。每操作完一项,应检查无误后,做一个"√"记号。

5）检查汇报制。操作任务全部完成后进行复查,向调度汇报,并做好记录,已完成的操作票注明"已执行"字样,并保存3个月。

5.1.6 防止误操作的技术装置

装置的动作取决于另一装置的动作,称为另一装置对该装置的联锁,该装置与另一装置一起称为联锁装置。

有的安全联锁装置安装在各设备之间,保证各有关设备按一定操作程序操作。如油断路器和隔离开关操动机构之间的联锁装置,能保证在送电时只有先合上隔离开关才能合上油断路器;停电时只有先拉开油断路器才能拉开隔离开关。这样就防止了带负荷拉开隔离开关造成弧光断路。这种执行安全程序的安全联锁装置称为防误操作闭锁装置。

针对常见的五种误操作,要求配电装置应具有"五防"功能,即通过技术手段实现防止误分、合断路器;防止带负荷拉合隔离开关;防止带电挂接地线;防止带地线送电和防止带电误入带电间隔。在电气设备上加装防误操作闭锁装置,就是防止误操作的主要技术措施。

目前使用的防误操作闭锁装置主要有三大类,即机械闭锁、电磁闭锁以及微机防误闭锁。目前通用的是电磁闭锁,最先进的是微机防误闭锁。

1. 机械闭锁

机械闭锁又分为直接机械闭锁和间接机械闭锁两种形式。

直接机械闭锁简称机械闭锁,是用各种机械零件的相互配合达到执行安全操作的目的。如在 6~10kV 开关柜上,通过传动杆可以将油断路器的开、合位置反应到上、下隔离开关的闭锁上,只有断开断路器后,才能解除对隔离开关的闭锁,继续操作断开隔离开关。只有在两侧隔离开关打开后,锁着前网门的机构才会打开,保证工作人员不至于误入未停电的柜内。开关柜内配有专用的接地桩头,打开网门后才能接地,接地后又顶住网门不能关闭,网门关不上则隔离开关不能合上,隔离开关合不上时断路器又被顶死,从而保证了不至于带地线合刀开关和带负荷合刀开关。这一系列的闭锁功能全是由机械传动杆和一些特殊零件互相配合实现的。

机械闭锁的优点是闭锁可靠,操作简便,在室内开关设备上应用广泛。缺点是远距离闭锁难以实现。

间接机械闭锁有红绿翻牌、钥匙盒、机械程序锁等几种。红绿翻牌装于模拟图板和开关的控制把手上,用于防止误分误合断路器。钥匙盒用于某种远距离操作的程序控制,如断路器断开后,机构位置变化,才能取出小盒中的钥匙去开隔离开关的挂锁,钥匙盒因功能不完善,现已基本不再采用。

机械程序锁的优点是解决了远距离闭锁的问题,同时造价低、安装方便,适用于旧设备的改造。程序锁由一组锁群组成,锁群中各锁的开启按一定程序进行。如国内生产的 JSN 型程序锁的操作特点是锁体上仅有一个钥匙孔,操作某程序时旋转钥匙,锁栓开启,同时锁体将钥匙上转盘移动某一角度。操作完成后拔出钥匙,此时钥匙只能插入下一编号的锁体,而不能插入其他锁中,整个操作过程中只有一把钥匙,减少了换钥匙的烦琐,又保证了操作顺序严格按照预定的程序执行。

2. 电磁闭锁

电磁锁是目前使用比较广泛的闭锁装置,它是利用电磁铁来控制锁栓的电磁机械锁。由磁铁的线圈回路串联需要进行闭锁的设备触点,闭锁状态时,线圈不带电,衔铁卡住锁栓;当符合操作条件时,电磁铁通电动作,衔铁移动,释放锁栓,才能进行操作。如隔离开关上安装的电磁锁,其磁铁线圈中串联了断路器的辅助触点,断路器在断开位置时,辅助触点接通,电磁锁中电磁线圈带电,衔铁吸动,闭锁解除,隔离开关才能拉开。

电磁闭锁装置的缺点是需要直流电源,增加维护困难;大量敷设电缆,所需费用较高。

3. 微机防误闭锁

微机防误闭锁装置具有技术先进、功能强、使用维护方便等优点，是防误操作闭锁的发展方向。

微机防误闭锁有多种型号，其共同的特点是以微机模拟盘为核心，在微机模拟盘中预存了厂站所有设备的操作规则。模拟盘上所有模拟元件都有一对接点与主机相连，当运行人员在模拟盘上预演操作时，若操作正确，发出表示正确的信号；若操作错误，将发出报警信号，并通过显示器显示错误操作的设备编号。预演结束后，打印机可打印出操作票。打印结束后，运行人员即可操作设备。微机防误闭锁可以远程控制，也可以现场操作，功能完善。

技能训练 12　简述倒闸操作的实施步骤

根据下达的某线路送电命令，按照《电力安全工作规程》的规定，填写操作票，执行线路送电倒闸操作，履行防止误操作的组织措施，即核对命令制、操作票制、图板演习制、监护—唱票—复诵制和检查汇报制，合称操作"五制"。

1. 核对任务

倒闸操作应根据值班调度员或运行值班负责人的指令，受令人复诵无误后执行。发布指令应准确、清晰，使用规范的调度术语和设备双重名称，即设备名称和编号。发令人和受令人应先互报单位和姓名，发布指令的全过程（包括对方复诵指令）和听取指令的报告时双方都要录音并做好记录。操作人员（包括监护人）应了解操作目的和操作顺序。对指令有疑问时，应向发令人询问清楚，无误后执行。

2. 填写操作票

倒闸操作由操作人员填写操作票。操作票应用黑色或蓝色的钢（水）笔或圆珠笔逐项填写。用计算机开出的操作票应与手写票面统一；操作票票面应清楚整洁，不得任意涂改。操作票应填写设备的双重名称。操作人和监护人应根据模拟图或接线图核对所填写的操作项目，并分别手工或电子签名，然后经运行值班负责人（检修人员操作时由工作负责人）审核签名。

3. 审核批准

操作人填好操作票后，由监护人、班长及值长逐级审核，运行领导人经审核确无错误后签名批准，将操作票交还给操作人。对上一班预填的操作票，即使不在本班执行，也需要根据上条的规定进行审核。经审核发现错误应由操作人重新填写。

4. 发布操作命令

正式操作时，由调度员发布操作任务或命令，监护人和操作人同时接受，并由监护人按照填写好的操作票向发令人复诵。经双方核对无误后，在操作票上填写发令时间，并由操作人和监护人签名。

5. 核对模拟系统图板

在发布操作命令后及正式操作前，由监护人按照操作票的操作顺序唱票，由操作人在模拟图板上模拟操作，以核对操作票的正确性。

模拟操作时要按照正式操作要求执行。由监护人按照操作票上的顺序念出一项，操作人复诵无误后，操作人才可执行。

6. 核对实物

模拟操作无误后，操作人和监护人携带操作工具进入操作现场。首先要核对操作设备的名称和编号是否与操作票相符，监护人核对操作人站立的位置是否正确，必要的安全措施是否已做好，然后才开始唱票。

7. 唱票操作

监护人按照操作顺序及内容高声唱票，由操作人复诵一遍，监护人认为无误后应答"对，执行"，然后操作人才可进行操作。监护人在操作开始时，应记录开始时间，并将已执行的操作项目立即在操作票上做出"√"记号，然后再读下一个操作项目。这是为了防止前后顺序颠倒造成误操作及漏操作的有效措施。

8. 检查设备

操作人在监护人的监护下检查操作结果，包括表计的指示、联锁装置及各项信号指示是否正常。操作完成后，已操作的设备的实际位置和模拟图板的位置应保持一致。

9. 汇报记录

操作票上全部项目操作完成后，监护人向发令人汇报操作开始及结束时间，发令人认可后，由操作人在操作票上盖"已执行"的图章。

由监护人将操作任务及起始、结束时间记入记录簿中，具体详见任务 2。

任务 2 10kV 高压开关柜倒闸操作

学习目标

1）正确填写 10kV 高压开关柜倒闸操作票。
2）正确复述 10kV 高压开关柜倒闸操作步骤。

任务描述

倒闸操作是指按规定实现的运行方式，对现场各种开关（断路器及隔离开关）所进行的分闸或合闸操作。它是变配电所值班人员的一项经常性的、复杂而细致的工作，同时又十分重要，稍有疏忽或差错都将造成严重事故，带来难以挽回的损失。所以，倒闸操作时应对倒闸操作的要求和步骤了然于胸，并在实际执行中严格按照这些规则操作。

相关知识

5.2.1 倒闸操作的安全要求

1）倒闸操作应由两人进行，一人操作，一人监护。特别重要和复杂的倒闸操作，应由电气负责人监护。高压倒闸操作应戴绝缘手套，室外操作应穿绝缘靴、戴绝缘手套。
2）重要的或复杂的倒闸操作，值班人员操作时，应由值班负责人监护。
3）倒闸操作前，应根据操作票的顺序在模拟板上进行核对性操作。操作时，应先核对设备名称、编号，并检查断路器设备或隔离开关的原拉、合位置与操作票所写的是否相符。操作中应认真监护、复诵，每操作完一步应立即由监护人在操作项目前划"√"。

4）操作中发生疑问时，必须向调度员或电气负责人报告，弄清楚后再进行操作。不准擅自更改操作票。

5）操作电气设备的人员与带电导体应保持规定的安全距离，同时应穿防护工作服和绝缘靴，并根据操作任务采取相应的安全措施。

① 如逢雨、雪、大雾天气在室外操作，禁止使用无特殊装置的绝缘棒及绝缘夹钳，雷电时禁止室外操作。

② 装卸高压熔断器时，应戴防护镜和绝缘手套，必要时使用绝缘夹钳并站在绝缘垫或绝缘台上。

6）在封闭式配电装置进行操作时，对开关设备每项操作均应检查其位置指示装置是否正确，发现位置指示有错误或怀疑时，应立即停止操作，查明原因排除故障后方可继续操作。

7）停送电操作顺序要求如下：

① 送电时应从电源侧向负荷侧，即先合电源侧的隔离开关，后合负荷侧的隔离开关。

② 停电时应从负荷侧向电源侧，即先拉负荷侧的隔离开关，后拉电源侧的隔离开关。

③ 严禁带负荷拉合隔离开关，停电操作应按先分断断路器，后分断隔离开关，先断负荷侧隔离开关，后断电源侧隔离开关的顺序进行，送电操作的顺序与此相反。

④ 变压器两侧断路器的操作顺序为停电时，先停负荷侧断路器，后停电源侧断路器；送电时顺序相反。变压器并列操作中应先并合电源侧断路器，后并合负荷侧断路器；解列操作顺序相反。

5.2.2　电气设备运行的工作状态

1）运行状态。运行状态是指某回路中的一次设备（隔离开关和断路器）均处于合闸位置，电源至受电端的电路得以接通而呈运行状态。

2）热备用状态。热备用状态是指某回路中的断路器已断开，而隔离开关仍处于合闸位置。

3）冷备用状态。冷备用状态是指某回路中的断路器及隔离开关均处于断开位置。

4）检修状态。检修状态是指某回路中的断路器及隔离开关均已断开，同时按照保证安全的技术措施的规定悬挂了临时接地线（或合上了接地开关），并悬挂标示牌和装设好临时遮拦，表明断路器及隔离开关处于停电检修状态。

注意：手车式开关柜没有隔离开关，当断路器从工作位置摇至试验位置时，断路器即与线路隔离，因此，不需要隔离开关。同理，当断路器从试验位置摇至工作位置时，即相当于合上隔离开关。

5.2.3　执行倒闸操作的步骤

值班人员接到倒闸操作的命令且经复述无误后，应按以下步骤及顺序进行：

1）操作准备，必要时应与调度联系，明确操作目的、任务和范围，商议操作方案，草拟操作票，准备安全用具等。

2）正值班员传达命令，正确记录并复述核对。

3）操作人填写操作票。

4）监护人审查操作票。

5）操作人、监护人签字。

6）操作前，应根据操作票内容和顺序在模拟图板上进行核对性模拟操作，监护人在操作票的操作项目右侧格内打蓝色"√"。

7）按操作项目、顺序逐项核对设备的双重编号及设备位置。

8）监护人下达操作命令。

9）操作人复述操作命令。

10）监护人下"准备执行"命令。

11）操作人按操作票的操作顺序进行倒闸操作。

12）共同检查操作电气设备的结果，如断路器、刀开关的开闭状态，信号及仪表变化等。

13）监护人在该操作项目左侧格内打红色"√"。

14）整个操作项目全部完成后，向调度回"已执行"令。

15）值班负责人、值班长签字并在操作票上盖"已执行"印。

16）操作票编号、存档。

17）清理现场。

5.2.4　KYN28-12 高压开关柜"五防"联锁

1）防止误分合断路器。断路器手车必须处于工作位置或试验位置时，断路器才能进行合、分闸操作。

2）防止带负荷移动断路器手车。断路器手车只有在断路器处于分闸状态下才能进行拉出或推入工作位置的操作。

3）防止带电合接地开关。断路器手车必须处于试验位置时，接地开关才能进行合闸操作。

4）防止带接地开关送电。接地开关必须处于分闸位置时，断路器手车才能推入工作位置进行合闸操作。

5）防止误入带电间隔。断路器手车必须处于试验位置、接地开关处于合闸状态时，才能打开后门；没有接地开关的开关柜必须在高压停电后（打开后门电磁锁），才能打开后门。

5.2.5　KYN28-12 高压开关柜操作维护

1. 面板基本操作

1）合闸分闸操作。断路器在工作位置或试验位置时，合闸需顺时针旋转"合闸/分闸"转换开关进行合闸，分闸需逆时针旋转"合闸/分闸"转换开关使其分闸。

2）储能操作。在断路器合闸前，必须先将断路器储能，将储能旋钮打到"通"位置，断路器每次合闸后会自动储能，储能完成后储能指示灯有指示。

3）就地和远控："就地/远控"转换开关在"就地"位置时断路器的合分闸只能在柜体面板上操作，在"远控"位置时断路器的合分闸只能在后台界面上操作。

4）加热器与照明。柜体内有温湿度控制器，若柜体内湿度较大需将加热器旋钮打开，使其柜体干燥。需观察电缆室情况时可打开检修照明灯，透过观察窗查看电缆室情况。

2. 断路器手车拉出柜外的操作程序

当断路器需要进行检修时，需将其拉出到柜外，步骤如下：

1）断路器手车（或 PT 手车、隔离手车、熔断器手车）需要拉出柜外时，应首先完成停电操作程序的所有步骤。

2）需要进行接地开关合闸操作时，应先打开接地开关操作活门，用接地开关操作手柄

（顺时针方向）使接地开关合闸，抽出接地开关操作手柄并确认接地开关处于合闸状态（如不需要接地开关合闸操作，可不进行此项操作）。

3）打开开关柜前门（断路器室门），拔掉手车的二次插头。

4）将手车转运小车放置并锁定在开关柜前指定位置；将手车的左、右把手同时向内拉至把手Ⅱ位置，并将手车拉出至转运小车上，将手车的左、右把手同时向外推至把手Ⅰ位置与转运小车锁孔可靠锁定。

5）检查开关柜内的上、下静触头防护活门处于自动闭合位置，关闭开关柜前门（断路器室门）。

3. 断路器手车推入柜内的操作程序

当断路器检修完成后，需将其推入柜内，步骤如下：

1）通过手车转运小车将断路器手车（或 PT 手车、隔离手车、熔断器手车）推入开关柜；手车进柜时将手车的左、右把手同时向内拉至把手Ⅱ位置，并将手车推入开关柜的试验位置，然后将手车的左、右把手同时向外推至把手Ⅰ位置，使手车推进机构与开关柜可靠锁定。

2）将手车的二次插头插入开关柜的二次插座内，并用扣件锁定。此时断路器处于冷备用状态。

4. 注意事项

1）操作程序的每一项步骤完成后，必须确认开关柜及手车部件处于正常状态后，才能进行下一步骤的程序操作。以上程序在操作过程中，如遇到任何阻碍，不可强行操作，应首先检查操作程序是否正确，并检查和排除其他故障后，才可继续进行操作。

2）断路器手车上的手动合闸、分闸按钮及手动储能装置只在调试或检修时使用。

3）用户在通电运行过程中，应随时巡查和记录设备运行状况，如发现设备异常现象（如元器件非正常发热或有异常响声等），应及时停电检修。

技能训练 13　简述停、送电操作规程并填写倒闸操作票

正确填写以下倒闸操作票：

1）如 10kV 开关设备需由运行状态转为检修状态，填写倒闸操作票。

2）如 10kV 开关设备需由检修状态转为运行状态，填写倒闸操作票。

相关倒闸操作票见表 5-4～表 5-9。

表 5-4　倒闸操作票（1）

单位：

发令人		受令人		发令时间：	年　月　日　时　分
操作开始时间 　年　月　日　时　分				操作结束时间 　年　月　日　时　分	

操作任务：10kV 高压开关柜由运行状态转为检修状态

顺序	操作项目	操作√
1	核对相关设备的运行方式	
2	将储能开关切换至"自动"位置	
3	断开断路器（把断路器操作开关切换至"分闸"位置，然后松手）	
4	检查断路器电流指示正常（为零）	

(续)

顺序	操作项目	操作√
5	检查断路器确实在分闸位置（开关柜智能操显装置显示断路器打开，并且开关状态观察口显示"0"）	
6	在断路器操作开关把手上悬挂"禁止合闸，线路有人工作"标示牌	
7	将断路器手车由工作位置摇至试验位置	
8	检查断路器手车确实在试验位置	
9	断开本开关柜的控制电源断路器	
10	将手车的二次插头从开关柜的二次插座内取下	
11	通过手车转运小车将断路器手车拉出开关柜外	
备注		
操作人	监护人	值班负责人

表 5-5 倒闸操作票（2）

单位：

发令人		受令人		发令时间： 年 月 日 时 分	
操作开始时间 年 月 日 时 分				操作结束时间 年 月 日 时 分	

操作任务：10kV 高压开关柜由检修状态转为运行状态

顺序	操作项目	操作√
1	核对相关设备的运行方式	
2	通过手车转运小车将断路器手车推入开关柜	
3	将手车的二次插头插入开关柜的二次插座内，并用扣件锁定	
4	合上本开关柜的控制电源断路器	
5	检查断路器确实在分闸位置（开关柜智能操显装置显示断路器打开，并且开关状态观察口显示"0"）	
6	将断路器手车由试验位置摇至工作位置	
7	检查断路器手车确实在工作位置	
8	取下断路器操作开关把手上的"禁止合闸，线路有人工作"标示牌	
9	检查储能开关确实在"自动"位置	
10	合上断路器（把断路器操作开关切换至"合闸"位置，然后松手）	
11	检查断路器电流指示正常	
12	检查断路器确实在合闸位置（开关柜智能操显装置显示断路器合闸，并且开关状态口显示"1"）	
备注		
操作人	监护人	值班负责人

表 5-6　倒闸操作票（3）

单位：

发令人		受令人		发令时间：	年　月　日　时　分
操作开始时间 年　月　日　时　分				操作结束时间 年　月　日　时　分	

操作任务：10kV 线路由运行状态转为检修状态

顺序	操作项目	操作√
1	核对相关设备的运行方式	
2	将储能开关切换至"自动"位置	
3	断开断路器（把断路器操作开关切换至"分闸"位置，然后松手）	
4	检查断路器电流指示正常（为零）	
5	检查断路器确实在分闸位置（开关柜智能操显装置显示断路器打开，并且开关状态观察口显示"0"）	
6	在断路器操作开关把手上悬挂"禁止合闸，线路有人工作"标示牌	
7	将断路器手车由工作位置摇至试验位置	
8	检查断路器手车确在试验位置	
9	断开本开关柜的控制电源断路器	
10	检查高压带电显示器三相指示灯不亮	
11	合上接地开关	
12	检查接地开关确实在合上位置（开关柜智能操显装置显示接地开关合上，并且接地开关操作口显示"合"）	

备注	

操作人		监护人		值班负责人	

表 5-7　倒闸操作票（4）

单位：

发令人		受令人		发令时间：	年　月　日　时　分
操作开始时间 年　月　日　时　分				操作结束时间 年　月　日　时　分	

操作任务：10kV 线路由检修状态转为运行状态

顺序	操作项目	操作√
1	核对相关设备的运行方式	
2	拉开接地开关	
3	检查接地开关确实在拉开位置（开关柜智能操显装置显示接地开关断开，并且接地开关操作口显示"分"）	
4	合上本开关柜的控制电源断路器	
5	检查断路器确实在分闸位置（开关柜智能操显装置显示断路器打开，并且开关状态观察口显示"0"）	
6	将断路器手车由试验位置摇至工作位置	

(续)

顺序	操作项目	操作√
7	检查断路器手车确实在工作位置	
8	取下断路器操作开关把手上的"禁止合闸，线路有人工作"标示牌	
9	检查储能开关确实在"自动"位置	
10	合上断路器（把断路器操作开关切换至"合闸"位置，然后松手）	
11	检查断路器电流指示正常	
12	检查断路器确在合闸位置（开关柜智能操显装置显示断路器合闸，并且开关状态口显示"1"）	
备注		

操作人		监护人		值班负责人	

表 5-8　倒闸操作票（5）

单位：

发令人		受令人		发令时间：　年　月　日　时　分	
操作开始时间　年　月　日　时　分				操作结束时间　年　月　日　时　分	

操作任务：10kV 高压开关柜由运行状态转为冷备用状态（手动储能方式，供练习）

顺序	操作项目	操作√
1	核对相关设备的运行方式	
2	将储能开关切换至"手动"位置	
3	断开断路器（把断路器操作开关切换至"分闸"位置，然后松手）	
4	检查断路器电流指示正常（为零）	
5	检查断路器确实在分闸位置（开关柜智能操显装置显示断路器打开，并且开关状态观察口显示"0"）	
6	在断路器操作开关把手上悬挂"禁止合闸，线路有人工作"标示牌	
7	将断路器手车由工作位置摇至试验位置	
8	检查断路器手车确实在试验位置	
9	断开本开关柜的控制电源断路器	
备注		

操作人		监护人		值班负责人	

表 5-9　倒闸操作票（6）

单位：

发令人		受令人		发令时间：	年　月　日　时　分
操作开始时间 　　年　月　日　时　分				操作结束时间 　　年　月　日　时　分	

操作任务：10kV 高压开关柜由冷备用状态转为运行状态（手动储能方式，供练习）

顺序	操作项目	操作√
1	核对相关设备的运行方式	
2	合上本开关柜的控制电源断路器	
3	检查断路器确实在分闸位置（开关柜智能操显装置显示断路器打开，并且开关状态观察口显示"0"）	
4	将断路器手车由试验位置摇至工作位置	
5	检查断路器手车确实在工作位置	
6	取下断路器操作开关把手上的"禁止合闸，线路有人工作"标示牌	
7	手动储能至储能状态观察口显示"已储能"	
8	合上断路器（把断路器操作开关切换至"合闸"位置，然后松手）	
9	检查断路器电流指示正常	
10	检查断路器确实在合闸位置（开关柜智能操显装置显示断路器合闸，并且开关状态口显示"1"）	
备注		

操作人		监护人		值班负责人	

项目小结

倒闸操作过程的关键是防止误拉、误合开关；防止带负荷拉合隔离开关，防止带接地线合闸，防止带电挂接地线，防止进入带电间隔。必须严格做到：

1）倒闸操作发令、接令或操作联系要正确、清楚，并坚持复诵录音。

2）操作前"三对照"，操作中坚持"三禁止"，操作后坚持复查，整个操作过程要贯彻"五不干"。

三对照：对照操作任务、运行方式，由操作人填写操作票；对照模拟图板审核操作票并预演；对照设备编号无误后操作。

三禁止：禁止操作人、监护人一齐动手，失去监护；禁止有疑问盲目操作；禁止边操作边聊天或做其他无关的工作等。

五不干：操作任务不清不干；应有操作票，无操作票不干；操作票不合格不干；应有监护人在场，无监护人不干；设备的名称编号不清不干。

3）预定的重大操作或运行方式将发生特殊变化，电气运行专职工程师（或技术员）应提前制定临时措施，对倒闸操作工作进行指导，做出全面安排，提出相应要求、注意事项和事故预想等，使值班人员操作时胸中有数。

4）做好日常岗位培训，现场考问和事故演练，使值班人员正确掌握操作的方法，并领会规程条文的实质。

1. 什么是倒闸操作？倒闸操作应具备哪些条件？
2. 断路器不能进行分闸、合闸操作时应如何处理？断路器不能进行全相分闸、合闸操作时应如何处理？
3. 变配电所在运行过程中如果进线突然停电，为何把出线开关全部拉开？
4. 送电过程中为什么要先合隔离开关后合断路器？如果不按这样的操作顺序操作会产生什么后果？
5. 在供配电系统中有哪些常用的防误操作闭锁装置？
6. 隔离开关的闭锁条件有哪些？

项目 6

线路与变压器保护

🔍 项目概述

供配电系统在正常运行中，难免会出现一些问题。当供电线路或电力变压器出现不正常工作状态时，应有相应装置及时发出信号通知值班人员，消除不正常状态，同时应有相应保护装置尽快将故障设备切除、脱离电源，以防事故扩大。本项目内容是保证供电系统安全可靠运行的基本技术。

🔷 素质延展

国家电网甘肃省电力公司2017～2021年累计进行电网投资566亿元，利税106亿元，工业总产值2487亿元、约占全省总量的5.73%。先后建成甘肃酒泉至湖南、新疆昌吉至安徽古泉（甘肃段）、青海至河南（甘肃段）、河西走廊第三通道等特（超）高压工程，甘肃电网通过18回750kV线路与周边省份相连，跨区跨省输电能力由1526万kW提升至3020万kW。甘肃电网有35kV及以上变电站、换流站1235座，变电容量达1.25亿kV·A、线路长度8.1万km，分别是5年前该数据的1.27倍、1.31倍，已初步形成4条特高压贯穿全境、以750kV超高压电网为骨干网架、2座及以上330kV变电站覆盖各市州、110kV变电站覆盖各县的坚强智能电网，为全省工农业生产和人民群众生活提供了强劲的电力保障。

任务 1 >>> 认识常用保护继电器

📝 学习目标

1) 说出继电保护的任务和基本要求。
2) 区分常见的几种继电器的符号和作用。
3) 说明继电器有关的物理量。

ⓘ 任务描述

为了保证供配电系统安全可靠运行，必须设置继电保护装置来反映电力系统的线路、设备发生的故障或不正常状态。所以，首先要了解保护的任务和要求，其次认知继电器及其符号，了解其作用及相关的物理量。

相关知识

6.1.1 供配电系统保护的任务和基本要求

1. 保护装置的任务

保护装置是指能反映电力系统中线路、电气设备发生的故障或不正常工作状态，并能动作于断路器跳闸或启动信号装置发出信号的一种自动装置。

供配电系统保护的主要任务如下：

1）当被保护线路或设备发生故障时，能自动、迅速和有选择性地动作，将故障的线路或设备从供配电系统中切除，使其他非故障部分能迅速恢复正常供电。

2）当被保护线路或设备出现不正常运行状态时，保护装置应能正确反映其不正常运行状态，发出预报信号，以便值班人员采取措施，消除不正常运行状态，使其正常工作。

2. 对保护装置的基本要求

为了使保护装置能及时、正确地完成它所担负的主要任务，供配电系统对保护装置提出了选择性、速动性、可靠性和灵敏性四个基本要求。

1）选择性。选择性是指当供配电系统发生故障时，只使距离故障点最近的保护装置动作，将故障部分切除，保证其他非故障部分继续正常运行。

2）速动性。速动性就是快速切除故障。

3）可靠性。可靠性是指保护装置在其保护范围内发生故障或不正常工作状态时能准确动作，在应该动作时就动作，不应拒动；在不应该动作时不应误动。

4）灵敏性。灵敏性是指在所希望的保护范围内发生所有可能的故障或不正常工作状态时，保护装置的反应能力。反应能力用保护装置的灵敏度（灵敏系数）来衡量，用 K_{sen} 表示，其大小代表灵敏度高低。

① 对于反应故障参数量增加而动作的保护装置，其灵敏度的定义为

$$灵敏度 = \frac{保护区末端金属性短路时的最小计算值}{保护装置动作参数的整定值}$$

如过电流保护的灵敏度为

$$K_{sen} = \frac{I_{k.min}}{I_{op.1}} \quad (6\text{-}1)$$

式中，$I_{k.min}$ 为保护区末端金属性短路时的最小短路电流值；$I_{op.1}$ 为保护装置的一次动作电流值。

② 对于反应故障参数量降低而动作的保护装置，其灵敏度的定义为

$$灵敏度 = \frac{保护装置动作参数的整定值}{保护区末端金属性短路时的最大计算值}$$

如低电压保护的灵敏度为

$$K_{\text{sen}} = \frac{U_{\text{op.1}}}{U_{\text{k.max}}} \tag{6-2}$$

式中，$U_{\text{op.1}}$ 为保护装置的一次动作电压值；$U_{\text{k.max}}$ 为保护区末端金属性短路时，保护安装处母线上的最大残余电压值。

不同的保护对象、不同的保护装置对四个基本要求往往有所侧重，在考虑继电保护方案时，要正确处理四个基本要求之间既相互联系又相互矛盾的关系，使继电保护方案技术上安全可靠，经济上合理。

6.1.2 常用电磁式继电器的认知

继电器是各种继电保护装置的基本组成元件。按预先整定的输入量动作，并具有电路控制功能的元件称为继电器。继电器是频繁地接通、断开小电流控制电路，实现远距离自动控制和保护的自动控制电器。常用的继电器有电流继电器、电压继电器、时间继电器、中间继电器和信号继电器等。

继电器在没有输入量或输入量没有达到整定值的状态下，断开的触点称为动合触点（也称常开触点），闭合的触点称为动断触点（也称常闭触点）。时间继电器 KT 达到动作值其触点不立即动作而通过一定延时才动作的触点为延时触点。图 6-1 为继电器线圈和各种触点符号。

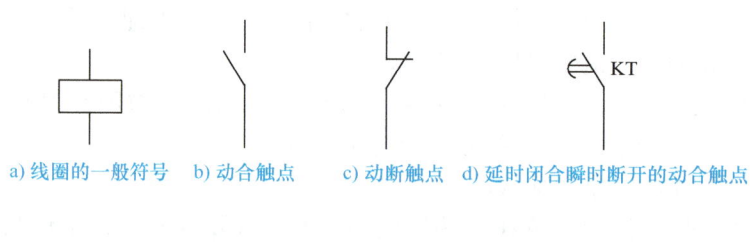

a) 线圈的一般符号　b) 动合触点　c) 动断触点　d) 延时闭合瞬时断开的动合触点

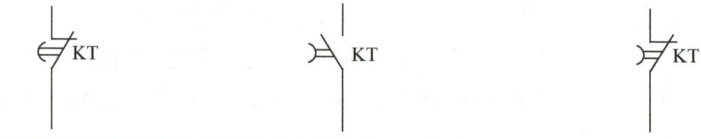

e) 延时断开瞬时闭合的动断触点　f) 延时断开瞬时闭合的动合触点　g) 延时闭合瞬时断开的动断触点

图 6-1　继电器线圈和触点符号

1. 电磁式电流继电器

电流继电器的图形符号和文字符号如图 6-2a、b 所示。

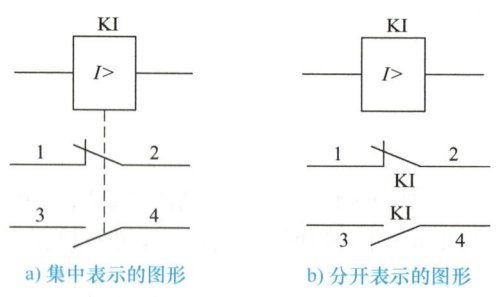

a) 集中表示的图形　　b) 分开表示的图形

图 6-2　电流继电器的图形符号和文字符号

图 6-3 为 DL-10 系列继电器内部结构示意图。当通过线圈 2 的电流达到动作值时，可动舌片 3 顺时针转动，使动触点 5 与静触点 6 闭合。动作电流的调整可通过以下两种方法：

①平滑调节，拨转调整指针7，改变反作用弹簧4的阻力矩；②级进调节，两个线圈2可以串联或并联连接，并联的动作电流为串联动作电流的2倍，即将线圈由串联改为并联时，动作电流将增大一倍。

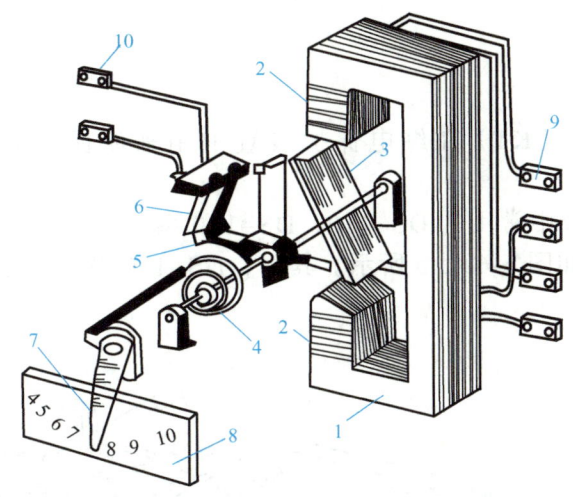

图6-3　DL-10系列继电器内部结构示意图

1—铁心　2—线圈　3—可动舌片　4—反作用弹簧　5—动触点　6—静触点
7—调整指针　8—刻度盘　9—线圈接线端子　10—触点接线端子

使过电流继电器动作的最小电流，称为继电器的动作电流，用I_{op}表示。使继电器由动作状态返回到起始位置的最大电流，称为继电器的返回电流，用I_{re}表示。继电器的返回电流与动作电流的比值称为过电流继电器的返回系数，用K_{re}表示，即

$$K_{re}=\frac{I_{re}}{I_{op}} \tag{6-3}$$

2. 电磁式电压继电器

电压继电器分为过电压继电器和欠电压继电器两种，其符号分别如图6-4a、b所示。

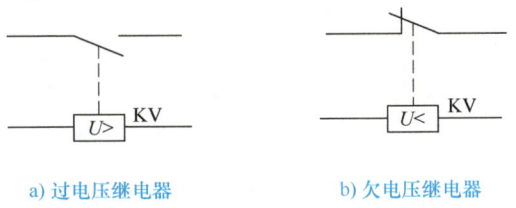

a) 过电压继电器　　　　b) 欠电压继电器

图6-4　电压继电器的图形和文字符号

使过电压继电器动作的最小电压，称为继电器的动作电压，用U_{op}表示；使继电器由动作状态返回到起始位置的最大电压，称为继电器的返回电压，用U_{re}表示。继电器的返回电压与动作电压的比值称为过电压继电器的返回系数，用K_{re}表示，即

$$K_{re}=\frac{U_{re}}{U_{op}}<1 \tag{6-4}$$

在欠电压继电器中，使继电器动作的最大电压，称为继电器的动作电压，用U_{op}表示；使继电器由动作状态返回到起始位置的最小电压，称为继电器的返回电压，用U_{re}表示。继电

器的返回电压与动作电压的比值称为欠电压继电器的返回系数，用 K_{re} 表示，即

$$K_{re} = \frac{U_{re}}{U_{op}} > 1 \tag{6-5}$$

3. 电磁式时间继电器

电磁式时间继电器（KT）在继电保护装置中用来使保护装置获得所要求的延时（时限）。

图 6-5 为供配电系统中常用的 DS-110、DS-120 系列电磁式时间继电器内部结构示意图，其图形、文字符号如图 6-6a、b 所示。其中，DS-110 系列用于直流，DS-120 系列用于交流。

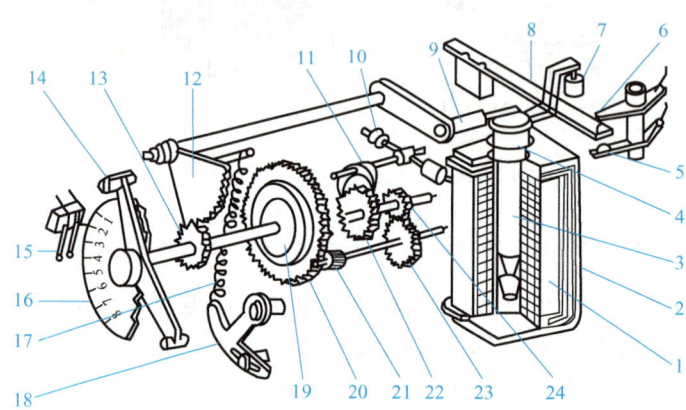

图 6-5　DS-110、DS-120 系列电磁式时间继电器内部结构示意图

1—线圈　2—电磁铁　3—可动铁心　4—返回弹簧　5、6—瞬时静触点　7—绝缘杆　8—瞬时动触点
9—压杆　10—平衡锤　11—摆动卡板　12—扇形齿轮　13—传动齿轮　14—主动触点　15—主静触点
16—动作时限标度盘　17—拉引弹簧　18—弹簧拉力调节机构　19—摩擦离合器　20—主齿轮　21—小齿轮
22—掣轮　23、24—钟表机构传动齿轮

a）时间继电器的缓吸线圈及延时闭合触点符号　　b）时间继电器的缓放线圈及延时断开触点符号

图 6-6　DS-110、DS-120 系列电磁式时间继电器的图形符号和文字符号

当时间继电器线圈接上工作电压时，铁心被吸入，使卡住的一套钟表机构被释放，同时切换瞬时触点。在拉引弹簧作用下，经过整定的时间，使延时触点闭合。时间继电器的延时，可借改变主静触点的位置（即它与主动触点的相对位置）来调节，调节的时间范围在标度盘上标出。当时间继电器线圈断电时，在弹簧作用下返回起始位置。

4. 电磁式信号继电器

信号继电器在继电保护和自动装置中用作动作指示器，信号继电器的触点为自保持触点，应由值班人员手动复归或电动复归。信号继电器的图形、文字符号如图 6-7 所示。

图 6-8 为 DX-11 型信号继电器的结构示意图。正常工作时，继电器的信号牌 5 被衔铁 4 所支持，当通过线圈 1 的电流达到动作值时，衔铁 4 被吸合，使信号牌失去支持而落下，并

带动转轴逆时针旋转 90°，使动触点 8 与静触点 9 接通，从而接通信号回路，同时从玻璃孔 6 也可以看出信号继电器动作。

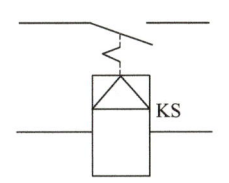

图 6-7　信号继电器的图形、文字符号

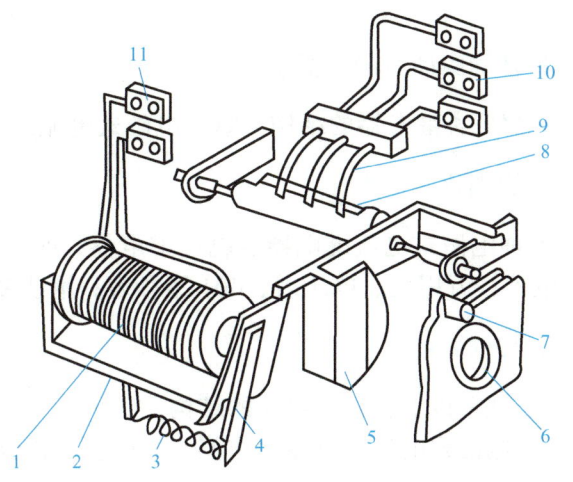

图 6-8　DX-11 型信号继电器的结构示意图

1—线圈　2—电磁铁　3—弹簧　4—衔铁　5—信号牌　6—玻璃孔　7—复归旋钮　8—动触点　9—静触点　10—触点接线端子　11—线圈接线端子

5. 电磁式中间继电器

中间继电器的特点是触点容量大、可直接作用于断路器跳闸、触点数目多。中间继电器的作用是：①增加触点数目；②增加触点容量，可直接接断路器的跳闸线圈去跳闸；③必要的延时，当线路上装有管型避雷器时，利用其固有动作时间（60ms），防止避雷器放电时保护误动。中间继电器的图形、文字符号如图 6-9 所示。图 6-10 为 DZ-10 型中间继电器内部结构示意图。

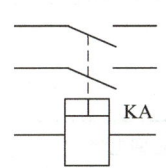

图 6-9　中间继电器图形、文字符号

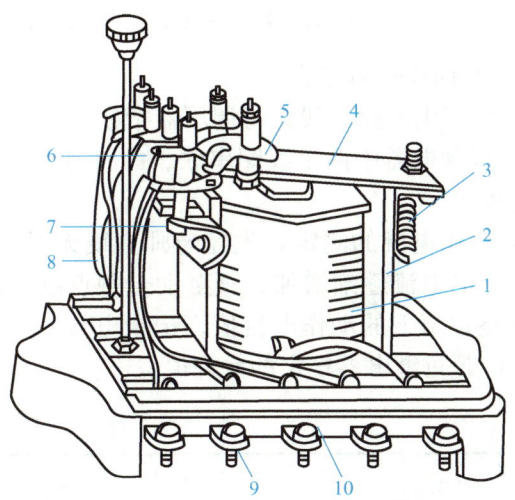

图 6-10　DZ-10 型中间继电器内部结构示意图

1—线圈　2—电磁铁　3—弹簧　4—衔铁　5—动触点　6、7—静触点　8—连接线　9—接线端子　10—底座

技能训练 14　继电器认识及实操

1. 技能实训目的、要求

观察各种继电器的结构，掌握电磁式电流继电器的动作值和返回值的检验方法。

2. 实训仪器仪表

各种电磁式电流继电器、电压继电器、时间继电器、中间继电器、信号继电器及 GL–10 型继电器；万用表、电压表、401 型秒表；滑线变阻器、刀开关等。

3. 实训内容

1）观察以上各种继电器的结构。
2）电磁式电流继电器动作值、返回值的检验与调整。

4. 实训电路、步骤与方法

1）实训电路如图 6-11 所示。

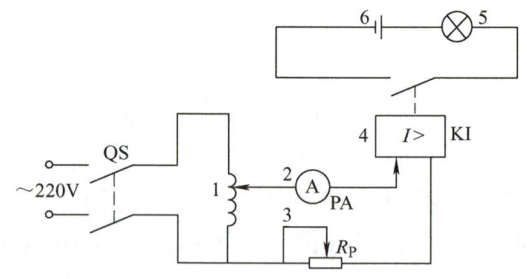

图 6-11　电磁式电流继电器实训电路

1—自耦调压器　2—电流表　3—限流电阻器　4—电流继电器　5—指示灯　6—电池

2）实训步骤与方法。

① 按实训电路接线，将调压器指在零位，限流电阻器调到阻值最大位置。

② 将继电器中两个线圈串联，并将其调整指针置于最小刻度，根据整定电流选择好电流表的量程。

③ 动作电流的测定。先经老师查线无误后，再合上开关 QS，调节调压器及滑线变阻器使回路中的电流逐渐增加，直至动合触点刚好闭合灯亮为止，此时电流表的指示值即为继电器在该整定值下的动作电流值，记录电流的指示值于表 6-1 中。动作值与整定值之间的误差 $\Delta I\%$ 不应超过继电器规定的允许值。

表 6-1　实训数据记录表

序号	线圈连接	动作电流					返回电流					返回系数
		1	2	3	平均	$\Delta I\%$	1	2	3	平均	$\Delta I\%$	
1	串联											
2												
3												

(续)

序号	线圈连接	动作电流					返回电流					返回系数
		1	2	3	平均	$\Delta I\%$	1	2	3	平均	$\Delta I\%$	
4	并联											
5												
6												

④ 返回电流的测定。先使继电器处于动作状态，然后缓慢平滑地降低通入继电器线圈的电流，使动合触点刚好打开，此时灯熄灭，电流表的读数即为继电器在该整定值下的返回电流值，记录电流表的指示值于表 6-1 中。

⑤ 对每一动作电流的整定值、返回电流重复测定 3 次，取其平均值作为该整定点的动作电流的返回电流。

⑥ 将继电器调整把手放在其他刻度上，重复步骤③～⑤，测得继电器在不同整定值时的动作电流和返回电流值，将实训数据填入表 6-1 中。

⑦ 将继电器线圈改成并联，重复步骤③～⑤，检测在其他整定值时的动作电流和返回电流值。

3）实训记录。将上述实训内容填入实训记录表中。

5. 注意事项

1）继电器线圈有串联和并联两种连接方法，刻度盘所标刻度值为线圈串联时的动作整定值，并联使用时，其动作整定值 = 刻度值 ×2。

2）读取数据要准确。动作电流是使继电器动作的最小电流值，返回电流是使继电器返回连接点打开的最大电流值。

3）在检测动作电流或返回电流时，要平滑单方向调整电流数值。

4）每次实训实验完毕应将调压器调至零位，然后打开电源开关。

任务 2　线路保护整定计算

学习目标

1）正确计算线路保护。
2）查找接地故障点。
3）识读线路保护原理图。

任务描述

了解线路定时限过电流保护、瞬时电流速断保护、反时限过电流保护，掌握线路保护构成及整定计算。

相关知识

6.2.1　定时限过电流保护

高压配电线路一般装设相间短路保护、单相接地保护和过负荷保护。

当被保护线路发生短路时,继电保护装置延时动作,并以恒定的延时时间来保证选择性,动作时限与短路电流大小无关,这就是定时限过电流保护。

线路的相间短路保护主要采用定时限过电流保护和瞬时动作的电流速断保护。只有当定时限过电流保护的灵敏度不够时,才采用欠电压闭锁的过电流保护;当定时限过电流保护的时限不大于 0.5～0.7s 时,可不装设瞬时动作的电流速断保护。相间短路保护应动作于断路器的跳闸,切除短路故障部分,同时动作于信号。

单相接地保护可采用两种方式:①绝缘监察装置,利用电压互感器等元件构成,动作于信号;②零序电流保护,利用零序电流互感器等元件构成,动作于信号,但当危及人身和设备安全时,则应动作于跳闸。

对可能经常过负荷的电缆线路,应装设过负荷保护,动作于信号。

1. 定时限过电流保护的组成及动作过程

图 6-12 为两相两继电器式定时限过电流保护原理电路。在正常情况下,KI_1、KI_2、KT 和 KS 的触点都是断开的。当被保护区发生短路故障或电流过大时,KI_1 或 KI_2 动作,并通过其触点接通时间继电器 KT 的线圈回路,时间继电器启动,经过整定的延时时间 t 后,其触点闭合,同时启动信号继电器 KS 和中间继电器 KA,信号继电器 KS 启动,其触点闭合发出信号;中间继电器 KA 启动,其触点闭合,接通断路器 QF 跳闸线圈 YT,使断路器跳闸,切除短路故障。QF 跳闸后,其辅助动合触点 QF_{1-2} 断开,随之切断跳闸回路,实现跳闸线圈 YT 短时通电。在短路故障被切除后,继电保护装置除 KS 触点仍闭合外,其他所有继电器均因失电而自动返回到起始状态,称为失电自动复归,而 KS 需手动复位。

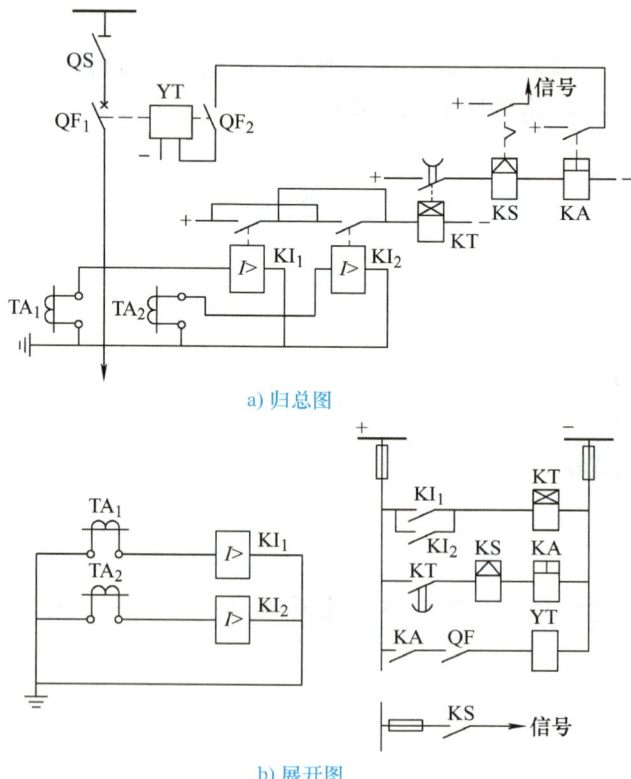

图 6-12 两相两继电器式定时限过电流保护原理电路

图 6-12a 为集中表示的原理电路，即把所有电器的组成部件各自归总在一起表示，通常称为归总式原理接线图（简称归总图）；图 6-12b 为分开表示的原理电路图，即把所有电器的组成部件按各部件所属回路分开表示，通常称为展开式原理接线图（简称展开图）。

2. 定时限过电流保护的整定计算

定时限过电流保护的整定计算有三个方面：①动作电流的整定；②时限的整定；③灵敏度校验。

（1）定时限过电流保护动作电流的整定

定时限过电流保护动作电流的整定必须同时满足以下两个条件：

1）动作电流必须躲过（大于）最大负荷电流，即

$$I_{\text{op.1}} > I_{1.\max} \tag{6-6}$$

式中，$I_{\text{op.1}}$ 为继电器动作电流 $I_{\text{op.2}}$ 归算至一次侧的电流值；$I_{1.\max}$ 为线路最大负荷电流，取 $(1.5 \sim 3) I_{30}$。

2）返回电流也应躲过（大于）最大负荷电流，即

$$I_{\text{re.1}} > I_{1.\max} \tag{6-7}$$

式中，$I_{\text{re.1}}$ 为电流继电器返回电流 $I_{\text{re.1}}$ 换算至电流互感器一次侧的电流。

计入可靠系数，则返回电流为

$$I_{\text{re.1}} = K_{\text{re1}} I_{1.\max} \tag{6-8}$$

式中，K_{re1} 为保护装置的可靠系数，DL 系列继电器取 1.2，GL 系列继电器取 1.3。

由式（6-3）和式（6-8）可得保护装置一次侧动作电流为

$$I_{\text{op.1}} = \frac{K_{\text{re1}}}{K_{\text{re}}} I_{1.\max} \tag{6-9}$$

则折算至电流继电器的动作电流为

$$I_{\text{op.2}} = \frac{K_{\text{re1}} K_{\text{w}}}{K_{\text{re}} K_{\text{i}}} I_{1.\max} \tag{6-10}$$

式中，K_{i} 为电流互感器的变流比；K_{w} 为保护装置的接线系数，在三相三继电器和两相两继电器接线中，$K_{\text{w}}=1$，在两相电流差接线中，$K_{\text{w}}=\sqrt{3}$；K_{re} 为返回系数，DL 系列继电器一般取 $0.85 \sim 0.9$，GL 系列电流继电器一般取 0.8。

（2）定时限过电流保护动作时限的整定

为了保证前后两级保护装置动作的选择性，过电流保护的动作时限应按阶梯原则进行整定，即上一级的动作时限 t_1 应比下一级的动作时限 t_2 要大一个 Δt，亦即

$$t_1 \geq t_2 + \Delta t \tag{6-11}$$

采用 DL 系列继电器可取 $\Delta t=0.5$s；对于反时限过电流保护，采用 GL 系列继电器可取 $\Delta t=0.6 \sim 0.7$s。

（3）灵敏度校验

1）作为本级线路近后备保护的灵敏度校验。定时限过电流保护作为本级线路的近后备保护时，其灵敏度校验点应设在被保护线路的末端，其灵敏度应满足

$$K_{\text{sen}} = \frac{I_{\text{k.min}}^{(2)}}{I_{\text{op.1}}} = \frac{K_{\text{w}} I_{\text{k.min}}^{(2)}}{K_{\text{i}} I_{\text{op.2}}} \geqslant 1.5 \qquad (6-12)$$

式中，$I_{\text{k.min}}^{(2)}$ 为被保护线路末端的最小短路电流；$I_{\text{op.2}}$ 为过电流继电器整定的动作电流。

2）作为下一级线路远后备保护的灵敏度校验。定时限过电流保护作为下一级线路的远后备保护时，其灵敏度校验点应设在下一级线路末端，其灵敏度应满足

$$K_{\text{sen}} = \frac{I_{\text{k.min}}^{(2)}}{I_{\text{op.1}}} = \frac{K_{\text{w}} I_{\text{k.min}}^{(2)}}{K_{\text{i}} I_{\text{op.2}}} \geqslant 1.2 \qquad (6-13)$$

式中，$I_{\text{k.min}}^{(2)}$ 为下一级线路末端的最小短路电流；$I_{\text{op.2}}$ 为过电流继电器整定的动作电流。

定时限过电流保护整定的动作电流较小，灵敏度较高，保护范围较大且互相重叠，其选择性是按阶梯原则整定的动作时限来保证的。保护级数越多，则越靠近电源侧，短路电流越大，保护的动作时限反而越长，短路危害也越严重。显然与保护的速动性要求相悖，这是定时限过电流保护的缺点。因此，定时限过电流保护一般只作为线路或设备的后备保护。只有当动作时限较短时，才可作为线路或设备的主保护。

6.2.2 瞬时电流速断保护

瞬时电流速断保护（又称无时限电流速断保护）是一种瞬时动作的过电流保护。根据 GB 50062—2008 规定，当过电流保护动作时限超过 0.5～0.7s 时，就应装设瞬时电流速断保护。

1. 瞬时电流速断保护的组成及动作过程

图 6-13 为线路上同时装有瞬时电流速断保护和定时限过电流保护线路的原理电路。其中 KI_1、KI_2、KS_1 和 KA 属于瞬时电流速断保护，KI_3、KI_4、KT、KS_2 和 KA 属于定时限过电流保护。

当本线路相间短路发生在瞬时电流速断保护和定时限过电流保护的范围内时，两种保护的电流继电器同时启动。但瞬时电流速断保护的电流继电器直接接通信号继电器 KS_1 和中间继电器 KA 回路，由 KA 触点接通断路器 QF 的跳闸回路。而定时限过电流保护的电流继电器却要接通时间继电器 KT 回路，启动 KT 延时。若瞬时电流速断保护装置因故未能接通 KA，则定时限过电流保护已启动的 KT 经整定的时限延时后，其触点闭合，启动 KA 使 QF 跳闸。瞬时电流速断保护为主保护，定时限过电流保护为瞬时电流速断保护的近后备保护。当本线路相间短路发生在瞬时电流速断保护范围以外时，只有定时限过电流保护能动作跳闸。

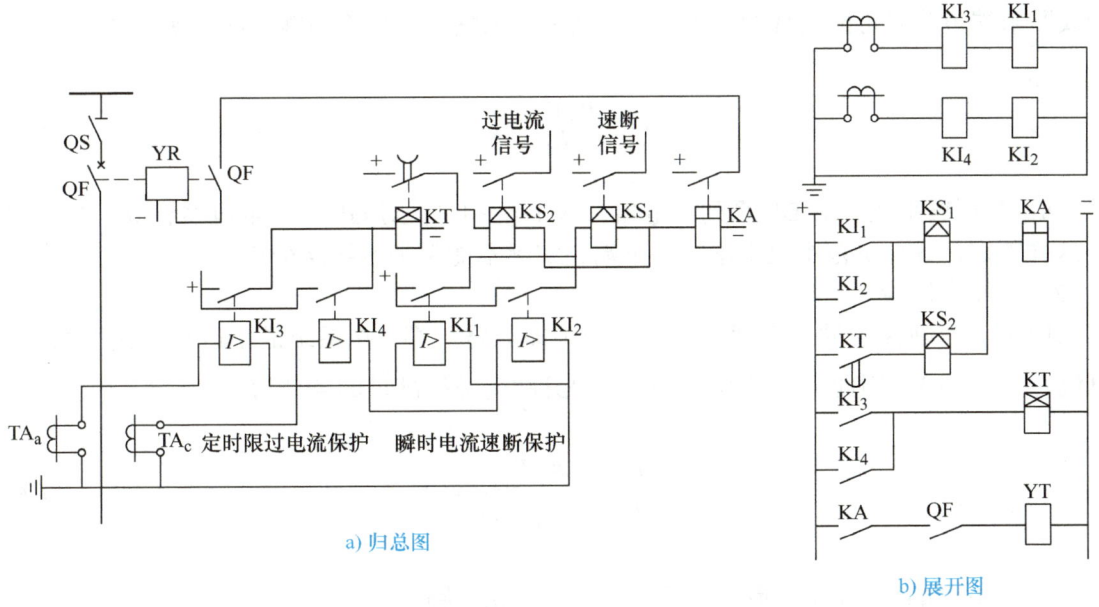

图 6-13　同时装有瞬时电流速断保护与定时限过电流保护线路的原理电路

2. 瞬时电流速断保护的整定计算

瞬时电流速断保护作为线路或设备的主保护，其保护范围应包括本线路全长或本设备全部。由于保护无延时，其保护范围不能延伸至下一级线路（或设备）。图 6-14 中曲线 1 表示系统在最大运行方式（当系统阻抗最小时，流经被保护元件短路电流最大的运行方式称为最大运行方式）下，短路点沿线路移动时三相短路电流的变化曲线。曲线 2 表示系统在最小运行方式（短路时系统阻抗最大，流经被保护元件短路电流最小的运行方式称为最小运行方式）下，短路点沿线路移动时两相短路电流的变化曲线。可见在最大运行方式下三相短路时，保护范围最大为 L_{max}；在最小运行方式下两相短路时，保护范围最小为 L_{min}。由于 k_1 点与 k_2 点之间空间距离很短，即电气距离（阻抗）近似为零，实际上两点短路电流近似相等，电流继电器无法区别。在后一级线路首端发生三相短路时，要避免本级线路速断保护误动作，只能提高本级速断保护动作电流整定值，用限制其保护动作范围的方法来实现。

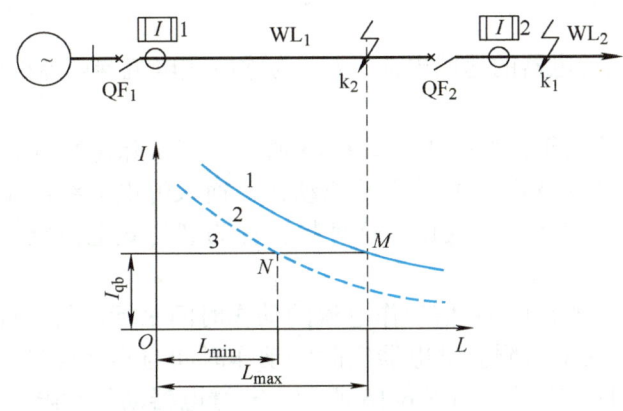

图 6-14　瞬时电流速断保护整定及其保护范围

（1）瞬时电流速断保护动作电流的整定

为了保证前、后两级电流保护的选择性，瞬时电流速断保护的动作电流 $I_{qb.1}$，应按躲过被

保护线路末端短路时可能出现的最大短路电流 $I_{k.max}^{(3)}$ 来整定，折算到继电器的动作电流为

$$I_{qb.1} = \frac{K_{rel}K_w}{K_i} I_{k.max}^{(3)} \tag{6-14}$$

式中，K_{rel} 为可靠系数。对 DL 系列继电器，取 1.2～1.3；对 GL 系列继电器，取 1.4～1.5。

这样整定，其保护范围退出本线路末端，实际不能保护本线路全长。

（2）灵敏度校验

瞬时电流速断保护的灵敏度按其安装处（即线路首端）在系统最小运行方式下的最小短路电流 $I_{k.min}^{(2)}$ 来校验。因此，瞬时电流速断保护灵敏度必须满足的条件为

$$K_{sen} = \frac{I_{k.min}^{(2)}}{I_{qb.1}} = \frac{K_w I_{k.min}^{(2)}}{K_i I_{qb.2}} \geq 1.5 \tag{6-15}$$

式中，$I_{k.min}^{(2)}$ 为线路首端在系统最小运行方式下的两相短路电流。

6.2.3 反时限过电流保护

动作时间随短路电流大小的改变而改变，且与短路电流成反比的过电流保护，称为反时限过电流保护。在供配电系统中，广泛采用 GL 系列感应式电流继电器作为过电流保护兼瞬时电流速断保护，因为感应式电流继电器兼有上述电磁式电流继电器、时间继电器、信号继电器和中间继电器的功能，由其组成的反时限过电流保护可大大简化继电保护装置。

1. 感应式电流继电器的动作特性

GL 系列感应式电流继电器是由带延时的感应系统和瞬时动作的电磁系统两部分组成。能使感应系统动作的最小电流，称为感应式电流继电器的动作电流 $I_{op.2}$；能使电磁系统电流速断元件动作的最小电流，称为感应式电流继电器的速断电流 $I_{qb.2}$。速断电流 $I_{qb.2}$ 与动作电流 $I_{op.2}$ 的比值，称为速断电流倍数，即

$$n_{qb} = \frac{I_{qb.2}}{I_{op.2}} \tag{6-16}$$

式中，$I_{qb.2}$ 为感应式电流继电器的速断电流；$I_{op.2}$ 为感应式电流继电器的动作电流。

（1）反时限特性

感应式电流继电器的动作特性曲线如图 6-15 所示。当实际速断电流倍数 n（$n=I_{k.2}/I_{op.2}$）在 $1 \sim n_{qb}$ 之间时，感应式电流继电器的感应系统动作，通入继电器线圈中的电流越大，动作时间越短，动作时间与电流二次方成反比，这种特性称为感应式电流继电器的反时限特性，如图 6-15 ab 曲线所示。

继电器的动作时限一般是以 10 倍动作电流的动作时间来标度的，即标度尺上所标示的动作时间为 10 倍动作电流时的时限。继电器实际的动作时间与实际通过继电器线圈的电流大小有关，可从该动作特性曲线查得。如图 6-16 所示，若继电器动作时限整定为 2s（10 倍动作电流的动作时间为 2s，即图中 a 点），当通过 4 倍的动作电流时，实际的动作时间约为 3s（图中 b 点）。

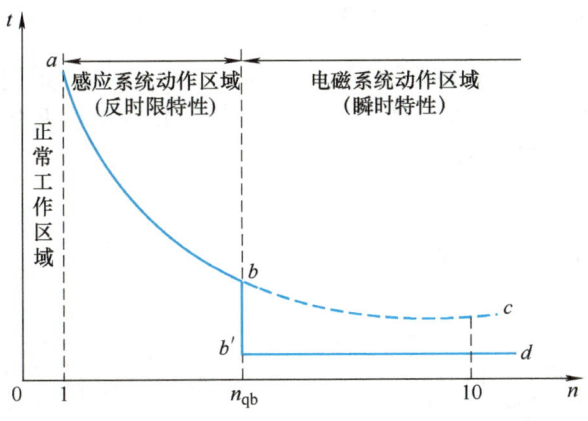

图 6-15　感应式电流继电器的动作特性曲线

$\widehat{abc}$—感应元件的反时限特性，$\widehat{bb'd}$—电磁元件的速断特性

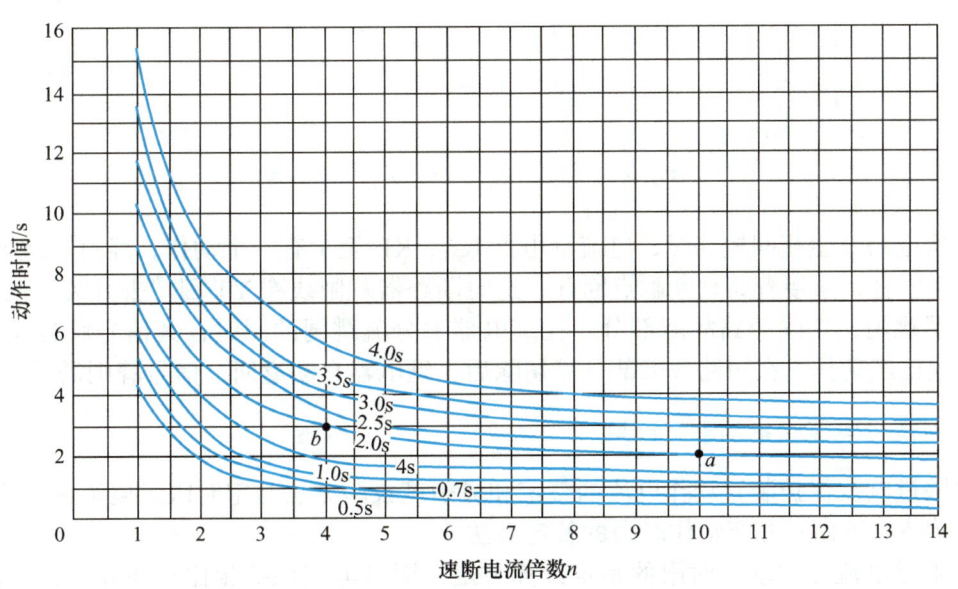

图 6-16　GL-11、15（21、25）型电流继电器的动作特性曲线

（2）速断特性

当实际速断电流倍数 $n>n_{qb}$ 时，感应式电流继电器的电磁系统动作，继电器的动作时间为定值，如图 6-15 $\widehat{bb'd}$ 曲线所示。

GL 系列感应式电流继电器的图形、文字符号如图 6-17 所示。

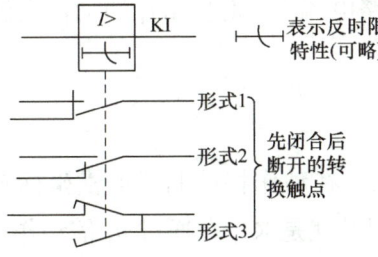

图 6-17　GL 系列感应式电流继电器的图形、文字符号

2. 反时限过电流保护的接线与动作过程

图 6-18 为反时限过电流保护装置原理电路，KI_1、KI_2 为 GL 系列感应式带有瞬时动作元件的反时限过电流继电器，继电器本身动作带有时限，并有动作及指示信号牌，所以回路不需要装设时间继电器和信号继电器。

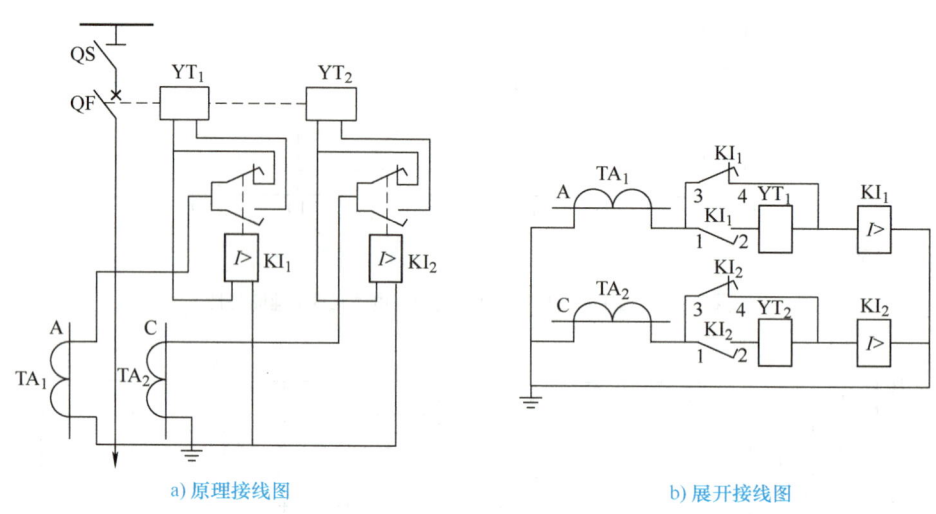

图 6-18　反时限过电流保护装置原理电路

当一次电路发生相间短路时，电流继电器 KI_1、KI_2 至少有一个动作，经过一定的延时后，其动合触点闭合，紧接着其动断触点断开，这时断路器跳闸线圈 YT 因"去分流"而通电，从而使断路器跳闸，切除短路故障部分。在继电器去分流跳闸的同时，其信号牌自动掉下，指示保护装置已经动作。在短路故障部分被切除后，继电器自动返回，信号牌则需手动复位。

3. 反时限过电流保护的整定计算

反时限过电流保护装置动作电流的整定和灵敏度校验方法与定时限过电流保护完全一样，在此不再赘述。下面只介绍动作时限的整定方法。

反时限过电流保护动作时限的整定计算与定时限过电流保护相比存在异同，相同的地方是前级线路比后级线路的动作时限都要长 Δt；不同的地方是反时限过电流保护的实际动作时限并非定值。因此，整定继电器动作时限即为整定了一条反时限动作特性曲线。

以图 6-19 中两段线路装设反时限过电流保护装置为例，假设前级保护中 KI_1 的 10 倍动作电流的动作时限已经整定为 t_1，现在要确定后级保护中 KI_2 的 10 倍动作电流的动作时限 t_2。整定计算的方法步骤如下：

1）根据已知整定值 t_1，查出标有 t_1 的动作特性曲线，如图 6-20 中 KI_1 的动作特性曲线。

2）计算 WL_1 首端的三相短路电流 $I_{k.max}^{(3)}$ 对应 KI_1 的动作电流 $I_{op.1KI}$ 的倍数，即

$$n_1 = I_{k.max}^{(3)} / I_{op.1KI} \tag{6-17}$$

3）确定 KI_1 的实际动作时限。在动作特性曲线的横坐标轴上找出 n_1，然后向上找到该曲线上的 a 点，a 点对应的动作时限 t_1' 就是 KI_1 在通过 n_1 倍动作电流时的实际动作时限。

4）计算 KI_2 的实际动作时限。KI_2 的实际动作时限为 $t_2' = t_1' - \Delta t$（取 $\Delta t = 0.7s$）。

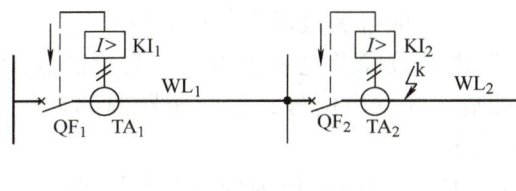
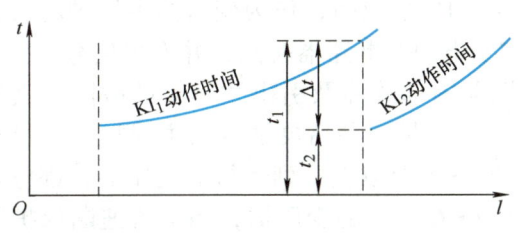

图 6-19 反时限过电流保护整定说明

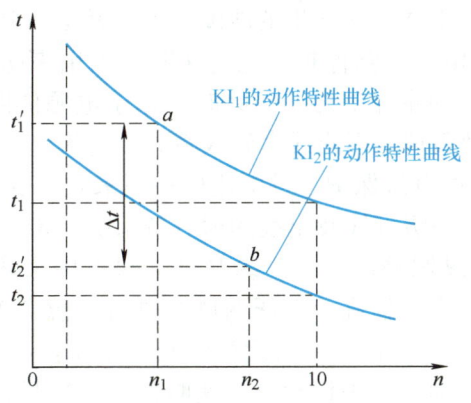

图 6-20 反时限过电流保护的动作时限整定

5）计算 WL_2 首端的三相短路电流 $I_{k.max}$ 对应 KI_2 的动作电流 $I_{op.1KI}$ 的倍数，即

$$n_2 = I_{k.max}^{(3)} / I_{op.2KI} \tag{6-18}$$

6）确定 KI_2 的 10 倍动作电流的动作时限 t_2。在图 6-20 动作特性曲线上找到 n_2 与 t'_2 相交的坐标 b 点，b 点所在曲线 10 倍动作电流的动作时间 t_2 即为所求。

任务 3 变压器保护整定计算

学习目标

1）解释并整定计算变压器电流速断保护、过电流保护和过负荷保护。
2）阐述变压器差动保护的工作原理与动作过程。
3）阐述气体保护的工作原理与动作过程。
4）计算变压器的电流速断保护、过电流保护和过负荷保护。
5）识读变压器保护原理图。

任务描述

变压器是供配电系统重要的设备之一。本次任务是了解变压器保护的设置，重点是了解差动保护和气体保护。

相关知识

6.3.1 变压器的电流速断保护、过电流保护和过负荷保护

变压器故障分为内部故障和外部故障。内部故障主要有绕组的相间短路、匝间短路和单相接地短路；外部故障主要有引出线及套管处发生的相间短路和接地故障。

变压器的不正常运行状态主要有外部短路和变压器过负荷引起的过电流、油面降低、温度升高等。

根据上述可能发生的故障及不正常运行状态，变压器一般可装设以下保护装置：

1）电流速断保护。电流速断保护用来防御变压器内部故障及电源侧引出线套管的故障，是变压器的主保护之一，瞬时动作于电源侧断路器跳闸，并发出信号，但变压器内部某些位置故障及负荷侧引出线套管故障时，电流速断保护不动作。

2）过电流保护。过电流保护用来防御变压器内部和外部故障，作为变压器主保护的后备保护和下一级母线及出线的远后备保护，带时限动作于电源侧断路器跳闸，并发出信号。

3）纵联差动保护。纵联差动保护用来防御变压器内部故障及引出线套管的故障。其保护范围是变压器高、低压两侧的电流互感器安装点之间，是一种高灵敏度的主保护。容量在10000kV·A及以上单台运行的变压器和容量在6300kV·A及以上并列运行的变压器，都应装设纵联差动保护来代替电流速断保护。容量在2000kV·A以上的变压器，当电流速断保护灵敏度不满足要求时，应改为装设纵差保护。

4）气体保护。气体保护用来防御油浸式电力变压器的内部故障。气体保护也是变压器的主保护之一，容量在800kV·A（车间内为400kV·A）及以上的油浸式变压器，按规定应装设气体保护。

5）过负荷保护。过负荷保护用来防御电力变压器因负荷引起的过电流。过负荷保护装置只接在一相的电路中，一般延时动作于信号，也可以延时跳闸，或延时自动减负荷。容量在400kV·A及以上的变压器，当数台并列运行或单台运行并作为其他负荷的备用电源时，应根据可能过负荷的情况装设过负荷保护。

6）单相接地短路保护。当中性点直接接地系统的低压侧发生单相接地短路，且高压侧的保护灵敏度不满足要求时，应在变压器低压侧中性点引出线上装设零序电流保护。

1. 变压器电流速断保护

（1）变压器电流速断保护原理

变压器电流速断保护的组成、原理与线路的电流速断保护基本相同。

（2）变压器电流速断保护动作电流的整定

变压器电流速断保护动作电流的整定计算公式也与线路电流速断保护基本相同，只是式（6-14）中的 $I_{\text{k.max}}^{(3)}$ 为低压母线上的三相短路电流周期分量有效值换算至高压侧的穿越电流值。

（3）变压器电流速断保护灵敏度检验

灵敏度按保护装置装设处（高压侧）在系统最小运行方式下发生两相短路的短路电流 $I_{\text{k.min}}$ 来检验，要求 $K_{\text{sen}} \geq 1.5$。

2. 变压器过电流保护

变压器过电流保护用来作为变压器气体保护和电流速断保护或差动保护的近后备保护，同时又可作为变压器低压出线或设备的远后备保护。

（1）变压器过电流保护原理

变压器过电流保护的组成、原理与线路过电流保护基本相同。

（2）变压器过电流保护动作电流的整定

变压器过电流保护的动作电流应按躲过流经保护装置安装处的最大负荷电流来整定，其整定计算公式与线路过电流保护基本相同，只是式（6-10）中的 $I_{\text{1.max}}$ 应取 $(1.5 \sim 3)I_{\text{1N.T}}$，这里 $I_{\text{1N.T}}$ 为变压器的一次侧额定电流。

（3）变压器过电流保护动作时限的整定

变压器过电流保护的动作时限亦按阶梯原则整定，与线路过电流保护完全相同。对于电力系统的终端变电所,其动作时间可整定为最小值(取 0.5～0.7s)。

(4)变压器过电流保护灵敏度校验

变压器过电流保护灵敏度应按变压器低压侧母线在系统最小运行方式下发生两相短路时,高压侧流经保护装置安装处电流互感器的穿越电流值来校验,要求 $K_{sen} \geq 1.5$。

3. 变压器过负荷保护

(1)变压器过负荷保护动作电流的整定

变压器过负荷保护的动作电流应按躲过变压器正常过负荷电流来整定,其整定计算公式为

$$I_{\text{OL2}} = \frac{1.2 \sim 1.3}{K_{\text{re}} K_{\text{i}}} I_{\text{1N.T}} \qquad (6-19)$$

(2)变压器过负荷保护动作时限的整定

变压器过负荷保护的动作时限一般取 10～15s,以躲过尖峰电流,避免误发信号。

图 6-21 为变压器定时限过电流保护、电流速断保护和过负荷保护的综合电路。图中所有保护均采用电磁式继电器,其中 KI_5 为过负荷保护的电流继电器,仅采用一只电流继电器反映一相(图中为 B 相)电流,表示过负荷保护只需要反映变压器对称过负荷运行状态。

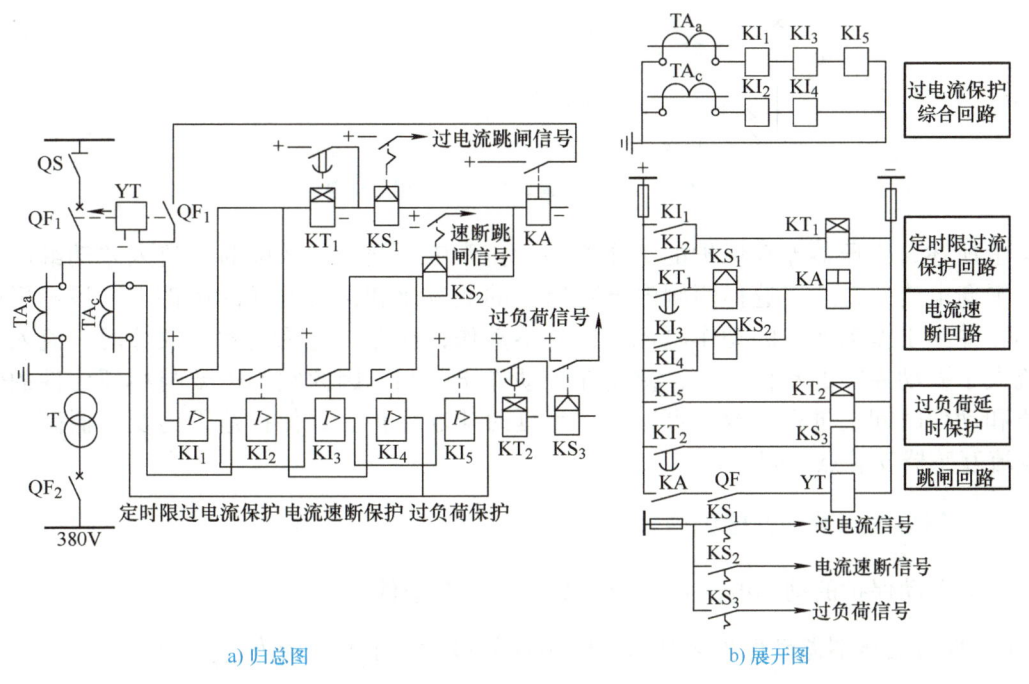

图 6-21　变压器定时限过电流保护、电流速断保护和过负荷保护的综合电路

6.3.2　变压器的纵联差动保护

1. 变压器差动保护的基本原理

图 6-22 为变压器差动保护的单相原理电路。将变压器两侧的电流互感器同极性串联起来,使继电器跨接在两连线之间,于是流入差动继电器的电流就是两侧电流互感器二次电流相量差,即 $|\dot{I}_{\text{KD}}| = |\dot{I}_1 - \dot{I}_2|$。在变压器正常运行或差动保护的保护区外 k-1 点发生短路时,流入差动继电器 KD 的电流相等或相差极小,继电器 KD 不动作,而在差动保护的保护区内 k-2

点发生短路时，对于单端供电的变压器来说，$|\dot{I}_2|=0$，所以 $|\dot{I}_{KD}|=|\dot{I}_1|$，超过继电器 KD 整定的动作电流 $I_{op(d)}$，使 KD 瞬时动作，然后通过出口继电器 KA 使断路器 QF_1、QF_2 同时跳闸，将故障变压器退出，切除短路故障部分，同时由信号继电器发出信号。

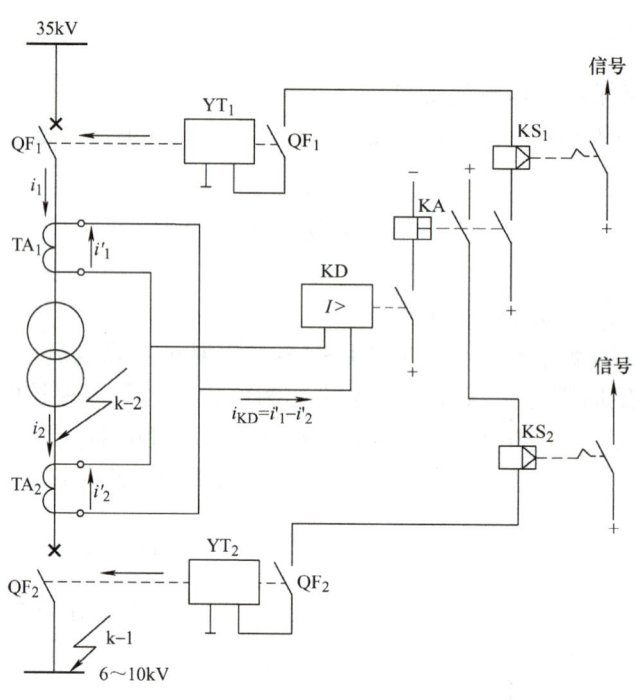

图 6-22　变压器差动保护的单相原理电路

综上所述，变压器差动保护的工作原理为正常工作或外部故障时，流入差动继电器的电流为不平衡电流，在适当选择两侧电流互感器的变流比和接线方式的条件下，该不平衡电流值很小，并小于差动保护的动作电流，保护不动作；在保护范围内发生故障时，流入继电器的电流大于差动保护的动作电流，差动保护动作于跳闸。因此它不需要与相邻元件的保护在整定值和动作时间上进行配合，可以构成无延时速断保护。其保护范围为变压器高、低压两侧的电流互感器安装点之间。

2. 变压器差动保护动作电流的整定

变压器差动保护的动作电流 $I_{op(d)}$ 应满足以下三个条件：

1）应躲过变压器差动保护区外短路时出现的最大不平衡电流 $I_{dsq.max}$，即

$$I_{op(d)} = K_{rel} I_{dsq.max} \tag{6-20}$$

式中，K_{rel} 为可靠系数，取 1.3。

2）应躲过变压器励磁涌流，即

$$I_{op(d)} = K_{rel} I_{1N.T} \tag{6-21}$$

式中，$I_{1N.T}$ 为变压器一次侧额定电流；K_{rel} 为可靠系数，取 1.3～1.5。

3）动作电流应大于变压器最大负荷电流，防止在电流互感器二次回路断线且变压器处于最大负荷时，差动保护误动作，即

项目 6　线路与变压器保护

$$I_{\text{op(d)}} = K_{\text{rel}} I_{\text{L.max}} \tag{6-22}$$

式中，$I_{\text{L.max}}$ 为最大负荷电流，取（1.2～1.3）$I_{\text{1N.T}}$；K_{rel} 为可靠系数，取 1.3。

6.3.3　变压器气体保护

变压器气体保护主要是利用变压器油受热产生气体而动作的一种保护，是反映油浸式电力变压器油箱内部绕组故障的一种基本保护装置。

1. 气体继电器的工作原理

气体保护的主要元件是气体继电器，它装在变压器油箱和储油柜的连通管上，如图 6-23 所示。

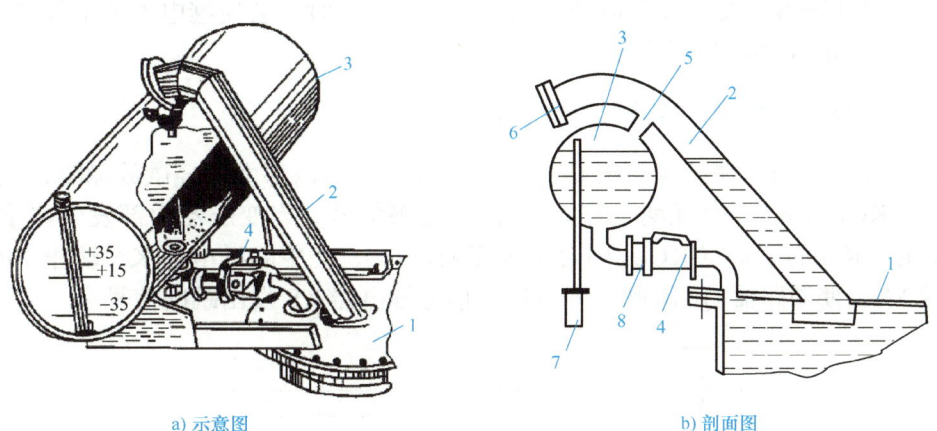

a) 示意图　　b) 剖面图

图 6-23　气体继电器在变压器上的安装示意图

1—变压器油箱　2—防爆管　3—储油柜　4—气体继电器　5—储油柜与安全气道的连通管　6—防爆膜　7—吸湿器　8—蝶形阀

图 6-24 为 FJ3-80 型开口杯式气体继电器的结构示意图及其动作说明。

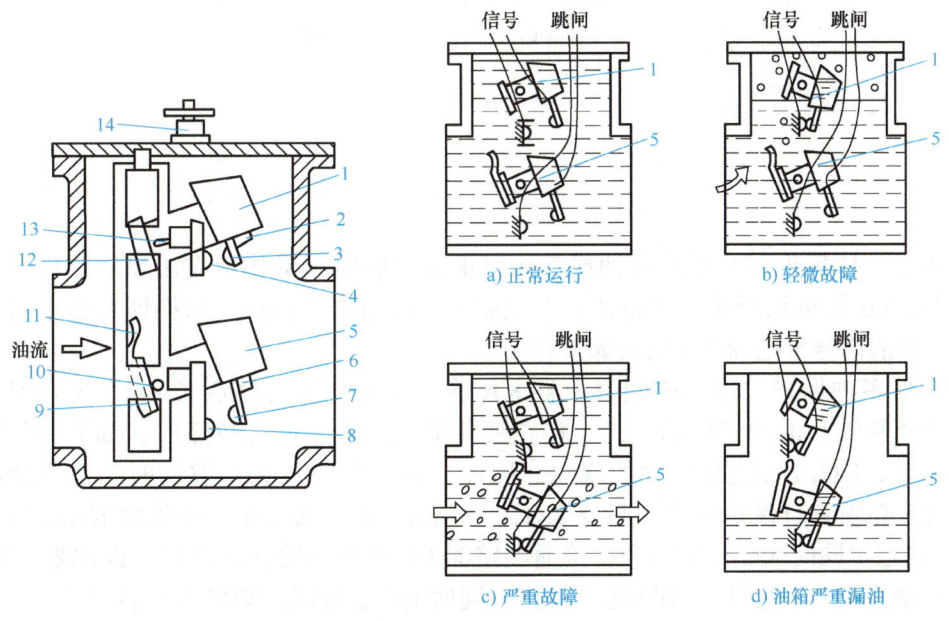

a) 正常运行　　b) 轻微故障　　c) 严重故障　　d) 油箱严重漏油

图 6-24　FJ3-80 型开口杯式气体继电器的结构示意图及其动作说明

1—上开口杯　2、6—永久磁铁　3—上动触点　4—上静触点　5—下开口杯　7—下动触点　8—下静触点　9—下开口杯平衡锤　10—下开口杯转轴　11—挡板　12—上开口杯平衡锤　13—上开口杯转轴　14—放气阀

1）正常运行。变压器正常运行时，气体继电器上、下开口油杯都充满油，由于其平衡锤的作用，油杯上下触、点都是断开的，如图 6-24a 所示。

2）发生轻微故障。当变压器油箱内部发生轻微故障时，产生的气体聚集在继电器容器的上部，迫使继电器内的油面下降，上开口杯 1 露出油面，浮力逐渐减小，上开口杯内盛有的残余的油重所产生的力矩大于平衡锤 12 所产生的力矩而降落，此时上触点 3、4 闭合接通信号回路，发出音响和灯光信号，通常称为轻瓦斯保护动作，如图 6-24b 所示。

3）发生严重故障。当变压器内部发生严重故障时，产生大量的气体或有强烈的油气流冲击挡板 11，带动下开口杯 5 向下转动，下触点 7、8 闭合，通过中间继电器接通跳闸回路，同时通过信号继电器发出音响和灯光信号，通常称为重瓦斯保护动作，如图 6-24c 所示。

4）油箱严重漏油。如果变压器油箱严重漏油，使得气体继电器内的油慢慢流尽，先是继电器的上开口杯降落，发出报警信号；当油面继续下降时，会使继电器的下开口油杯降落，使断路器跳闸，如图 6-24d 所示。

2. 变压器气体保护的原理接线及动作过程

变压器气体保护的原理接线如图 6-25 所示。当变压器内部发生轻微故障时，气体继电器 KG 的上触点 KG_{1-2} 闭合（轻瓦斯动作），动作于报警信号。当变压器内部发生严重故障（或严重漏油）时，KG 的下触点 KG_{3-4} 闭合（重瓦斯动作），经中间继电器 KA 动作于断路器 QF 的跳闸线圈 YT，使断路器 QF 跳闸。同时通过信号继电器 KS 发出跳闸信号。

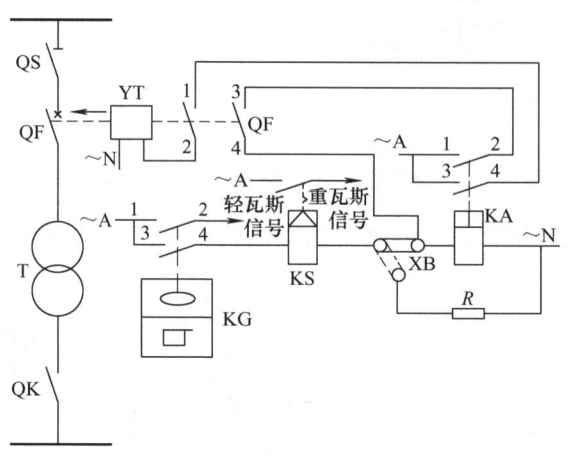

图 6-25 变压器气体保护的原理接线

为了防止气体保护在变压器换油或气体继电器试验时误动作，在出口回路中装设了切换片 XB，利用 XB 将重瓦斯动作回路切换至电阻 R，仅动作于信号。切换回路中电阻 R 阻值的选择应使串联的信号继电器 KS 能可靠动作。

在变压器多种保护共用的中间继电器 KA 前并联了自保持触点 KA_{1-2}，这是因为重瓦斯动作是靠油流和气流的冲击而动作的，但在变压器内部发生严重故障时，油流和气流的速度往往很不稳定，KG_{3-4} 可能有抖动的现象。因此，为使断路器有足够的时间可靠地跳闸，中间继电器 KA 必须有自保持回路。只要 KG_{3-4} 一闭合，KA 就动作，并借助 KA_{1-2} 闭合而稳定 KA 的动作状态。同时 KG_{3-4} 也闭合，接通断路器 QF 跳闸回路使其跳闸。断路器 QF 跳闸后，断路器辅助触点 QF_{1-2} 返回，切断跳闸回路。同时 QF_{3-4} 返回，切断 KA 自保持回路，使 KA 返回。

项目小结

继电保护装置是能反映供配电系统中电气设备发生故障或异常运行状态，并能使断路器跳闸或启动信号装置发出预告信号的一种自动装置。继电保护装置应满足可靠性、选择性、速动性和灵敏性的要求。

高压电力线路的电压等级一般为 6～35kV，线路较短，通常为单端供电，常见的故障和异常运行状态主要有相间短路、单相接地和过负荷。

变压器保护是根据变压器容量和重要程度确定的。变压器故障分为内部故障和外部故障两种。变压器的保护主要有气体保护、差动保护、过电流保护、电流速断保护和过负荷保护等。

课后习题

1. 继电保护装置的任务以及应满足的基本要求是什么？
2. 试述继电器的常见类型及它们的工作原理。什么是电磁式过电流继电器的动作电流、返回电流和返回系数？
3. 定时限过电流保护是如何整定校验的？
4. 电流速断保护是如何整定校验的？
5. 反时限过电流保护中，感应式电流继电器有哪些功能？
6. 变压器在什么情况下需装设过负荷保护？其动作电流和动作时限各如何整定？
7. 变压器在什么情况下应装设变压器气体保护？什么情况下轻瓦斯动作？什么情况下重瓦斯动作？
8. 变压器差动保护的保护范围是什么？

项目 7

二次回路与自动装置分析调试

🔍 项目概述

供配电系统中，对一次设备进行检测、控制、调节和保护的电气回路称为二次回路或二次接线系统。供配电系统的二次回路是实现供配电系统安全、经济、稳定运行的重要保障。随着变配电所的自动化水平的提高，二次回路将起到越来越大的作用。依照供配电系统中的二次回路绘制的二次回路接线图，为现场技术人员安装、调试、检修、试验电气设备及查线等提供了重要的技术资料。

🧬 素质延展

我国已经进入电力发展的新时期。为适应新能源占比逐步提升，电网侧需加大发展建设力度，如增加储能投入、提升电力系统保护能力、进行智能化改革等，不断推动电力系统向适应大规模、高比例新能源方向演进，积极推动源网荷储一体化发展，创新电网结构形态和运行模式，加快配电网改造升级，积极发展以消纳新能源为主的智能微电网，稳步推广柔性直流输电，加快新型储能技术规模化应用，大力推进电源侧储能发展，支持分布式新能源，合理配置储能系统。

任务 1 》》》二次回路分析

📝 学习目标

1）识读供配电系统二次回路的原理图、展开图与安装接线图。
2）区别二次回路中的直流操作电源和交流操作电源的类型和作用。
3）分析断路器控制回路信号系统的工作原理。

ℹ️ 任务描述

学习供配电系统二次回路的原理图、展开图与安装接线图，操作电源，断路器控制回路信号系统。

> 相关知识

7.1.1 供配电系统的二次回路

二次回路又称二次系统,用来反映一次系统的工作状态和控制、调整一次设备。当一次系统发生事故时,二次系统能够立即动作,使故障部分退出运行。二次回路按功能分,可分为断路器控制回路、信号回路、保护回路、监测回路和自动化回路,为保证二次回路的用电,还有相应的操作电源回路等。图7-1为供配电系统的二次回路功能示意图。

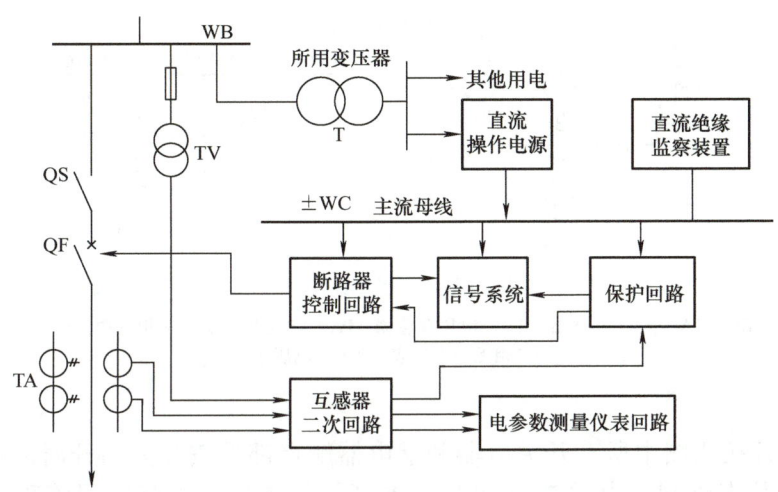

图7-1 供配电系统的二次回路功能示意图

变电所的二次设备包括测量仪表、控制与信号回路、继电保护装置及远动装置等。这些设备通常由电流互感器、电压互感器、蓄电池组成,采用低压供电,它们间相互连接的电路称为二次回路或二次接线。二次回路按照功用可分为控制回路、合闸回路、信号回路、测量回路、保护回路及远动装置回路等,按照电路类别又可分为直流回路、交流回路和电压回路。

反映二次设备间接线关系的图称为二次回路接线图。二次回路接线图按用途可分为原理接线图、展开接线图和安装接线图三种形式。

1. 原理接线图

原理接线图用来表示继电保护、监视测量和自动装置等二次设备或系统的工作原理,它以元件的整体形式表示各二次设备的电气连接关系。通常在二次回路原理接线图上还将相应的一次设备画出,构成整个回路,以便了解各设备间的相互关系和工作原理。图7-2a为6~10kV高压线路的测量回路原理接线图。

从图7-2a可以看出,原理接线图概括地反映了过电流保护装置、测量仪表的接线原理及相互关系,但不注明设备内部接线和具体的外部接线,对于复杂的回路难以分析和找出问题,因而仅有原理接线图还不能对二次回路进行检查维修和安装配线。

2. 展开接线图

展开接线图按二次回路接线使用的电源分别画出各自交流电流回路、交流电压回路、操作电源回路中各元件的线圈和触点。所以,属于同一个设备或元件的电流线圈、电压线圈、控制触点应分别画在不同的回路里。为了避免混淆,对同一设备的不同线圈和触点应用相同的文字标号,但各支路需要标上不同的数字回路标号,如图7-2b所示。

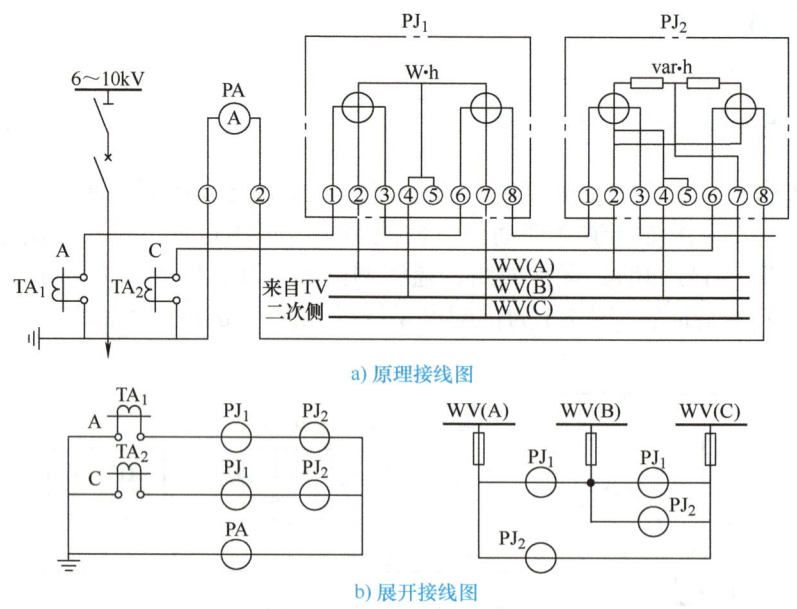

图 7-2 6~10kV 高压线路的测量回路原理接线图和展开接线图

TA_1、TA_2—电流互感器　TV—电压互感器　PA—电流表　PJ_1—三相有功电度表
PJ_2—三相无功电度表　WV—电压小母线

二次回路展开接线图中所有开关电器和继电器触点都是按开关断开时的位置和继电器线圈中无电流时的状态绘制。由图 7-2b 可见，展开接线图接线清晰，回路程序明显，易于阅读，便于了解整套装置的动作程序和工作原理，对于复杂线路的工作原理的分析更为方便。

3. 安装接线图

安装接线图是进行现场施工不可缺少的图样，是制作和向厂家加工订货的依据。它反映的是二次回路中各电气元件的安装位置、内部接线及元件间的线路关系。

二次回路安装接线图包括屏面元件布置图、屏背面接线图和端子板接线图等几部分。屏面元件布置图是按照一定的比例尺寸将屏面上各个元件和仪表的排列位置及其相互间距离尺寸表示在图样上。而外形尺寸应尽量参照国家标准屏柜尺寸，以便和其他控制屏并列时美观整齐。

4. 二次回路接线图的表示方法

为便于线路安装施工和投入运行后的检修维护，在展开接线图中应对回路进行编号，在安装接线图中应对设备进行编号。

1）展开接线图中的回路编号。对展开接线图进行编号可以方便维修人员进行检查及正确连接，根据展开接线图中回路的不同，如电流、电压、交流、直流等，回路的编号也进行了相应的分类。具体编号原则如下：

① 回路的编号由 3 个或 3 个以上的数字构成。对交流回路要加注 A、B、C、N 符号区分，对不同用途的回路规定了编号的数字范围，各回路的编号要在相应的数字范围内。

② 二次回路的编号应根据等电位原则进行，即在电气回路中，连接在一起的导线属于同一电位，应采用同一编号。如果回路经继电器线圈或开关触点等隔离开，应视为两端不再是等电位，需要进行不同的编号。

③ 展开接线图中小母线用粗线条表示，并按规定标注文字符号或数字编号。

2)安装接线图中设备的编号。二次回路中的设备都是从属于某些一次设备或一次线路的,为了对不同回路的二次设备加以区别,避免混淆,所有的二次设备必须标以规定的项目种类代号。如某高压线路的测量仪表,本身的种类代号为 P。现有有功功率表、无功功率表和电流表,它们的代号分别为 P1、P2、P3。而这些仪表又属从于某一线路,线路的种类代号为 W6,设无功功率表 P3 是属于线路 W6 上使用的,由此无功功率表的项目种类代号全称应为 –W6–P3,这里"–"是种类的前级符号。假设线路 W6 又是 8 号开关柜内的线路,而开关柜的种类代号规定为 A,因此,该无功功率表的项目种类代号全称为 =A–W6–P3,这里"="是高层的前缀符号,高层是指系统或设备中较高层次的项目。

3)接线端子的编号。端子排由专门的接线端子板组合而成,用于连接配电柜之间或配电柜与外部设备。接线端子分为普通端子、连接端子、试验端子和终端端子等形式。

试验端子用来在不断开二次回路的情况下,对仪表、继电器进行试验。终端端子则用来固定或分隔不同安装项目的端子排。

在安装接线图中,端子排中各种类型接线端子板的符号如图 7-3 所示。接线端子板的文字符号为 X,端子的前缀符号为":"。按规定,安装接线图中端子的代号应与设备上端子的标记一致。

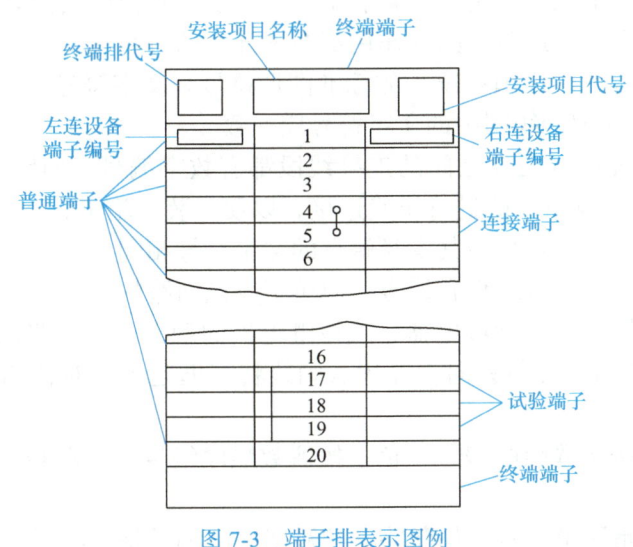

图 7-3 端子排表示图例

4)连接导线的表示方法。安装接线图上端子之间的连接导线有两种表示方法。

① 连续线表示法:两端子之间连接导线的线条是连续的,如图 7-4a 所示。

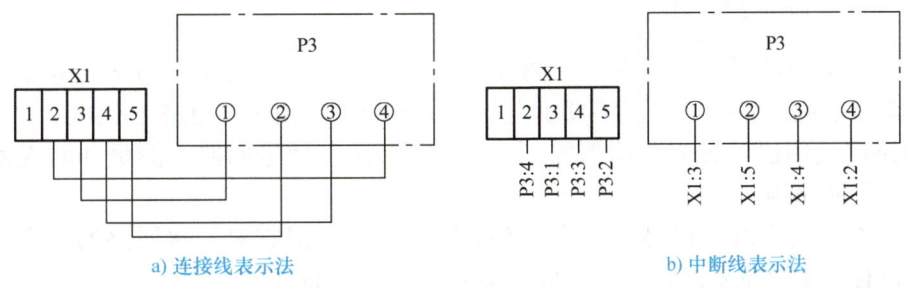

图 7-4 端子间连接导线的表示方法

安装接线图既要表示各设备的安装位置，又要表示各设备间的连接，如果直接绘出这些连接线，将使图样中的线条难以辨认，因而一般在安装接线图上表示导线的连接关系时，只在各设备的端子处标明导线的去向。

② 中断线表示法：两端子之间连接导线的线条是中断的，如图 7-4b 所示。在线条中断处必须标明导线的去向，即在接线端子出线处标明对方端子的项目代号，这种表示方法称为相对标号法或对面标号法。

5. 二次回路接线图的识读方法

二次回路接线图在绘制时遵循一定的规律，读图时首先应清楚电路的工作原理、功能及图样上所标符号代表的设备名称，然后再看图样。

（1）读图的基本要领

1）先交流，后直流。

2）交流看电源，直流找线圈。

3）查找继电器的线圈和相应触点，分析其逻辑关系。

4）先上后下，先左后右，针对端子排图和屏后安装图看图。

（2）读展开接线图的基本要领

1）直流母线或交流电压母线用粗线条表示，以区别于其他回路的联络线。

2）继电器和每一个小的逻辑回路的作用都在展开图的右侧注明。

3）展开接线图中各元件用国家统一的标准图形符号和文字符号表示，继电器和各种电气元件的文字符号与相应原理接线图中的文字符号应一致。

4）继电器的触点和电气元件之间的连接线段都有数字编号（回路编号），便于了解该回路的用途和性质，以及根据编号能进行正确连接，以便安装、施工、运行和检修。

5）同一个继电器的文字符号与其本身触点的文字符号相同。

6）各种小母线和辅助小母线都有编号，便于了解该回路的性质。

7）对于展开接线图中的个别继电器，或该继电器的触点在另一张图中表示，或在其他安装单位中有表示，都在图上说明去向，并用点画线将其框起来，对任何引进触点或回路也要说明来处。

8）直流回路正极按奇数顺序编号，负极按偶数顺序编号。回路经过元件时其标号也随之改变。

9）常用的回路都是固定编号，如断路器的跳闸回路编号是 33，合闸回路编号是 3 等。

10）交流回路的编号除用 3 位数外，前面还应加注文字符号，交流电流回路使用的数字范围为 400～599，电压回路为 600～799，其中个位数字表示不同的回路，十位数字表示互感器的组数。回路使用的编号组要与互感器文字符号前的数字序号相对应。

7.1.2　二次回路的操作电源

二次回路按电源性质可分为直流回路和交流回路。交流回路又分为交流电流回路和交流电压回路。交流电流回路由电流互感器供电，交流电压回路由电压互感器供电。

二次回路按其用途可分为断路器控制（操作）回路、信号回路、测量和监视回路、继电保护和自动装置回路等。

二次回路在供电系统中虽是其一次回路的辅助系统，但它对一次回路的安全、可靠、优质、经济运行有着十分重要的作用，因此，必须予以充分的重视。

二次回路的操作电源是供高压断路器分、合闸回路及继电器保护和自动装置回路、信号回路、监测系统及其他二次回路所需的电源。因此，对操作电源的可靠性要求很高，容量要求足够大，尽可能不受供电系统运行的影响。

二次回路操作电源分为直流和交流两大类。直流操作电源有由蓄电池供电的电源和由整流装置供电的电源两种。交流操作电源有由所用（站用）变压器供电的电源和通过仪用互感器供电的电源两种。

1. 直流操作电源

（1）蓄电池组供电的直流操作电源

蓄电池组供电的直流操作电源是一种与电力系统运行方式无关的独立电源系统。即使在变电所完全停电的情况下，仍能在 2h 内可靠供电，具有很高的供电可靠性。蓄电池直流操作电源类型主要有铅酸蓄电池和镉镍蓄电池两种。

1）铅酸蓄电池组。单个铅酸蓄电池的额定端电压为 2V，充电后可达 2.7V，放电后可降到 1.95V。为满足 220V 的操作电压，需要 $230/1.95 \approx 118$ 个铅酸蓄电池，考虑到充电后端电压升高，为保证直流系统正常电压，长期接入操作电源母线的铅酸蓄电池个数为 $230/2.7 \approx 86$ 个，而 118-86=32 个铅酸蓄电池用于调节电压，接于专门的调节开关上。

铅酸蓄电池使用一段时间后，电压下降，需用专门的充电装置进行充电。由于铅酸蓄电池具有一定的危险性和污染性，需要专门的蓄电池室放置，投资大。因此，在变电所中现已不采用铅酸蓄电池。

2）镉镍蓄电池组。近年来我国发展的镉镍蓄电池克服了铅酸蓄电池的缺点，单个镉镍蓄电池端电压为 1.2V，充电后可达 1.75V，可采用浮充电或强充电方式由硅整流设备进行充电，容量范围可以从几毫安时到上千安时，满足各种不同的使用要求。除不受供电系统运行情况的影响、工作可靠外，镉镍蓄电池还有大电流放电性能好、腐蚀性小、功率大、机械强度高、使用寿命长等优点，无须专用房间来装设，可安装于控制室，因此占地面积小且便于安装维修，在大中型变电所中应用比较广泛。

（2）硅整流电容储能式直流电源

硅整流电容储能式直流电源在变电所应用比较普遍，一般可分为电容储能直流操作电源和复式硅整流直流操作电源。本任务只介绍如图 7-5 所示的硅整流电容储能式直流操作电源。

硅整流器的电源来自变配电所用变压器母线，一般设一路电源进线，但为了保证直流操作电源的可靠性，可以采用两路电源和两台硅整流装置。硅整流器 U_1 主要用作断路器合闸电源，并可向控制、信号和保护回路供电，其容量较大。硅整流器 U_2 的容量较小，仅向控制、信号和保护回路供电。逆止器件 VD_1 和 VD_2 的作用一是当直流电源电压因交流供电系统电压降低而降低时，使储能电容 C_1、C_2 所储能量仅用于补偿自身所在的保护回路，而不向其他元件放电，二是限制 C_1、C_2 向断路器控制回路中的信号灯和重合闸继电器等放电，以保证其所供继电保护合并跳闸线圈可靠动作。逆止器件 VD_3 和限流电阻 R 接在两组直流母线之间，使直流合闸母线只向控制小母线 WC 供电。R 用来限制控制回路短路时通过 VD_3 的电流，以免 VD_3 烧毁。储能电容器 C_1 用于对高压线路的继电保护和跳闸回路供电；储能电容器 C_2 用于对其他元件的继电保护和跳闸回路供电。储能电容器多采用容量大的电解电容器，其容量应能保证继电保护和跳闸线圈可靠动作。

在直流母线上还接有直流绝缘监测装置和闪光装置，绝缘监测装置采用电桥结构，用于监测正、负母线或直流回路对地绝缘电阻，当某一母线对地绝缘电阻降低时，电桥不平衡，检测继电器中有足够的电流流过，继电器动作发出信号。闪光装置主要提供灯光闪光电源，其工作原理示意图如图 7-6 所示。

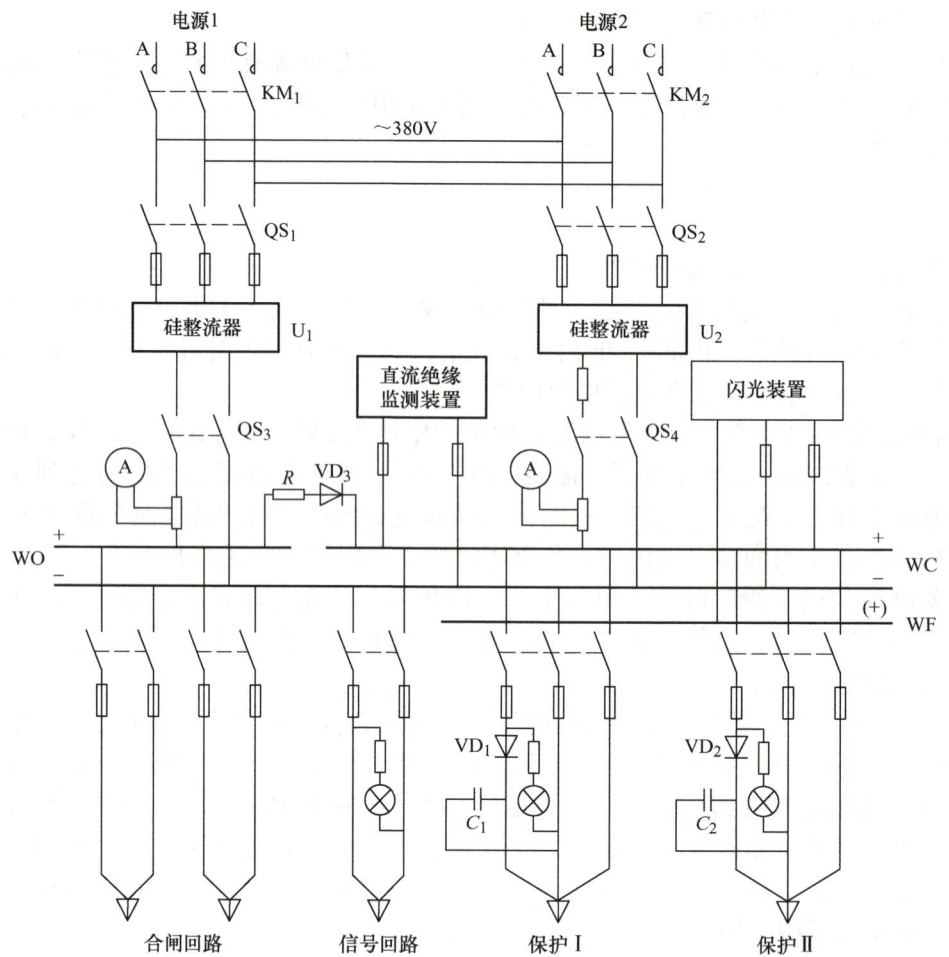

图 7-5 硅整流电容储能式直流操作电源

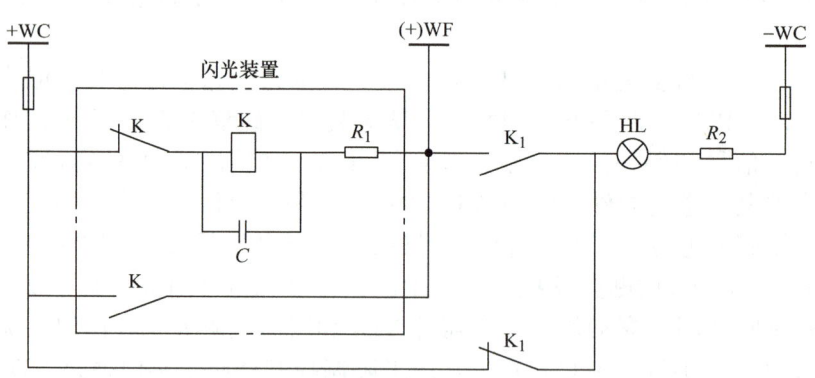

图 7-6 闪光装置工作原理示意图

正常工作时,闪光小母线(+)WF 悬空,当系统或二次回路发生故障时,相应继电器 K_1 动作(其线圈在其他回路中),K_1 常闭触点打开。K_1 常开触点闭合,使信号灯 HL 接于闪光小母线上,(+)WF 的电压较低,HL 变暗。闪光装置电容充电,充到一定值后,继电器 K 动作,其常开触点闭合,使闪光小母线的电压与正母线相同,HL 变亮。K 常闭触点打开,电容放电,使 K 电压降低。降低到一定值后,K 失电动作,K 常开触点打开,闪光小母线电压变低,闪光装置的电容又开始充电。重复上述过程。信号指示灯就发出闪光信号。可见,闪光小母线平时不带电,只有在闪光装置工作时,才间断地获得低电位,其间隔时间由电容的充放电时间决定。

硅整流电容储能式直流操作电源的优点是价格低廉，与铅酸蓄电池比较占地面积小、维护工作量小、体积小、不需要充电装置，其缺点是电源独立性差，电源的可靠性受交流电源影响，需加装补偿电容和交流电源自动投切装置，而且二次回路复杂。

实际应用中还有一种复式硅整流直流操作电源，这种电源有两部分供电：一是由变压器或电压互感器电压源供电；二是由反映故障电流的电流互感器电流源供电。两组电源都经铁磁式谐振稳压器供电给二次回路。由于复式硅整流直流操作电源有电压源和电流源，因此能保证交流供电系统在正常或故障情况下均能正常地供电。与电容储能式相比，复式硅整流直流操作电源能输出较大的功率，电压的稳定性也较好，广泛应用于具有单电源的中、小型工厂变配电所。

2. 交流操作电源

交流操作电源可取自所用变压器的电压侧，这是一种较为普遍的应用方式。当交流操作电源取自电压互感器的二次侧时，其容量较小，一般只作为油浸式气体保护的交流操作电源；当交流操作电源取自电流互感器时，主要供电给继电保护和跳闸回路。电流互感器对于短路故障和过负荷都非常灵敏，能有效实现交流操作电源的过电流保护。

（1）取自变配电所用主变压器的交流操作电源

变配电所的用电一般应设置专门的变压器供电，简称所用变。变配电所的用电主要有室外照明、室内照明、生活区用电、事故照明、操作电源用电等，上述用电一般都分别设置供电回路，如图7-7a所示。

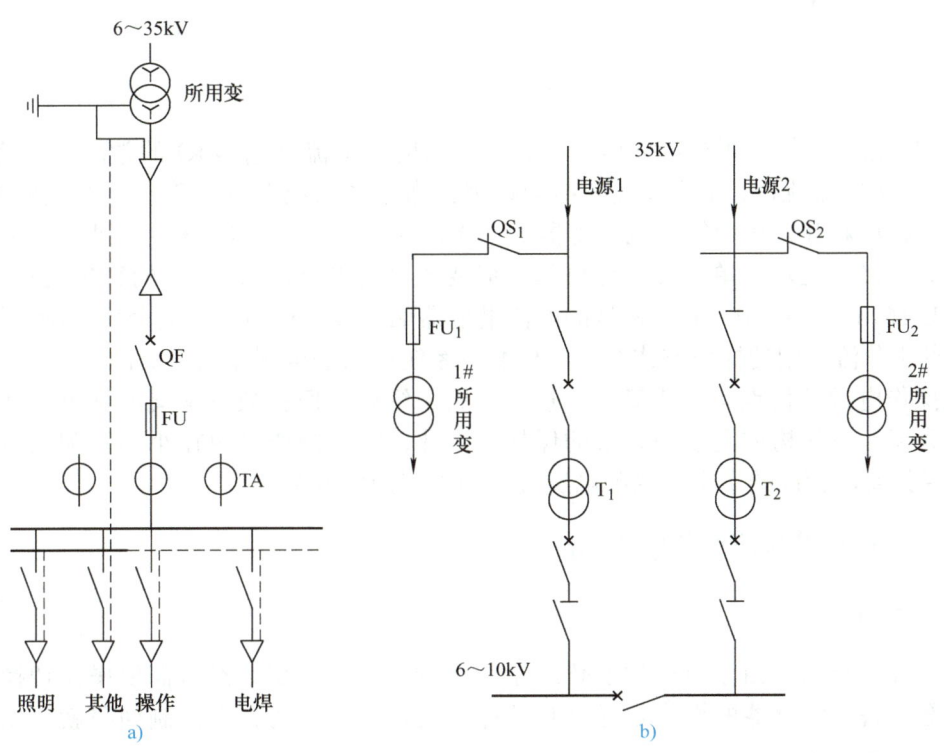

图 7-7 所用变接线示意图

为保证交流操作电源的用电可靠性，所用变一般都接在电源的进线处，如图7-7b所示。即使变电所母线或变压器发生故障时，所用变仍能取得电源。一般情况下采用一台所用变即可，但对一些重要的变电所，要求有可靠的所用电源，此电源不仅在正常情况下能保证供电给交流操作电源,而且在全所停电或所用电源发生故障时,仍能实现对电源进线断路器的操作和事故照明用电,一般应设两台互为备用的所用变。其中一台所用变应接至进线断路器的外侧电源进线处,另一台则应接至与本不打算无直接联系的备用电源上。在所用变低压侧可采用备用电源自动投入装置,以确保所用电的可靠性。

(2) 交流操作电源供电的继电保护装置

1) 直流动作式。如图 7-8a 所示,直流动作式是利用断路器手动操作机构内的过电流脱扣器(跳闸线圈)YT 中直接动作,使断路器 QF 不会跳闸,这种操作方式简单经济,但保护灵敏度低,实际上较少应用。

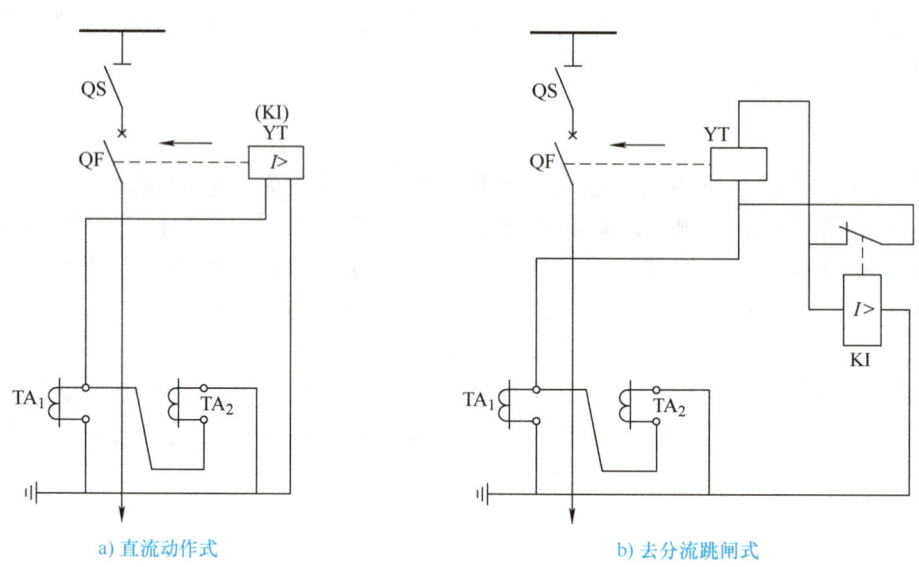

a) 直流动作式　　　　　　　　b) 去分流跳闸式

图 7-8　交流操作电源

2) 去分流跳闸式。如图 7-8b 所示,正常运行时,电流继电器 KI 的常闭触点将 YT 短路分流,YT 中无电流流过,断路器 QF 不会跳闸;当一次系统发生故障时,电流继电器 KI 动作,其常闭触点断开,从而使电流互感器的二次电流全部通过 YT,致使断路器 QF 跳闸。这种操作方式的接线比较简单,且灵敏可靠,但要求电流继电器 KI 触点的容量足够大。目前,GL-15、GL-16、GL-25、GL-26 等型号的电流继电器触点容量相当大,完全可以满足控制要求。因此,这种去分流跳闸的操作方式在工厂供配电系统中已经得到相当广泛的应用。

交流操作电源的优点是接线简单、投资低廉、维修方便;缺点是交流继电器性能没有直流继电器完善,不能构成复杂和完善的保护。因此,交流操作电源在小型变配电所中应用较广,而对保护要求较高的中小型变配电所宜采用直流操作电源。

7.1.3　断路器控制回路信号系统

1. 控制回路

变电所在运行时,由于负荷的变化或系统运行方式的改变,经常需要操作切换断路器和隔离开关等设备。断路器的操作是通过它的操作机构来完成的,而控制回路就是用来控制操作机构动作的电气回路。

控制回路按照控制地点的不同,可分为就地控制回路及控制室集中控制回路两种类型。车间变电所和容量较小的总降压变电所的 6～10kV 断路器的操作,一般多在配电装置旁手动进行,也就是就地控制。总降压变电所的主变压器和电压为 35kV 以上的进出线断路器及出线回路较多的 6～10kV 断路器,采用就地控制很不安全,容易引起误操作,故可采用由控制室远方集中控制。按照对控制电路监视方式的不同，控制回路可分为灯光监视控制回路及音响监视控制回路。由控制室集中控制及就地控制的断路器，一般多采用灯光监视控制回路，只在重要情况下才采用音响监视控制回路。

控制回路需要满足以下基本要求：

1）由于断路器操作机构的合闸与跳闸线圈都是按短时通过电流进行设计的，因此，控制回路在操作过程中只允许短时通电，操作停止后即自动断电。

2）能够准确指示断路器的分、合闸位置。

3）断路器不仅能用控制开关及控制回路进行跳闸及合闸操作，而且能由继电器保护及自动装置实现跳闸及合闸操作。

4）能够对控制电源及控制电路进行实时监视。

5）断路器操作机构的控制回路要有机械防跳装置或电气防跳措施。

上述基本要求是设计控制回路的基本依据。

图 7-9 为 LW2-Z 型控制开关触点表示例，它有六种操作位置。图 7-10 为常用的断路器的控制回路和信号回路，其动作原理如下：

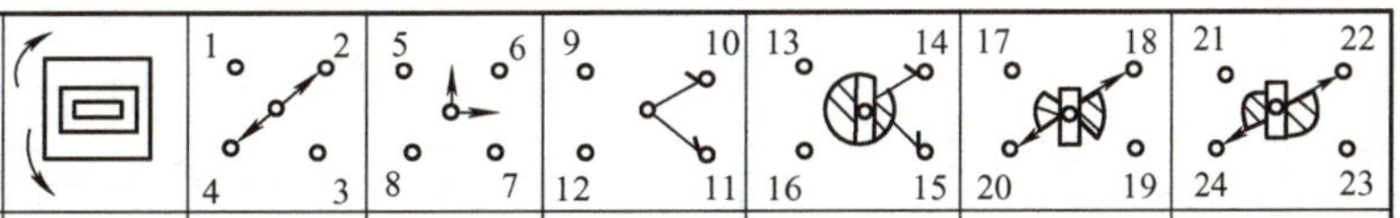

在跳闸后位置的手柄（正面）的样式和触点盒（背面）接线图		1○—○2 4○ ○3	5○ ○6 8○ ○7	9○ ○10 12○ ○11	13○ ○14 16○ ○15	17○ ○18 20○ ○19	21○ ○22 24○ ○23
手柄和触点盒形式	F_8	1a	4	6a	40	20	20
触点号		1-3 | 2-4	5-8 | 6-7	9-10 | 9-12 | 10-11	13-14 | 14-15 | 13-16	17-19 | 17-18 | 18-20	21-23 | 21-22 | 22-24
位置 跳闸后		− ×	− −	− − ×	− × −	− − ×	− − ×
位置 预备合闸		× −	− ×	− × −	− × −	− × −	− × −
位置 合闸		− −	× −	× − −	− × −	× − −	× − −
位置 合闸后		− ×	− −	− − ×	× − −	× − −	× − −
位置 预备跳闸		− ×	− −	− × −	× − −	× − −	× − −
位置 跳闸		− −	− ×	− × −	× − ×	− − ×	− − ×

图 7-9　LW2-Z 型控制开关触点表示例

1）手动合闸。合闸前，断路器处于"跳闸后"位置，断路器的辅助触点 QF_2 闭合。由图 7-9 的控制开关触点表可知 SA10-11 闭合，绿灯 HLG 回路接通发亮。但由于限流电阻 R_1 限流，不足以使合闸继电器 KC 动作，绿灯亮表示断路器处于跳闸位置，而且控制电源和合闸回路完好。

当控制开关扳到"预备合闸"位置时，触点 SA9-10 闭合，绿灯 HLG 改在 BF 母线上，发出绿闪光，说明情况正常，可以合闸。当开关再旋至合闸位置时，触点 SA5-8 接通，合闸继电器 KC 动作使合闸线圈 YC 通电，断路器合闸。合闸完成后，辅助触点 QF_2 断开，切断合闸电源，同时 QF_1 闭合。

当操作人员放开手柄后，在弹簧的作用下，开关回到"合闸后"位置，触点 SA13-16 闭合，红灯 HLR 回路接通。红灯亮表示断路器在合闸状态。

2）自动合闸。控制开关在"跳闸后"位置，若自动装置的中间继电器触点 KA 闭合，将使合闸继电器 KC 动作合闸。自动合闸后，信号回路控制开关中 SA14-15、红灯 HLR、辅助触点 QF_1 与闪光母线接通，HLR 发出红色闪光，表示断路器是自动合闸的，只有当运行人员将手柄扳到"合闸后"位置，HLR 才发出平光。

3）手动跳闸。首先将开关扳到"预备跳闸"位置，SA13-14 接通，HLR 发出闪光。再将手柄扳到"跳闸"位置，SA6-7 接通，使断路器跳闸。松手后，开关又自动弹回到"跳闸后"位置。跳闸完成后，辅助触点 QF_1 断开，红灯熄灭，QF_2 闭合，通过触点 SA10-11 使绿灯发出闪光。

4）自动跳闸。如果由于故障，继电保护装置动作，使触点 K 闭合，引起断路器合闸。由于"合闸后"位置 SA9-10 已接通，于是绿灯发出闪光。

在事故情况下，除用闪光信号显示外，控制回路还备有音响信号。图 7-10 中，开关触点 SA1-3 和 SA19-17 与触点 QF 串联，接在事故音响母线 BAS 上，当断路器因事故跳闸而出现不对应（即手柄处于合闸位置，而断路器处于跳闸位置）关系时，音响信号回路的触点全部接通而发出声响。

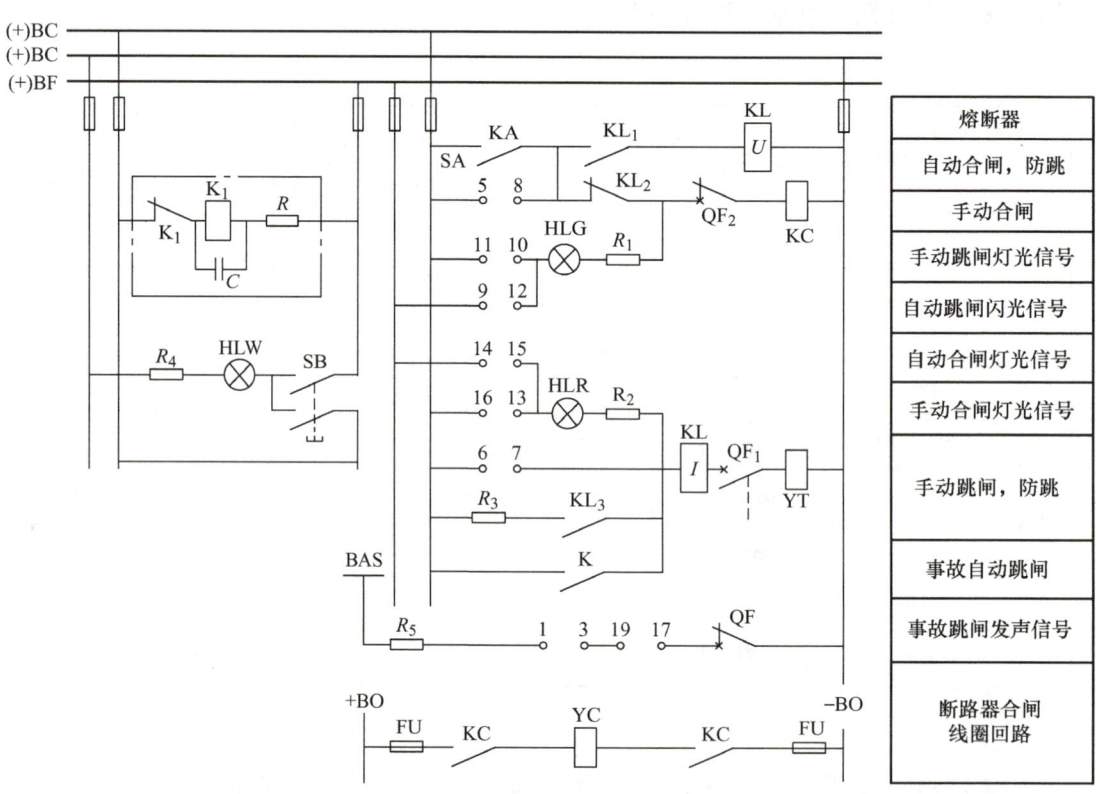

图 7-10 常用的断路器的控制回路和信号回路

5）闪光电源装置。闪光电源装置由 DX-3 型闪光继电器 K_1、附加电阻 R 和电容 C 等组成。当断路器方式事故跳闸后，断路器处于跳闸状态，而控制开关仍留在"合闸后"位置，这种情况称为不对应关系。在此情况下，触点 SA9-10 与断路器辅助触点 QF_2 仍接通，电容器 C 开始充电，电压升高，当电压升高到闪光继电器 K_1 的动作值时，继电器动作，从而断开通电回路，上述循环不断重复，继电器 K_1 的触点也不断开闭，闪光母线（+）BF 上便出现断续正电压，使绿灯闪光。

"预备合闸""预备跳闸"和自动投入时，也同样能启动闪光继电器，使相应的指示灯发出闪光。

SB 为试验按钮，按下时白信号灯 HLW 亮，表示本装置电源正常。

6）防跳装置。断路器的"跳跃"是指运行人员在故障时手动合闸断路器，断路器又被继电保护动作跳闸，又由于控制开关位于合闸位置，引起断路器重新合闸。为了防止这一现象，断路器控制回路设有防止跳跃的电气联锁装置。

图 7-10 中 KL 为防跳闭锁继电器，它具有电流和电压两个线圈，电流线圈截止跳闸线圈 YT 之前，电压线圈则经过其本身的常开触点 KL_1 与合闸线圈 KC 并联。当继电器保护装置动作，即触点 K 闭合使断路器跳闸线圈 YT 接通时，同时也接通了 KL 的电流线圈并使之启动，于是，防跳继电器的常闭触点 KL_2 断开，将 KC 回路断开，避免了断路器再次合闸，同时常开触点 KL_1 闭合，通过 SA5-8 或自动装置触点 KA 使 KL 的电压线圈接通并自锁，从而防止了断路器"跳跃"。触点下 KL_3 与继电器触点 K 并联，用来保护后者，使其不致断开超过其触点容量的跳闸线圈电流。

2. 信号回路

在变配电所运行的各种电气设备，随时都可能发生不正常的各种状态。在变电所装设的中央信号装置，主要用来示警和显示电气设备的各种状态，以便运行人员及时了解，采取措施。

中央信号装置按形式分为灯光信号和音响信号。灯光信号表明不正常工作状态的性质地点，而音响信号在于引起运行人员的注意。灯光信号通过装设在各控制屏上的信号灯和光字牌表明各种电气设备的情况，音响信号则通过蜂鸣器和警铃的声响来实现，设置在控制室内。由全所共用的音响信号，称为中央音响信号装置。

中央信号装置按用途分为事故信号、预告信号和位置信号。

事故信号表示供电系统在运行中发生了某种故障而使继电保护动作。如高压断路器因线路发生短路而自动跳闸给出的信号即为事故信号。

预告信号表示供电系统运行中发生了某种异常情况，但并不要求系统中断运行，只要求给出指示信号，通知值班人员及时处理即可。如变压器保护装置发出的变压器过负荷信号即为预告信号。

位置信号用于指示电气设备的工作状态。如断路器的合闸指示灯、跳闸指示灯均为位置信号。

技能训练 15　检查电气二次回路的接线盒电缆走向

（1）二次回路接线的检查

二次回路接线的主要检查内容如下：

1）检查接线是否松动。防止发生电流互感器开路运行而将电流互感器烧毁。

2）检查控制按钮、控制开关等的触点及其连接应与设计要求一致，辅助开关触点的转换应与一次设备或机械部件的动作相对应。

3）检查盘内接线是否绑扎并固定完好，检查其绝缘是否良好。

4）对室外潮湿污秽的场所，还应检查其防雨、防潮、防污、防尘和防腐等措施是否完备。

（2）控制电缆的检查

变电所中的电缆特别是控制电缆的数量较大，容量大的变配电所可能多达几十千米，所以要将电缆编号，以防弄错。控制电缆的检查主要内容如下：

1）检查控制电缆的固定是否牢固。

2）检查电缆标示牌字迹是否清楚。
3）检查电缆有无发热现象。
4）检查电缆进入沟道、隧道等构筑物和屏、柜内及穿入管子时，出口密封是否良好。

（3）注意事项

控制电缆的编号由安装单位（安装设备）符号及数字组成。数字编号为3位数字，以不同的用途分组。

任务 2 自动装置调试

学习目标

1）复述自动重合闸装置、备用电源自动投入装置的工作过程。
2）正确安装、调试和运行维护自动装置。

任务描述

学习自动装置的结构和工作原理，自动重合闸装置、备用电源自动投入装置的工作过程，并能够实地进行正确地自动装置安装、调试和运行维护，对一些简单的故障进行分析和维护。

相关知识

7.2.1 电力线路的自动重合闸装置

1. 概念

电力系统运行过程中时常出现瞬时性故障，这些故障虽然会引起断路器跳闸，但短路故障后，故障点的绝缘都能自动恢复。此时断路器再一次合闸，便可恢复供电，从而提高了供电可靠性。自动重合闸装置（ARD）是当断路器跳闸后，能够自动地将断路器重合闸的一种装置。

2. 对自动重合闸装置的基本要求

1）自动重合闸装置可按控制开关位置与断路器位置不对应的原理启动。
2）用控制开关或通过遥控装置将断路器断开，自动重合闸装置均不应动作。
3）在任何情况下（包括装置本身的元件损坏，以及继电器触点粘住或拒动），自动重合闸装置的动作次数应符合预先的规定（如一次重合闸只应动作1次）。
4）自动重合闸装置动作后，应能自动复归。
5）自动重合闸装置应能在重合闸后加速继电保护的动作，必要时可在重合闸前加速其动作。
6）自动重合闸装置应具有接收外来闭锁信号的功能。

3. 电气一次自动重合闸装置

DH-3型三相一次自动重合闸装置用于输电线路上实现三相一次自动重合闸，它是重要的保护设备，其内部接线如图7-11所示，由1只DS-22型时间继电器（作为时间元件）、1

只电码继电器（作为中间元件）及一些电阻、电容元件组成。装置内部的元件及其主要功能如下：

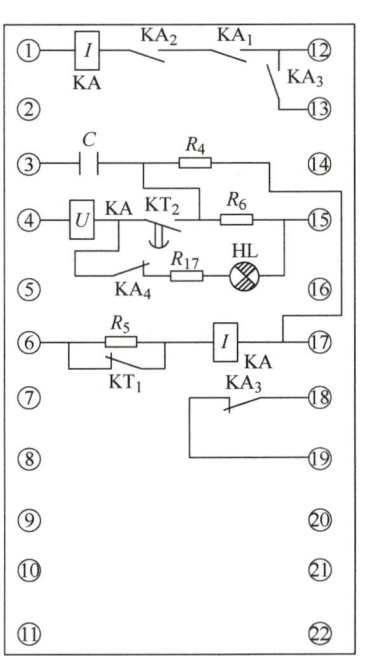

图 7-11 自动重合闸装置内部接线图

1）时间元件 KT。时间元件 KT 由 DS-22 型时间继电器构成，其延时调整范围为 1.2～5s，用于调整重合闸启动到接通断路器合闸线圈实现断路器重合的延时。时间元件有 1 对延时常开触点和 1 对延时滑动触点及两对瞬时切换触点。

2）中间元件 KA。中间元件 KA 由电码继电器构成，是装置的出口元件，用于接通断路器的合闸线圈。继电器线圈由两个绕组组成：电压绕组 KA（U），用于中间元件的启动；电流绕组 KA（I），用于在中间元件启动后使衔铁继续保持在合闸位置。

3）电容器 C。电容 C 用于保证装置只动作一次。

4）充电电阻 R_4。充电电阻 R_4 用于限制电容器的充电速度。

5）附加电阻 R_5。附加电阻 R_5 用于保证时间元件 KT 的线圈热稳定性。

6）放电电阻 R_6。在需要实现分闸，但不允许重合闸动作（禁止重合闸）时，电容器上存储的电能经过 R_6 放电。

7）信号灯 HL。在装置的接线中，信号灯用于监视中间元件的触点 KA_1、KA_2 和控制按钮的辅助触点是否正常。发生故障时信号灯熄灭，当直流电源发生中断时，信号灯也熄灭。

8）附加电阻 R_{17}。附加电阻 R_{17} 用于降低信号灯 HL 上的电压。

在输电线路正常工作的情况下，重合闸装置中的电容器 C 经电阻 R_4 已经充足电，整个装置处于准备电阻状态。当断路器由于保护动作或其他原因跳闸时，断路器的辅助触点启动重合闸装置的时间元件 KT，经过延时后触点 KT_2 闭合，电容器 C 通过 KT_2 对 KA（U）放电，KA（U）启动后接通了 KA（I）回路并自保持到断路器完成合闸。如果线路上发生的是暂时性故障，则合闸成功后，电容器自行充电，装置重新处于准备动作的状态。如线路上存在永久性故障，此时重合闸动作不成功，断路器第二次跳闸，但这段时间远远小于电容器充电到使 KA（U）启动所必需的时间（15～25s），因而保证只动作一次。

DH-3 型三相一次自动重合闸装置试验接线图如图 7-12 所示。

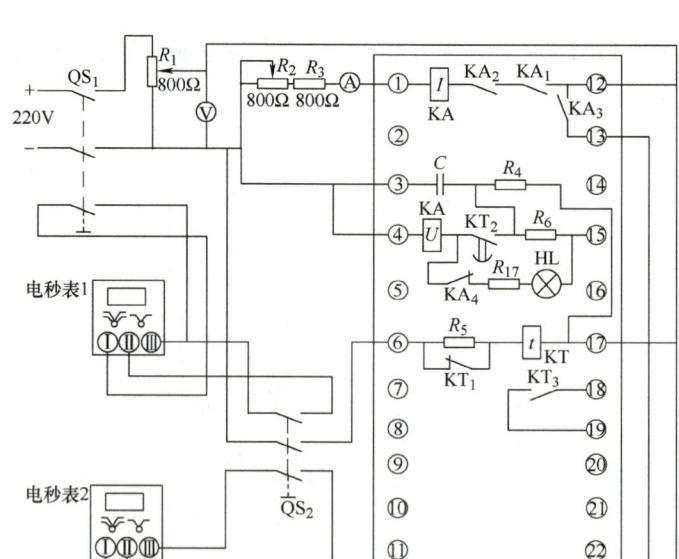

图 7-12 DH-3 型三相一次自动重合闸装置试验接线图

7.2.2 备用电源自动投入装置

1. 概念

备用电源自动投入装置（简称备自投，APD）是当主电源线路发生故障而断电时能自动并且迅速将备用电源投入运行，以确保供电可靠性的装置。

2. 对备用电源自动投入装置的要求

1）当工作电源不论何种原因消失时，APD 均应动作。
2）应保证在工作电源断开后备用电源电压正常，再投入备用电源。
3）备用电源自动投入装置只允许动作一次。
4）电压互感器二次回路断线时，APD 不应误动作。
5）在采用 APD 的情况下，应检验备用电源的过负荷情况和电动机的自起动情况。如过负荷严重或不能保证电动机自起动，则应在 APD 动作前自动减负荷。

3. 备用电源自动投入装置的接线

1）明确备用方式下的 APD 接线。分析备用电源的 APD 接线原理图，掌握其工作过程。
2）互为备用电源的 APD 接线。分析互为备用电源的 APD 接线原理图，掌握其工作过程。

技能训练 16　自动装置的检验与调试实训

在实训控制屏右侧的备自投装置部分线路还没有连接好，开始本项目实训前，先对照图 7-10～图 7-13 及表 7-1 完成备自投装置的接线，保证接线完成且无误后再开始实训操作。

项目 7 | 二次回路与自动装置分析调试

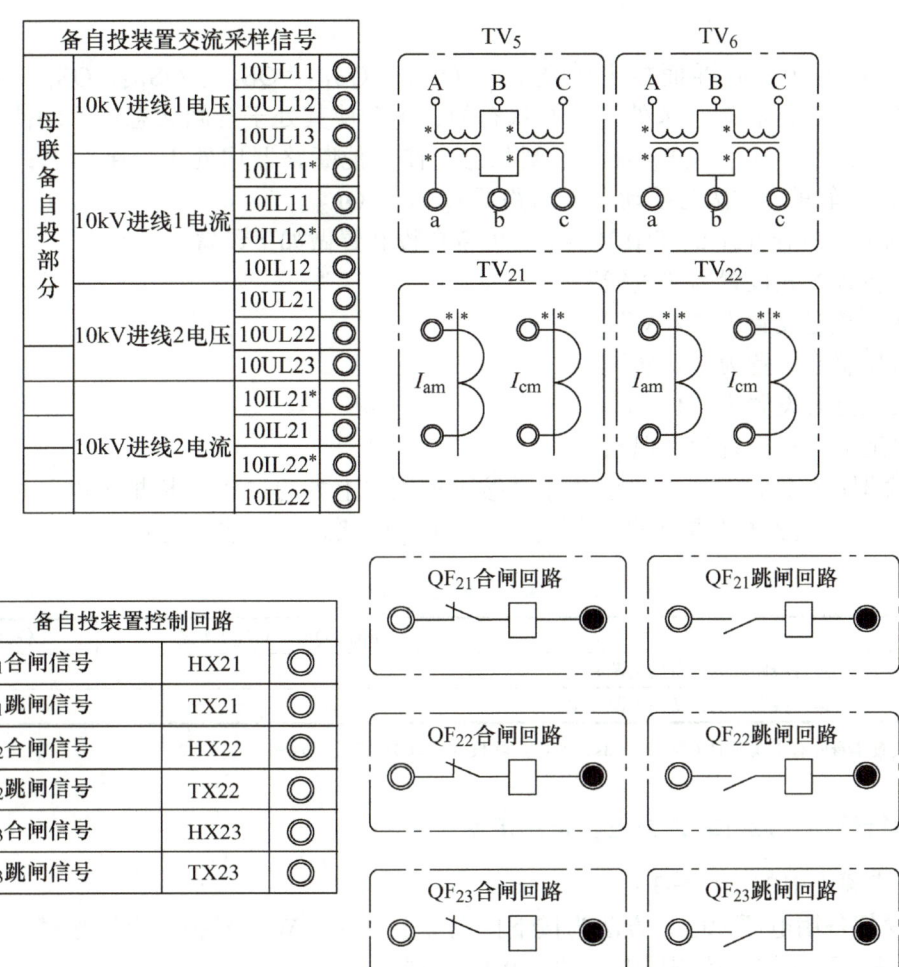

图 7-13 微机备自投装置接线图

表 7-1 备自投装置交流采样信号接线对照表

互感器接线端子		备自投装置采样信号	互感器接线端子		备自投装置采样信号
TV$_5$	a		TV$_6$	a	
	b			b	
	c			c	
TV$_{21}$	I_{am}^*		TV$_{22}$	I_{am}^*	
	I_{am}			I_{am}	
	I_{cm}^*			I_{cm}^*	
	I_{cm}			I_{cm}	

备自投装置控制回路部分只需将相应的信号引入到控制回路中即可（黑色接线柱如图 7-13 所示上不用引线）。

1. 运行情况：运行线路失电，备用电源有电

1）依次合上实训控制柜上的总电源、控制电源Ⅰ和实训控制屏上的控制电源Ⅱ、"进线电源"开关。

2）检查实训控制屏面板上隔离开关 QS_{111}、QS_{112}、QS_{113}、QS_{114}、QS_{115}、QS_{213}、QS_{215}、QS_{217} 是否处于合闸状态，未处于合闸状态的，手动使其处于合闸状态；手动使实训台上的断路器 QF_{11}、QF_{13}、QF_{21}、QF_{23} 处于合闸状态，使其他断路器均处于分闸状态；手动投入负荷 1# 车间和 3# 车间，方法为手动合上断路器 QF_{24} 和 QF_{26}。

3）对实训控制柜上的 THLBT-1 微机备自投装置做如下设置：

① 备自投方式设置为"进线"。
② 无压整定设置为"20V"。
③ 有压整定设置为"70V"。
④ 投入延时设置为"1s"。
⑤ 自适应方式设置为"退出"。

4）模拟运行线路失电，方法为手动按下控制屏上方的"WL_1 模拟失电"按键。

5）1s 后，观察控制屏上断路器 QF_{11} 和 QF_{12} 的状态，将结果记入表 7-2。

表 7-2 控制屏上断路器 QF_{11} 和 QF_{12} 的状态

序号	运行条件	断路器（QF_{11}，QF_{12}）状态	备自投是否投入
1	运行线路失电，备用电源有电		
2	运行线路失电，备用电源无电		

注：装置本身固有采集延时 t 为 2.5~3s，所以实际投入延时 $T=$ 投入延时 $+t$。

2. 运行情况：运行线路失电，备用电源无电

重复步骤 1 中的 1）~3）。

4）模拟备用电源无电，方法为按下控制屏上方的"WL_2 模拟失电"按键；模拟运行线路失电，方法为手动按下控制屏上方的"WL_1 模拟失电"按键。

5）1s 后，观察控制屏上断路器 QF_{11} 和 QF_{12} 的状态，将结果记入表 7-2 中。

3. 实训内容与步骤

对照图 7-10~图 7-13 及表 7-1 完成备自投装置的接线，在保证接线完成且无误的情况下再开始实训操作。

（1）明备用方式一实训

重复步骤 1 中的 1）~3）。

4）步骤 3）中的④的投入延时设置为"3s"。

5）按下控制屏面板上的"WL_1 模拟失电"按键。

6）当 THLBT-1 微机备自投装置显示"进线备自投成功"后，按下 THLBT-1 微机备自投装置面板上的"退出"键，再按"确认"键进入主菜单，选择"历史记录"，查看"事件记录"，记录事件及时间于表 7-3 中。

表 7-3 明备用方式一实训结果

序号	备自投延时时间 /s	动作过程（投入前和投入后断路器状态）		事件及时间
		投入前	投入后	
1	3			
2	2			
3	1			
4	0			

项目 7 | 二次回路与自动装置分析调试

7）恢复进线 1 供电。方法为按下"WL_1 模拟失电"按键，手动使断路器 QF_{12} 处于分闸状态，使断路器 QF_{11} 处于合闸状态。为下一步操作做准备。

8）调整控制柜上的 THLBT-1 微机备自投装置，将备自投延时分别设置为"2s""1s"和"0s"，重复步骤 4）~6）。

9）将实训结果填入表 7-3 中。

（2）明备用方式二实训

重复步骤 1 中的 1）~3）。

4）步骤 3）中的④的投入延时设置为"3s"。

5）按下控制屏面板上的"WL_2 模拟失电"按键。

6）当 THLBT-1 微机备自投装置显示"进线备自投成功"后，按下 THLBT-1 微机备自投装置面板上的"退出"键，再按"确认"键进入主菜单，选择"历史记录"，查看"事件记录"，记录事件及时间于表 7-4 中。

表 7-4 明备用方式二实训结果

序号	备自投延时时间 /s	动作过程（投入前和投入后断路器状态）		事件及时间
		投入前	投入后	
1	3			
2	2			
3	1			
4	0			

7）恢复进线 2 供电。方法为按下"WL_2 模拟失电"按键，手动使断路器 QF_{11} 处于分闸状态，使断路器 QF_{12} 处于合闸状态，为下一步操作做准备。

8）调整控制柜上的 THLBT-1 微机备自投装置，将备自投延时分别设置为"2s""1s"和"0s"，重复步骤 4）~6）。

9）将实训结果填入表 7-4 中。

（3）明备用自适应方式三实训

重复步骤 1 中的 1）、2）。

3）对实训控制柜上的 THLBT-1 微机备自投装置做如下设置：

① 备自投方式设置为"进线"。

② 无压整定设置为"20V"。

③ 有压整定设置为"70V"。

④ 投入延时设置为"3s"。

⑤ 自适应方式设置为"投入"。

⑥ 自适应延时设置为"3s"。

4）按下"WL_1 模拟失电"按键。

5）当 THLBT-1 微机备自投装置显示"进线备自投成功"后，待装置自动回到初始界面，按"确认"键进入主菜单，选择"历史记录"，查看"事件记录"，记录事件及时间于表 7-5。

表 7-5 明备用方式三实训结果

序号	备自投延时时间 /s	动作过程（投入前和投入后断路器状态）		事件及时间
		投入前	投入后	
1	3			
2	2			
3	1			
4	0			

6）再次按下"WL₁模拟失电"按键，恢复进线1供电，当THLBT-1微机备自投装置显示"进线备自投适应成功"后，按下THLBT-1微机备自投装置的"退出"键，再按"确认"键进入主菜单，选择"历史记录"，查看"事件记录"，记录事件及时间于表7-5。

7）调整THLBT-1微机备自投装置，将备自投延时分别设置为"2s""1s"和"0s"，重复步骤4）～6）。

8）进入THLBT-1微机备自投装置菜单中的"事件记录"，将结果填入表7-5。

项目小结

供配电系统的二次回路是指用来控制、指示、监测和保护一次回路运行的电路。二次回路的操作电源分直流和交流两大类。高压断路器的控制回路是控制高压断路器分、合闸的回路，信号回路是用来指示一次系统设备运行状态的二次回路。供配电系统的自动装置包括自动重合闸装置和备用电源自动投入装置。

二次回路的操作电源是高压断路器分、合闸回路和继电保护装置、信号回路、监测系统及其他二次回路所需的电源。操作电源分直流和交流两类。

课后习题

一、填空题

1. 对一次设备的工作状态进行_____、_____、_____和_____的辅助电气设备称为二次设备。变电所的二次设备包括测量仪表、_____回路、_____装置及_____装置等。

2. 二次回路按功能可分为控制回路、合闸回路、_____回路、_____回路、和_____回路。

3. 二次回路原理接线图用来表示继电保护、_____装置和_____装置等二次设备或系统的工作原理。它以元件整体形式表示各二次设备间的电气连接关系。

二、判断题（正确的打√，错误的打×）

1. 为了避免混淆，对同一设备的线圈和触点应用相同的文字符号。（   ）
2. 由控制室集中控制的断路器，一般采用音响控制回路。（   ）
3. 断路器操作机构的控制回路要有机械防跳装置或电气防跳措施。（   ）
4. 断路器手动合闸后，显示为绿灯发出闪光。（   ）

三、选择题

1. 对二次线路进行故障查找时，主要使用（   ）。
A. 原理接线图　　B. 展开接线图　　C. 安装接线图

2. 端子板的文字代号是（   ）。
A. P　　　　　　B. W　　　　　　C. X　　　　　　D. A

项目 8

电气安全

🔍 项目概述

供配电系统正常运行,首先必须要保证其安全性,防雷和接地是电气安全的主要措施。掌握电气安全、防雷和接地的知识非常重要。本项目首先介绍电气安全与触电急救的一般措施,然后介绍电气火灾的预防与扑救,最后介绍防雷与接地的方法措施。

🔷 素质延展

入职电厂的新员工,首先的工作任务是要做到保证安全。因为在供配电生产工作中,安全可靠地提供高质量的电能是电力系统的核心任务。电气安全非常重要,是排在第一位的。供配电技术首先要明确电力安全的重要性。"安全第一、预防为主"是电力安全生产工作的方针。强化学生电力安全的重要性,为以后工作培养安全意识,提高职业素养。

任务1 >>> 触电与急救

📝 学习目标

阐述电气安全的意义,正确运用触电急救措施。

❗ 任务描述

1)贯彻"安全第一、预防为主"的生产方针,高度重视安全教育,让学生熟知电工安全操作规程,明确电工岗位的工作任务。

2)通过触电事故中的脱电演练,使学生具备判断触电情况并选择正确脱电方式的技能。

3)通过对触电脱电后的触电者进行触电急救演练,使学生具备判断触电者的触电情况,并选择正确急救方法的技能。

相关知识

8.1.1 电流对人体的伤害

当电流流经人体时,人体会产生不同程度的刺痛和麻木,并伴随不自觉的肌肉收缩。触电者会因肌肉收缩而紧握导电体,不能自主摆脱电源。电流对人体会造成生理和病理的多种伤害,如伤害人体皮肤、肌肉、骨骼、呼吸、心脏和神经系统,使人体内部组织破坏,乃至严重时死亡。

电流对人体的伤害程度与通过人体的电流大小、持续的时间、流经的途径以及电流的种类等多种因素有关。

1. 伤害程度与电流大小的关系

通过人体的电流越大,人体的生理反应越明显,伤害越严重。对于工频交流电,按通过人体电流强度的不同以及人体呈现的反应不同,将作用于人体的电流划分为以下三级:

1)感知电流和感知阈值。感知电流是指电流流过人体时可引起感觉的最小电流,感知电流的最小值称为感知阈值。对于不同的人,感知电流及感知阈值是不同的。成年男性平均感知电流约为 1.1mA(有效值,下同);成年女性约为 0.7mA。对于正常人体,感知阈值平均为 0.5mA,它与时间因素无关。感知电流一般不会对人体造成伤害,但可能因不自主反应而导致由高处跌落等二次事故。

2)摆脱电流和摆脱阈值。摆脱电流是指人在触电后能够自行摆脱带电体的最大电流,摆脱电流的最小值称为摆脱阈值。通常认为摆脱电流为安全电流。成年男性平均摆脱电流约为 16mA,成年女性约为 10.5mA;成年男性摆脱阈值约为 9mA,成年女性约为 6mA;儿童的摆脱电流较成人要小。对于正常人体,摆脱阈值平均为 10mA,与持续时间无关。

3)室颤电流和室颤阈值。室颤电流是指引起心室颤动的最小电流,其最小电流即室颤阈值。由于心室颤动极有可能导致死亡,因此可以认为,室颤电流即致命电流。室颤电流与电流持续时间关系密切,当电流持续时间超过心脏周期时,室颤电流仅为 50mA 左右;当电流持续时间短于心脏周期时,室颤电流为数百毫安。

2. 伤害程度与电流持续时间的关系

通过人体电流的持续时间越长,越容易引起心室颤动,危险性就越大。

3. 伤害程度与电流途径的关系

电流通过心脏会引起心室颤动,电流较大时会使心脏停止跳动,从而导致血液循环中断而死亡;电流通过中枢神经或有关部位,会引起中枢神经严重失调而导致死亡;电流通过头部会使人昏迷,或对脑组织产生严重损坏而导致死亡;电流通过脊髓,会使人瘫痪等。上述伤害中,以心脏伤害的危险性为最大。

4. 伤害程度与电流种类的关系

工频 50Hz 电流对人体的伤害程度最大,100Hz 以上交流电流、直流电流、特殊波形电流也都对人体具有伤害作用。

8.1.2 触电的类型

1. 电击

电击是电流对人体内部组织造成的伤害，是最危险的一种伤害。按照人体触及带电体的方式和电流通过人体的途径，电击触电可分为三种情况。

1）单相触电。单相触电是指人体接触到地面或其他接地导体的同时，人体另一部位触及某一相带电体所引起的电击。发生电击时，若所触及的带电体为正常运行的带电体，则这种电击称为直接接触电击；当电气设备发生事故时，如在绝缘损坏、造成设备外壳意外带电的情况下，人体触及意外带电体所发生的电击称为间接接触电击。对于高电压，人体虽然没有触及，但因超过了安全距离，高电压对人体产生电弧放电，也属于单相触电。

2）两相触电。两相触电是指人体的两个部位同时触及两相带电体所引起的电击。此时，人体所承受的电压为三相系统中的线电压。因电压相对较大，其危险性也较大。

3）跨步电压触电。当电网或电气设备发生接地故障时，流入地中的电流在土壤中形成电位，地表面也形成以接地点为圆心的径向电位差分布。如果人行走时前后两脚间（一般按0.8m计算）电位差达到危险电压而造成的触电，称为跨步电压触电。

2. 电伤

电伤是电流转变成其他形式的能量造成的人体伤害，包括电能转化成热能造成的电弧烧伤、电烧伤；电能转化成化学能或机械能造成的电标志、皮肤金属化及机械损伤等。

1）电弧烧伤。电弧烧伤是当电气设备的电压较高时产生的强烈电弧或电火花，会烧伤人体，甚至击穿人体的某一部位，而使电弧电流直接通过内部组织或器官，造成深部组织烧死，一些部位或四肢烧焦。电弧烧伤一般不会引起心脏纤维性颤动，更为常见的是人体由于呼吸麻痹或人体表面的大范围烧伤而死亡。

2）电烧伤。电烧伤又称电流灼伤，是人体与带电体直接接触，电流通过人体时产生的热效应的结果。在人体与带电体的接触处，接触面积一般较小，电流密度可达很大数值，又因皮肤电阻较体内组织电阻大许多倍，故在接触处产生很大的热量，致使皮肤灼伤。只有在大量电流通过人体时才能使内部组织受到损伤，但高频电流造成的接触灼伤可使内部组织严重损伤，而皮肤却仅有轻度损伤。

3）电标志。电标志也称电流痕迹或电印记。它是由于电流流过人体时，在皮肤上留下的青色或浅黄色斑痕，常以抓伤、小伤口、疣、皮下出血、茧和点刺花纹等形式出现，其状多为圆形或椭圆形，有时与所触及的带电体形状相似。受雷电击伤的电标志图形颇似闪电状。

4）皮肤金属化。皮肤金属化常发生在带负荷拉断路开关或刀开关所形成的弧光短路的情况下。此时，被熔化了的金属微粒四处飞溅，如果撞击到人体裸露部分，则渗入皮肤上层，形成表面粗糙的灼伤。经过一段时间后，损伤的皮肤完全脱落。若在形成皮肤金属化的同时伴有电弧烧伤，情况就会严重些。

5）机械损伤。机械损伤是指电流通过人体时产生的机械—电动力效应，使肌肉发生不由自主地剧烈抽搐性收缩，致使肌腱、皮肤、血管及神经组织断裂，甚至使关节脱位或骨折。

3. 电光眼

电光眼是指眼球外膜（角膜或结膜）因受紫外线或红外线照射发炎。一般4~8h后发作，眼睑皮肤红肿，结膜发炎，严重时角膜透明度受到破坏，瞳孔收缩。

8.1.3 触电事故的规律

触电事故往往发生得很突然,而且会在极短的时间内造成极为严重的后果,但不应认为触电事故是不能防止的。为了防止触电事故,应当研究触电事故的规律,以便制定有效的安全措施。根据对触电事故的分析,从触电事故发生率上可以找到如下规律:6月~9月触电事故多;低压设备触电事故多;携带式设备和移动式设备触电事故多;电气连接部位触电事故多;冶金、矿业、建筑、机械行业触电事故多;违反操作规程或误操作触电事故多;伪劣电器触电事故多。

8.1.4 触电急救方法

1. 畅通气道

触电者口中有异物时,将触电者身体及头部同时侧转,迅速用一个手指或用两手指交叉从口角处插入,取出异物,防止将异物推向深处,如图8-1a所示。

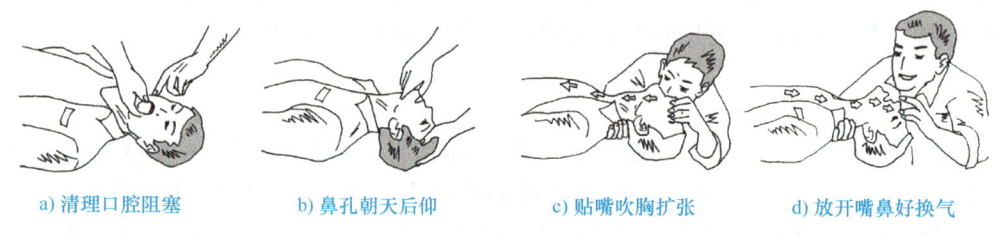

a) 清理口腔阻塞 b) 鼻孔朝天后仰 c) 贴嘴吹胸扩张 d) 放开嘴鼻好换气

图8-1 口对口人工呼吸法示意图

采用仰头抬颌法时,用一只手放在触电者前额,另一只手的手指将其下颌骨向上抬起,两手协同将头部推向后仰,舌根随之抬起,气道即可通畅,如图8-1b所示。严禁用枕头或其他物品垫在伤员头下,头部抬高前倾,会更加重气道阻塞,且使胸外按压时流向脑部的血流减少,甚至消失。

2. 人工呼吸

在保证伤员气道通畅的同时,救护人员用放在伤员前额上的手指捏住伤员鼻翼,救护人员深吸气后,与伤员口对口紧合,在不漏气的情况下,先连续大口吹气两次,如图8-1c所示,每次1~1.5s。如果两次吹气后试测颈动脉仍无搏动,可判定心跳已经停止,要立即同时进行胸外按压。

除开始时大口吹气两次外,正常口对口(鼻)呼吸的吹气量不需过大,以免引起胃膨胀,吹气和放松时要注意伤员胸部应有无起伏的呼吸动作。吹气时如有较大阻力,可能是头部后仰不够,应及时纠正。

触电伤员如牙关紧闭,可进行口对鼻人工呼吸。口对鼻人工呼吸吹气时,要使伤员嘴唇紧闭,防止漏气。

3. 胸外心脏按压

首先确定正确按压位置。如图8-2a所示,将右手食指和中指沿伤员的右侧肋弓下缘,找到肋骨和胸骨结合处的中点,用两手指并齐,中指放在剑突处,食指放在胸骨下部,另一只手用掌根紧挨食指上部,放于胸骨上,如图8-2b所示。

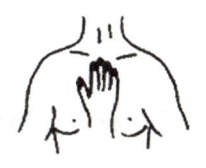  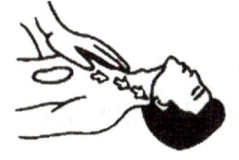 

a) 找到正确位置　　　b) 双手的正确姿势　　　c) 用力按下，伤者呼气　　　d) 双手放开，伤者呼吸

图 8-2　胸外心脏按压法示意图

按压时注意，伤者应仰面躺在平硬的地方，救援人员或立或跪在伤员的一侧肩旁，在伤员的胸骨正上方，救援人员双臂伸直，双手掌根相叠，手指翘起，以髋关节为支点，利用上身的重量垂直将正常成人胸骨压陷3～5cm后立即全部放松，然后采用正确的按压姿势对伤者进行按压。

操作频率：胸外按压要以均匀速度进行，每分钟80次左右，每次按压（如图8-2c所示）和放松（如图8-2d所示）的时间相等。胸外按压与口对口（鼻）人工呼吸同时进行，其节奏为：单人抢救时，每按压15次后吹气2次（15∶2），反复进行；双人抢救时，每按压5次后由另一人吹气1次（5∶1），反复进行。

4. 抢救过程中的再判定

按压吹气1min后（相当于单人抢救时做了4个15∶2压吹循环），应用看、听、试方法在5～7s内完成对伤员呼吸和心跳是否恢复的再判定。若判定颈动脉已有搏动但无呼吸，则暂停胸外按压，再进行2次口对口人工呼吸，接着每5s吹气一次（即每分钟12次）；如脉搏和呼吸均未恢复，则继续坚持心肺复苏法抢救。在抢救过程中，要每隔数分钟再判定一次，每次判定时间均不得超过5～7s。在医务人员来接替抢救前，现场抢救人员不得放弃抢救。

技能训练17　脱电演练

1. 编制器材明细表

脱电演练实训任务所需器材见表8-1。

表 8-1　脱电演练器材明细表

序号	名称	规格	数量	备注
1	电器		1个	不带电
2	模拟触电假人		1个	
3	电工钳		1把	带绝缘柄
4	斧头		1把	带干燥木柄
5	木棒		1根	一定是干燥的
6	梯子		1个	
7	电线		若干	
8	木板		若干	
9	裸金属线		若干	
10	绝缘手套		1副	
11	绝缘胶鞋或绝缘靴		1双	

2. 演练过程

（1）低压触电脱电演练过程

1）模拟触电。用模拟触电假人模拟触电者在使用低压电器过程中突然触电，触电后倒在电器附近。

2）判断并选择脱电方式。不同的触电情况应采取不同的脱电方式，见表8-2。

表8-2　不同的触电情况所对应的脱电方式

序号	触电情况	脱电方式
1	触电地点附近有电源开关	拉：可立即拉开开关，断开电源
2	触电地点附近没有电源开关	切：用有绝缘柄的电工钳或有干燥木柄的斧头砍断电线，断开电源
3	电线搭落在触电者身上或被压在身下	挑：用干燥的衣服、手套、绳索、木板、木棒等绝缘物作为工具，拉开触电者或挑开电线，使触电者脱离电源
4	触电者的衣服是干燥的，又没有紧缠在身上	拽：可以用一只手抓住他的衣服，拉离电源。但因触电者的身体是带电的，其鞋的绝缘也可能遭到破坏，救护人不得接触触电者的皮肤，也不能抓他的鞋
5	干燥木板等绝缘物能迅速插入到触电者身下	垫：用干木板等绝缘物插入触电者身下，以隔断电源

（2）高压触电脱电演练过程

1）模拟触电。模拟触电者爬上梯子，模拟实施高压电操作，在操作中发生触电现象，倒在梯子上，身上覆盖有高压电线。

2）脱电操作过程

① 立刻通知有关部门进行断电操作。

② 迅速戴上绝缘手套，穿上绝缘靴，用相应电压等级的绝缘工具拉开开关。

③ 用单手抛掷裸金属线使线路短路接地，迫使保护装置动作，断开电源。

注意：抛掷裸金属线前，先将裸金属线的一端可靠接地，然后抛掷另一端；抛掷的一端不可触及触电者和其他人。

④ 在成功使触电者脱电后要迅速保护触电者，防止他从高处摔伤。

3. 整理器材

实训完成后，整理好所用器材、工具，按照要求放置到规定位置。

技能训练18　触电急救演练

1. 演练准备

编制器材明细表（见表8-1）。

2. 演练过程

1）判断触电者的触电情况，选择急救方法。不同的触电者情况所对应的急救方法见表8-3。

表 8-3 不同的触电者情况所对应的急救方法

序号	触电者情况	急救方法
1	呼吸停止	通畅气道、口对口（鼻）人工呼吸
2	呼吸心跳均停止	心肺复苏法：通畅气道、口对口（鼻）人工呼吸、胸外按压（人工循环）

2）对触电者进行心肺复苏操作演练：
① 通畅气道演练 1 次。
② 人工呼吸演练 5 次。
③ 胸外按压演练 5 次。
④ 抢救过程中再判定演练 2 次。

3. 整理器材

实训完成后，整理好所用器材、工具，按照要求放置到规定位置。

任务 2 〉〉〉 电气火灾预防与扑救

学习目标

正确选用并使用灭火器。

任务描述

电气火灾的预防与扑救是电气作业人员在生产作业过程中必须掌握的重要技能。熟练掌握电气火灾预防与扑救的基本知识与技能，是电气作业人员遭遇火灾等突发事故时做出正确及时反应、保障人身及电气安全的重要措施。本任务通过对电气火灾和爆炸的原因、常用灭火器的使用方法、电气火灾的扑救方法等方面的详细介绍，要求学生学会如何正确选用灭火器并掌握其使用方法，掌握电气火灾的扑救方法。

相关知识

8.2.1 电气火灾和爆炸原因

电气火灾和爆炸在火灾、爆炸事故中占有很大的比例。如线路、电动机、开关等电气设备都可能引起火灾，变压器等带油电气设备除了可能发生火灾，还有爆炸的危险。造成电气火灾与爆炸的原因很多，除设备缺陷、安装不当等设计和施工方面的原因外，电流产生的热量和火花或电弧是引发火灾和爆炸事故的直接原因。

1. 过热

电气设备过热主要是由电流产生的热量造成的。

导体的电阻虽然很小，但其电阻总是客观存在的。因此，电流通过导体时要消耗一定的电能，这部分电能转化为热能，使导体温度升高，并使其周围的其他材料受热。对于电动机和变压器等带有铁磁材料的电气设备，除电流通过导体产生的热量外，还有在铁磁材料中产生的热量。因此，这类电气设备的铁心也是一个热源。

当电气设备的绝缘性能降低时，绝缘材料的泄漏电流增加，也可能导致绝缘材料温度升高。

引起电气设备过热的不正常运行大体包括以下五种情况：

1）短路。发生短路时，线路中的电流增加为正常时的几倍甚至几十倍，使设备温度急剧上升，大大超过允许范围。如果温度达到可燃物的自燃点，即引起燃烧，从而导致火灾。

引起短路的几种常见情况：电气设备绝缘老化变质，或受到高温、潮湿或腐蚀的作用失去绝缘能力；绝缘导线直接缠绕、钩挂在铁钉或铁丝上时，由于磨损和铁锈蚀，使绝缘破坏；设备安装不当或工作疏忽，使电气设备的绝缘受到机械损伤；雷击等过电压的作用，使电气设备的绝缘可能遭到击穿；安装和检修工作中的接线和操作错误等。

2）过负荷。过负荷会引起电气设备发热，造成过负荷的原因大体上有以下两种情况：一是设计时选用的线路或设备不合理，以至在额定负荷下产生过热；二是使用不合理，即线路或设备的负荷超过额定值或连续使用时间过长，超过线路或设备的设计能力，由此造成过热。

3）接触不良。接触部分是发生过热的一个重点部位，易造成局部发热、烧毁。引起接触不良的几种情况：不可拆卸的接头连接不牢、焊接不良或接头处混有杂质，都会增加接触电阻而导致接头过热；可拆卸的接头连接不紧密或由于振动变松，也会导致接头发热；活动触头，如隔离开关的触头、插头的触头，灯泡与灯座的接触处等活动触头，如果没有足够的接触压力或接触表面粗糙不平，会导致触头过热；对于铜铝接头，由于铜和铝电性不同，接头处易因电解作用而腐蚀，从而导致接头过热。

4）铁心发热。变压器、电动机等设备的铁心，如果铁心绝缘损坏或承受长时间过电压，涡流损耗和磁滞损耗将增加，使设备过热。

5）散热不良。各种电气设备在设计和安装时都要考虑有一定的散热或通风措施，如果这些部分受到破坏，就会造成设备过热。此外，电炉等直接利用电流的热量进行工作的电气设备，工作温度都比较高，如安置或使用不当，均可能引起火灾。

2. 电火花和电弧

一般电火花的温度都很高，特别是电弧，温度可高达 3000～6000°C，因此，电火花和电弧不仅能引起可燃物燃烧，还能使金属熔化、飞溅，构成危险的火源。在有爆炸危险的场所，电火花和电弧更是引起火灾和爆炸的一个十分危险的因素。

电火花大体包括工作火花和事故火花两类。

1）工作火花是在电气设备正常工作时或正常操作过程中产生的。如开关或接触器开合时产生的火花、插销拔出或插入时的火花等。

2）事故火花是线路或设备发生故障时出现的。如发生短路或接地时出现的火花、绝缘损坏时出现的闪光、导线连接松脱时的火花、熔丝熔断时的火花、过电压放电火花、静电火花以及修理工作中错误操作引起的火花等。

此外，还有因碰撞引起的机械性质的火花；灯泡破碎时，炽热的灯丝有类似火花的危险作用。

8.2.2 电气火灾的特点

电气火灾与一般性火灾相比，有两个突出的特点：

1）着火后电气装置可能仍然带电，且因电气绝缘损坏或带电导线断落等发生接地短路事故；在一定范围内存在危险的接触电压和跨步电压；灭火时如不注意或未采取适当的安全措施，会引起触电伤亡事故。

2)有些充油电气设备本身充有大量的油,如变压器、油开关、电容器等,受热后有可能喷油,甚至爆炸,造成火灾蔓延并危及救火人员的安全。

所以,扑灭电气火灾,应根据起火的场所和电气装置的具体情况采取适当的方法,以保证灭火人员的安全及灭火工作的有效、顺利进行。

8.2.3 常用灭火器的使用

首先对已有灭火器进行准确分类,识别灭火器的标示、构造,学习并掌握各种灭火器的灭火原理。通过灭火器集中展示、操作体验等方式锻炼灭火器具体的使用方法与步骤,拓展学习使用消火栓系统灭火的相关知识与技能,在工作、生活场合配备必要的灭火器与设施。

1. 手提式干粉灭火器

手提式干粉灭火器如图 8-3 所示。具体操作方法如下:

图 8-3 手提式干粉灭火器

1)右手握着提把,左手托着灭火器底部,轻轻取下灭火器。
2)右手提着灭火器到现场。
3)除掉铅封。
4)拔出保险栓。
5)左手握着喷嘴,右手握着压把和提把。
6)在距火焰 2m 的地方,右手用力压下压把,左手拿着喷嘴左右摆动,喷射干粉覆盖整个燃烧区。

手提式干粉灭火器结构简单、操作灵活、使用方便,具有灭火速度快、效率高、面积大、用量省、毒性低、可持续或间接喷射等特点,适用于扑救各种易燃、可燃液体和易燃、可燃气体火灾,以及电器设备火灾。

手提式干粉灭火器使用时应注意在距离火焰 2m 左右处使用。先拔下保险栓,一只手握住喷嘴,另一只手紧握压把和提把,用力下压,干粉即喷出。将喷嘴对准火焰的根部左右摆动。干粉灭火器在喷粉过程中要始终保持直立状态,不能横卧或颠倒使用。

2. 手提式二氧化碳灭火器

手提式二氧化碳灭火器如图 8-4 所示。具体操作方法如下:
1)右手握着压把。
2)右手提着灭火器到现场。
3)除掉铅封。
4)拔掉保险栓。

5）站在距火源 2m 的地方，左手拿着喇叭筒，右手用力压下压把。
6）对着火源根部喷射，并不断推前，直至把火焰扑灭。

图 8-4　手提式二氧化碳灭火器

手提式二氧化碳灭火器适用于易燃液体（B 类火灾）、易燃气体（C 类火灾）及仪器仪表、图书档案、工艺器和低压电器设备等的初起火灾，灭火速度快，灭火后不留痕迹。

3. 手提式泡沫灭火器

手提式泡沫灭火器的具体操作方法如下：
1）右手提着提把，左手托着灭火器底部，轻轻取下灭火器。
2）右手提着灭火器到现场。
3）右手捂住喷嘴，左手抓筒底边缘。
4）把灭火器颠倒过来呈垂直状态，用力上下晃动几下，然后放开喷嘴。
5）右手抓筒耳，左手抓筒底边缘，把喷嘴朝向燃烧区，站在离火源 8m 的地方喷射，并不断前进，围着火焰喷射，直至把火扑灭。
6）灭火后，把灭火器卧放在地上，喷嘴朝下。

手提式泡沫灭火器主要适用于扑救各种油类火灾、木材、纤维、橡胶等固体可燃物火灾。

4. MJPZ 机械泡沫灭火器

MJPZ 机械泡沫灭火器如图 8-5 所示。具体操作方法如下：

图 8-5　MJPZ 机械泡沫灭火器

1)拔出保险栓。
2)对准火焰根部。
3)压下压把灭火。

MJPZ 机械泡沫灭火器适用于普通的固体材料火灾、可燃液体、气体。

5. 消火栓系统

消火栓系统一般分室内消火栓和室外消火栓两种,部分地方还设置有水泵接合器,如图 8-6 所示。消火栓是消防灭火中主要的水源。对于灭火来讲,用水灭火是最经济的,但应注意扑救带电火灾前必须先断电再用水灭火;还应注意防止用水灭火会给珍藏典籍、精密仪器等造成水渍侵害;有的金属类火灾禁止用水扑救。

图 8-6 消火栓系统

1)室内消火栓。室内消火栓一般设在楼层或房间内的墙壁上,用玻璃门或铁门封挡,内配有水枪、水龙带。使用水龙带时应防止扭转和折弯,否则会阻止水流通过。使用消火栓救火应先将水龙带一头接在消火栓上,同时将水带打开,另一头接水枪,一个人紧握水枪对准着火部位,另一个人打开消火栓阀门。

首先打开消火栓箱,取出水带,将水带向着火的方向甩开,保持平直,一头接消火栓,另一头接水枪。接下来逆时针旋转消火栓手轮,出水灭火。

2)室外消火栓。室外消火栓专门用于消防车取水扑救火灾及直接连接水带、水枪放水扑救现场火灾。

室外消火栓使用方法为首先将水带向着火的方向铺开,保持平直,然后用消火栓专用扳手打开消火栓端盖,将消防水带一端接到消火栓接口上,另一端接水枪,准备好后,再用消火栓专用扳手将消火栓开关打开放水灭火。

8.2.4 电气火灾的扑救方法

电气火灾对国家和人民生命财产有很大威胁,因此,应贯彻预防为主的方针,防患于未然,同时,还要做好扑救电气火灾的充分准备。用电单位发生电气火灾时,应立即组织人员使用正确方法进行扑救,同时向消防部门报警。

1. 扑灭电气火灾的安全措施

发生电气火灾时,应尽可能先切断电源,而后再灭火,以防人身触电,切断电源应注意以下四点:

1)停电时,应按规程所规定的程序进行操作,防止带负荷拉闸。
2)切断带电线路电源时,切断点应选择在电源侧的支持物附近,以防导线断落后触及人体或短路。

3）夜间发生电气火灾，切断电源时应考虑临时照明问题，以利于扑救。如需要供电部门切断电源时，应及时联系。

4）如果火势已威胁邻近电气设备，应迅速拉开相应的开关。

2. 扑救电气火灾的特殊安全措施

发生电气火灾，如果由于情况危急，为争取灭火时机，或因其他原因不允许和无法及时切断电源时，就要带电灭火。为防止人身触电。应注意以下几点：

1）发生电线断落时，应设立相应的警戒区域，禁止无关人员进入。扑救人员与带电部分应保持足够的安全距离，同时做好接地保护和个人安全防护。无防护触电装备的其他救援人员，要防止与地面水流接触，发生触电事故。

2）高压电气设备或线路发生接地，在室内，扑救人员不得进入故障点4m以内的范围；在室外，扑救人员不得进入故障点8m以内的范围；进入上述范围的扑救人员必须穿绝缘靴。

3）应使用不导电的灭火剂，如二氧化碳和化学干粉灭火剂，因泡沫灭火剂导电，在带电灭火时严禁使用。

4）当救援人员身体处于漏电区域时，防止产生跨步电压。

3. 电气火灾扑救时电源的切断

电气设备发生火灾时，为了防止触电事故，一般都在切断电源后才进行扑救。电源切断后，扑救方法与一般火灾扑救基本相同。

1）电气设备发生火灾后，要立即切断电源，如果要切断整个车间或整个建筑物的电源时，可在变电站、配电室断开主开关。在断路器或油断路器等主开关没有断开前，不能随便拉隔离开关，以免产生电弧发生危险。

2）发生火灾后，用隔离开关切断电源时，如果隔离开关在发生火灾时受潮或烟熏，其绝缘强度会降低，切断电源时最好用绝缘工具操作。

3）切断用电磁起动器控制的电动机时，应先用按钮开关停电，然后再断开隔离开关，防止带负荷操作产生电弧伤人。

4）在动力配电盘上，只用作隔离电源而不用作切断负荷电流的隔离开关或瓷插式熔断器，称为总开关或电源开关。切断电源时，应先用电动机的控制开关切断电动机回路的负荷电流，停止各电动机的运转，然后再用总开关切断配电盘的总电源。

5）当进入建筑物内，用各种电气开关切断电源已经比较困难或者已经不可能时，可以在上一级变配电站切断电源。这样要影响较大范围供电时，或处于生活居住区的杆上变电台供电时，有时需要采取剪断电气线路的方法来切断电源。如需剪断对地电压在250V以下的线路时，可穿戴绝缘靴和绝缘手套，用断电剪将电线剪断。

切断电源的地点要选择适当，剪断的位置应在电源方向即来电方向的电线支持点附近，防止导线剪断后跌落在地上，造成电击或接地短路而触电伤人。

对三相线路的非同相电线应在不同部位错位剪断，防止线路发生短路。在剪断扭缠在一起的合股线时，要防止两股以上合剪，否则造成短路事故。

6）城市生活居住区的杆上变电台上的变压器和农村小型变压器的高压侧，多用跌落式熔断器保护。需要切断变压器的电源时，可以用电工专用的绝缘杆捅跌落式熔断器的鸭嘴，熔丝管就会跌落下来，达到断电的目的。

7）电容器和电缆在切断电源后仍可能有残余电压、因此，即使可以确定电容器或电缆已经切断电源，但为了安全起见，仍不能直接接触或搬动电缆和电容器，以防发生触电事故。

4. 带电灭火

有时在危急的情况下来不及断电,或由于生产等其他原因不允许断电(如等待切断电源后再进行扑救,就会有火势蔓延扩大的危险),这时为了取得扑救的主动权,就需要在带电的情况下进行扑救。带电灭火时应注意以下几点:

1)必须在确保安全的前提下进行,应用不导电的灭火剂如干粉、二氧化碳、1211、1301等进行灭火,不宜直接用导电的灭火剂如直射水流、泡沫等进行喷射,否则会造成触电事故。

2)使用小型二氧化碳、1211、1301、干粉灭火器灭火时,由于其射程较近,要注意保持一定的安全距离。

3)要保持人及所使用的导电消防器材与带电体之间足够的安全距离,扑救人员应戴绝缘手套。用水灭火时,水枪喷嘴至带电体的距离为110kV及以下不小于3m,220kV及以下不小于5m。用不导电灭火剂灭火时,喷嘴带电体的最小距离为10kV不小于0.4m,35kV不小于0.6m。

4)对架空线路等空中设备进行灭火时,人与带电体之间的仰角不应超过45°,而且应站在线路外侧,防止电线断落后触及人体。

5)在灭火人员使用绝缘手套和绝缘靴、水枪喷嘴安装接地线的情况下,可以采用喷雾水枪灭火。用喷雾水枪带电灭火时,通过水柱的泄漏电流较小,比较安全。若用直流水枪灭火,通过水柱的泄漏电流会威胁人身安全。为此,直流水枪的喷嘴应接地,灭火人员应戴绝缘手套、穿绝缘靴和均压服。均压服又称屏蔽服,是根据法拉第笼的屏蔽原理,用金属丝和蚕丝混合(或用导电纤维)织成导电布制成。穿上这种服装处于电场中,人体各部位电位均等,故称均压服;由于能起屏蔽作用,保护人体不受电场的影响,所以也称屏蔽服。

6)如遇带电导线断落于地面,应划出一定警戒区,防止跨步电压触电,扑救人员需要进入灭火时,必须穿上绝缘鞋。

技能训练19　干粉灭火器灭火演练

演练人员于1m外持灭火器奔向火场进行灭火,从上风向接近着火点,用干粉灭火器扑救初起火灾。人员分两队依次进行灭火演练,灭火时注意安全,如不能及时灭火,由现场指导人员马上进行指导补救。

任务3　防雷接地保护

学习目标

正确区分并选择符合要求的避雷器。

任务描述

区别、归纳避雷针、避雷线、避雷器的结构、作用和性能特点。

相关知识

雷击时雷电流很大,其幅值可达数十到数百千安。雷电放电的时间很短,通常只有

50～100μs；放电陡度甚高，达 50kA/μs。对电力系统来说，巨大的雷电流本身及其引起的电磁场的剧烈变化将产生数十万乃至数百万伏的冲击电压，有可能使发电机、电力变压器、断路器、架空线路等电气设备的绝缘闪络甚至损坏，烧断电线或劈裂电杆，造成大面积停电。绝缘闪络或损坏后可能引起短路、导致火灾或爆炸事故，还会造成高压窜入低压，引起严重触电事故。巨大的雷电流流入地下时，会在雷击点及其连接的金属部分产生很高的接触电压或跨步电压，造成触电危险。巨大的雷电流通过导体时，会在极短的时间内产生大量热能，造成易燃品燃烧或金属熔化、飞溅，引起火灾或爆炸。

为了避免雷电放电所造成的巨大伤害，人们主要采取防雷保护措施以防止和限制雷电的破坏性。目前构成防雷保护措施的防雷设备主要是避雷针、避雷线、避雷器及其防雷接地装置。

8.3.1 避雷针和避雷线

1. 基本结构

避雷针是一根明显高出被保护物体且垂直于地面的接地金属棒（针），避雷线是一根悬挂于被保护物体上方的架空接地金属线，也称架空地线。避雷针和避雷线由接闪器、接地引下线和接地体构成。

避雷针的接闪器是接地金属棒的顶端，可采用直径为 16mm、长为 1～2m 的钢棒。接地引下线应保证雷电流通过时不致熔化。通常，直径为 8mm 的圆钢或横截面积不小于 $48mm^2$、厚度不小于 4mm 的扁钢便可以满足接地引下线的要求，也可以利用非预应力钢筋混凝土杆的钢筋或钢构架本身作为接地引下线。接地引下线与接闪器和接地体之间以及接地引下线本身的接头都应可靠连接。连接处不允许用绞合的方法，而必须用焊接、线夹或螺钉。

避雷线的接闪器是一根架空金属线，一般使用镀锌钢绞线，常用的导线横截面积为 $25mm^2$、$35mm^2$、$50mm^2$、$70mm^2$。导线的横截面积越大，使用的避雷线横截面积也越大。避雷线也会因风吹而振动，常易发生振动的地方通常装有防振锤。近年来，国外超高压线路有采用良导体架空地线的趋势，主要采用铅包钢线，它具有强度较高、不生锈及适当的电导率的优点。

2. 工作原理

避雷针（线）的保护原理是当充满电荷的雷云先导放电通道临近地面时，在避雷针（线）的顶端将感应出大量与先导放电通道异号的电荷，在避雷针（线）顶端与先导通道头部之间形成局部电场强度集中的空间，影响了雷电先导放电的发展方向，引导雷电向避雷针（线）放电，也就是说雷电击中了避雷针（线），雷电流通过接地引下线和接地装置引入大地，从而使其周围被保护物免遭直接雷击。

虽然避雷针（线）要高出被保护物，但避雷针（线）对雷云大地这个高几千米、方圆几十千米的巨大电场的影响却是很有限的。雷云在高空随机飘移，先导放电的开始阶段随机地向任意方向发展，不受地面物体的影响，只有当先导放电发展到距离地面某一高度 H 后，才会在一定范围内受到避雷针（线）的影响，从而向避雷针（线）放电。H 称为雷电的定向高度，与避雷针的高度 h 有关。据模拟试验，当 $h \leqslant 30m$ 时，$H \approx 20h$；当 $h > 30m$ 时，$H \approx 600m$。

避雷针主要用于保护发电厂和变电站的电气设备或建筑物免遭直接雷击；避雷线主要用于保护输电线路免遭直接雷击，也可用来保护发电厂和变电站。近年来许多国家都采用避雷线保护 500kV 大型超高压变电站。

8.3.2 避雷器

在发电厂和变电站用避雷针保护后,其电气设备几乎可以免遭直接雷击,而输电线路虽然有避雷线保护,一旦遭受雷击,因雷电的绕击或反击,同时电气设备的绝缘水平比同电压等级的线路要低,在输电线路上产生的雷电过电压将沿线路侵入发电厂、变电站或建筑物而危及电气设备的绝缘,这些都是避雷针(线)所不能解决的问题。为了将这种侵入的雷电过电压限制在电气设备绝缘的耐受程度之内,可用避雷器来保护。

避雷器是专门用来限制由线路入侵的雷电过电压或操作过电压的一种电气设备。避雷器与避雷针(线)的保护原理不同,它实质上是一个放电器,与被保护的电气设备并联,当作用在避雷器上的过电压升高到一定值时,避雷器动作(放电),把过电压能量引入大地,从而限制了过电压的幅值,进而保护了与其相连的电气设备。

目前使用的避雷器主要有四种类型,即保护间隙、管式避雷器、阀式避雷器和氧化锌避雷器。保护间隙和管式避雷器主要用于配电系统、线路和变电站的进线段保护,以限制入侵的雷电过电压;阀式避雷器和氧化锌避雷器用于发电厂、变电站的保护,在220kV及以下系统主要限制雷电过电压,在330kV及以上系统还用来限制操作过电压或作为操作过电压的后备保护。其中以氧化锌避雷器的保护性能最为优越,在实际应用中已经取代了其他三种传统避雷器。

1. 保护间隙

(1)基本结构

保护间隙是一种最原始、最简单的避雷器。在3~10kV电网中常用的角形保护间隙的结构中,主间隙主要用于隔离电压、主放电,角形电极可以使工频续流电弧在自身电动力和热气流作用下易于上升拉长而自动熄灭;辅助间隙是为了防止主间隙被外物(如小鸟、老鼠等)短路而引起误动作。

(2)工作原理

当入侵的雷电过电压幅值超过保护间隙的击穿电压时,间隙发生放电,把一部分过电压能量泄入大地,从而限制了与其并联的被保护设备上过电压的幅值;在雷电过电压波作用过后,电网工作电压作用产生的工频续流电弧依靠角形间隙的自然灭弧能力在续流过零时熄灭,电网恢复正常。由于角形保护间隙的灭弧能力差,有时不能自动灭弧,会引起线路跳闸而降低供电可靠性。为此,可将保护间隙配合自动重合闸使用。

(3)性能特点

保护间隙的优点是结构简单、造价低廉。缺点是放电分散性大、伏秒特性陡峭、不易与被保护设备绝缘配合;动作后产生载波;灭弧能力低,只能熄灭中性点不接地系统中不大的单相接地电流。因此,在我国保护间隙只用于10kV以下的配电网中。

2. 管式避雷器

(1)基本结构

管式避雷器也称排气式避雷器,实际上是一个具有一定灭弧能力的保护间隙。一个间隙S_1在大气中称为外间隙,其作用是隔离工作电压以避免产气管被泄漏电流烧坏,另一个间隙S_2在产气管内称为内间隙,其电极一端为棒形,另一端为环形,产气管由纤维、塑料或橡胶等产气材料制成。

(2)工作原理

当入侵的雷电过电压袭来时,间隙S_1和S_2均被击穿,使雷电流入地。冲击电流消失后间隙流过工频续流，在工频续流电弧的高温作用下，会使产气材料分解出大量的气体，使管内的气体压力增加，高压气体通过环形电极的开口孔喷出，形成强烈的纵吹作用，促使电弧在工频续流第一次经过零值时熄灭，系统恢复正常。

管式避雷器的灭弧能力与工频续流的大小密切相关。工频续流太大时，产气过多会使管子爆炸；工频续流太小时，产气不足又不能可靠灭弧。因此，管式避雷器在产品规格中都规定了它的灭弧电流的上、下限，在使用时要根据管式避雷器安装地点的运行条件，使其工频续流（安装点的单相接地电流）满足灭弧电流的要求。

（3）性能特点

管式避雷器的主要缺点是放电分散性较大、伏秒特性较陡峭、不易和被保护电气设备绝缘配合；放电后形成幅值很高的截波，危及变压器绕组的匝间绝缘；此外运行维护也比较烦琐。因此，管式避雷器目前只用于输电线路个别地段的保护，如大跨距和交叉档距处或变电站的进线段保护。

3. 阀式避雷器

阀式避雷器由火花间隙和阀片电阻两个基本部件串联组成，具有较平的伏秒特性和较强的灭弧能力，同时动作后不会产生截波。与管式避雷器相比，阀式避雷器在保护性能上有重大改进。阀式避雷器分为普通阀式避雷器和磁吹阀式避雷器两大类。普通型有 FS 系列和 FZ 系列，磁吹型有 FCZ 系列和 FCD 系列。

（1）阀式避雷器的基本结构

1）普通火花间隙。普通阀式避雷器的放电间隙是由许多个火花间隙串联而成。单个火花间隙及其标准火花间隙组件结构中，把几个标准组件串联在一起就构成了普通阀式避雷器的总间隙。火花间隙的电极是由黄铜材料冲压成小圆盘状，电极中间用云母垫圈隔开，其间隙距离一般为 0.5～1mm。

2）磁吹火花间隙。磁吹阀式避雷器的间隙是由许多个磁吹式火花间隙串联而成。磁吹式火花间隙是一对铜质角形电极，与磁吹线圈串联。当避雷器的间隙在入侵的雷电过电压作用下发生放电后，工频续流电弧在磁吹线圈磁场的电动力作用下被拉长，逐渐进入由陶瓷和云母玻璃制成的灭弧栅中，可被拉长到起始长度的数十倍，这样电弧受到强烈的去游离作用而熄灭，间隙的绝缘强度迅速恢复。

3）阀片。阀式避雷器的阀片是一种非线性电阻，工作电压作用时具有较大的阻值，有效地限制了工频续流的大小；过电压作用时具有较小的电阻，便于冲击电流泄入大地。表征阀片性能的重要指标为非线性系数 α 和通流容量。

因为阀式避雷器的阀片由碳化硅制成，所以阀式避雷器也称碳化硅避雷器。

（2）工作原理

当系统正常时，火花间隙将阀片电阻和工作母线隔离，以免由工作电压在阀片电阻中产生的电流使阀片电阻烧坏。当雷电过电压沿线路入侵时，若过电压值超过避雷器间隙的冲击放电电压时，火花间隙将被击穿并引导雷电流通过阀片电阻泄入大地，此时阀片电阻很小，便于雷电冲击电流流入大地，降低在其两端形成的电压降（此电压降称为残压）。雷电冲击电流过后，作用在阀片电阻上的电压是工频工作电压，此时阀片电阻变大，把工频续流限制在 80A 或 100A 以下，工频续流电弧快速可靠熄灭，系统恢复正常。

（3）性能特点

阀式避雷器放电分散性较小、伏秒特性比较平坦、易于与被保护电气设备绝缘配合；动作后不会产生截波，能保护变压器等绕组型设备的绝缘。阀式避雷器在氧化锌避雷器技术成熟前得到了广泛的应用，随着氧化锌避雷器制造技术的日趋完善，氧化锌避雷器目前已经完全取代了阀式避雷器。

4. 氧化锌避雷器

氧化锌避雷器是 20 世纪 70 年代开始发展的一种避雷器，目前在电力系统中应用广泛。

（1）氧化锌避雷器的阀片

氧化锌（ZnO）避雷器的阀片是在以氧化锌为主要材料的基础上，掺以微量的氧化铋、氧化钴、氧化锰、氧化锑、氧化铬等添加物，经过成型、烧结、表面处理等工艺过程而制成，所以也称为金属氧化物电阻片，以此制成的避雷器也称为金属氧化物避雷器（MOA）。

（2）氧化锌避雷器的主要特点

1）无间隙。氧化锌避雷器由于没有串联火花间隙，所以其结构简单、体积小、重量轻（同类产品比阀式避雷器轻 50%），可作为其他电器的支柱，并易于做成同时限制相间过电压的形式，可使变电站的面积减小；有极强的抗污性能；大大改善了避雷器在陡波下的响应特性，提高了对设备保护的可靠性。

2）无续流。在工作电压作用下，氧化锌阀片相当于一个绝缘体，工频续流几乎为零。通过避雷器的能量减小，从而热容量要求比碳化硅低，动作负载也较轻，从而能承受多重雷击，延长了工作寿命。

3）可以降低作用在电气设备上的过电压。

4）通流容量大。由于氧化锌阀片的通流能力大（必要时采用三柱或两柱并联），提高了避雷器的动作负载能力，因此可以用来限制内部过电压。

5）氧化锌避雷器特别适用于直流保护和 SF_6 电气保护。氧化锌避雷器也可用于多雷区、多重雷击区。

6）存在老化问题。氧化锌阀片长期流过工频电压作用下的电流（10μA），因此应定期监测该电流。

氧化锌避雷器在长期运行中阀片直接承受工作电压的作用会逐渐老化，如密封不良会使阀片受潮，加剧阀片的老化。泄漏电流中的阻性分量会使阀片温度升高，产生有功损耗，导致热崩溃，严重时可能造成避雷器损坏或爆炸，必须定期监测泄漏电流等参数以保证安全。

8.3.3 防雷接地装置

避雷针（线）、避雷器要想把雷电流引入大地，就必须通过接地装置与大地相连，这种接地称为防雷接地。防雷接地装置由接地引下线和接地体构成，作用是减小接地电阻，从而降低雷电流流过避雷针（线）、避雷器时接地体上的电压降。

1. 防雷接地的特点

与电力系统的其他接地相比，防雷接地有两个显著特点：

1）通过防雷接地装置的雷电流的幅值大——火花效应。通过防雷接地装置的雷电流幅值很大，就会使由接地体向周围土壤流散的电流密度 J 增大，从而增大了土壤中的电场强度，在接地体附近尤为显著。若此电场强度超过土壤的击穿场强时，在接地体周围的土壤中便会发生局部火花放电，使土壤电导性增大，接地电阻减小，这就是火花效应。因此，同一接地装置在幅值甚高的冲击电流作用下，火花效应会使接地电阻值减小。

2）通过防雷接地装置的雷电流的等值频率较高——电感效应。通过防雷接地装置的雷电流陡度很大，其等值频率较高，接地体自身电感的影响增加，接地体本身的电抗增大，阻碍电流向接地体远端流通，这就是电感效应。对于较长的接地体这种影响更加明显，结果会使接地体得不到充分利用，增大接地装置的电阻值。

2. 防雷接地电阻

防雷接地装置流过冲击电流时所呈现的电阻值称为冲击接地电阻。冲击接地电阻值视防雷种类、建筑物和构筑物类别而定。防直击雷的冲击接地电阻值，对于第一类工业、第二类工业和第一类民用建筑物和构筑物，不得大于10Ω；对于第三类工业建筑物和构筑物，不得大于20～30Ω；对于第二类民用建筑物和构筑物，不得大于10～30Ω。防雷电感应的接地电阻值不得大于5～10Ω。防雷电侵入波的冲击接地电阻值一般不得大于5～30Ω。

由于存在电感效应和火花效应，同一接地装置具有不同的冲击接地电阻，它与工频接地电阻的比值称为接地电阻冲击系数，用 α 表示。

冲击系数 α 与接地体的几何尺寸、雷电流的幅值和波形、土壤电阻率等因素有关，一般在 0.2～1.25 范围内。

3. 工程上的接地装置

工程实用的接地装置主要由扁钢、圆钢、角钢或钢管组成，埋于地表下 0.5～1m 处。水平接地体多用扁钢，宽度一般为 20～40mm，厚度不小于 4mm，或者用直径不小于 6mm 的圆钢。垂直接地体一般用角钢或钢管，长度约为 2.5m。根据接地装置的敷设地点不同，又分为输电线路防雷接地和发电厂、变电站防雷接地。

1）输电线路防雷接地。高压输电线路在每一基杆塔下一般都设有接地装置，并通过引线与避雷线相连，其目的是使雷击避雷线或塔顶时的雷电流通过较低的接地电阻流入大地。高压线路杆塔都有钢筋混凝土基础，起着接地体的作用，称为自然接地电阻。大多数情况下仅仅依靠自然接地电阻是不能满足要求的，需要装设人工接地装置。

2）发电厂、变电站防雷接地。发电厂和变电站内要有良好的接地装置，以满足工作接地、保护接地、防雷接地的要求。一般的做法是根据保护接地和工作接地要求敷设一个统一的接地网，然后再在避雷针和避雷器与地网的连接点处增加接地体，以满足防雷接地的要求。

接地网常用 4×40mm 的扁钢或 ϕ20mm 的圆钢水平敷设，排列成长孔形或方孔形，埋入地下 0.6～0.8m 处，其面积大致与发电厂和变电站的面积相同。

接地网构成网孔形的目的主要在于均压，接地网中两水平接地带之间的距离，一般可取为 3～10m，然后校核接触电压和跨步电压后再予以调整。发电厂和变电站接地网的工频接地电阻一般在 0.5～5Ω 的范围内。

技能训练20　避雷针、避雷线、避雷器的识别

1）观察避雷针、避雷线、避雷器的外形与内部结构。
2）讨论它们的作用，学习它们的工作原理。
3）分析它们的适用范围，比较它们的性能特点，学会如何选用合适的防雷设备。

项目小结

电气安全包括供配电系统的安全、用电设备的安全和人身安全等方面。要保证安全用电必须采取相应的安全措施。电气工作人员应掌握必要的触电急救技术，一旦发生人身触电事故，便于现场急救。

在供配电系统中，会产生危及电气设备绝缘的过电压。过电压分为内部过电压和外部过电压两类。内部过电压又分为操作过电压和谐振过电压两种，其能量均来自电网本身。外部

过电压又称雷电过电压，雷电过电压有直击雷过电压、感应雷过电压和雷电波侵入等形式。为防止雷电过电压，可装设避雷装置（避雷针、避雷线、避雷器）加以防护。

电气设备的接地是供配电系统的重要组成部分，它对电气设备的正常运行，操作者的人身安全有着重要的作用。电气设备的接地按其作用的不同可分为工作接地和保护接地两大类。此外，还有为进一步保证保护接地的重复接地。

1. 电气安全包括哪两个方面？忽视电气安全有什么危害？
2. 变配电所电气工作人员必须具备哪些条件？
3. 什么是心肺复苏法？
4. 安全电流一般是多少？安全电流与哪些因素有关？
5. 什么是安全电压？安全特低电压一般在正常环境条件下是多少？
6. 简述常用灭火器的种类以及特点。
7. 避雷针、避雷线和避雷器各主要用于什么场所？
8. 避雷针（线）的工作原理是什么？
9. 避雷器的工作原理是什么？

项目 9

变电站综合自动化及智能化认知

🔍 项目概述

本项目包括两个子任务：变电站综合自动化系统分析和认识智能变电站。变电站综合自动化系统是利用计算机技术、通信技术等对变电站二次设备（包括继电保护、控制、测量、信号、故障录波、自动装置和远动装置等）的功能进行重新组合和优化设计，并对变电站全部设备的运行情况进行监视、测量、控制和协调的一种综合性自动化系统。而智能变电站是指采用先进、可靠、集成、低碳、环保的智能设备，以全站信息数字化、通信平台网络化、信息共享标准化为基本要求，自动完成信息采集、测量、控制、保护、计量和监测等基本功能，并可根据需要支持电网实时自动控制、智能调节、在线分析决策、协同互动等高级功能的变电站。

🧬 素质延展

当下国民经济飞速发展，人们对电能的需求量日趋增加，电能已成为现代生活中绝对不可或缺的能源。老式变电站需要人工操作和维护，自动化水平较低，其安全可靠性、运行可靠性以及供电质量等方面，已经完全无法满足当下电力系统的运行要求。

与之相比，变电站综合自动化系统借助于计算机技术以及通信技术，能够远程对变电站的设备进行全面的监控、检测、控制和管理，在历经几代的升级和完善之后，如今已经拥有了较为完善的体系。同时智能变电站技术也在飞速进步，现代智能变电站自动化系统正朝着二次设备功能集成化、一次设备智能化方向迈进，这对保证电网安全稳定运行具有重大的意义。

任务 1 >>> 变电站综合自动化系统分析

📝 学习目标

1）归纳变电站综合自动化系统的功能和结构。
2）描述变电站综合自动化的组成及典型设备。

> **任务描述**

分析变电站综合自动化系统的组成。

> **相关知识**

9.1.1 变电站综合自动化系统概述

综合自动化系统是供配电系统的重要组成部分，主要由硬件系统和软件系统两部分组成。随着计算机技术、通信技术、网络技术和自动控制技术在供配电系统的广泛应用，变电站综合自动化系统也得到了迅猛发展。

变电站综合自动化系统实际上是利用计算机技术、通信技术等，对变电站的二次设备（包括继电保护、控制、测量、信号、故障录波、自动装置和远动装置等）的功能进行重新组合和优化设计，对变电站全部设备的运行情况执行监视、测量、控制和协调的一种综合性的自动化系统。它的出现为变电站的小型化、智能化，扩大设备的监控范围，提高变电站的安全性、可靠性、优质和经济运行提供了现代化的手段和技术保证。该系统取代了运行工作中的各种人工作业，从而提高了变电站的运行管理水平。

9.1.2 变电站综合自动化系统的基本功能

1. 数据采集功能

对供配电系统的运行参数进行实时采集是变电站综合自动化系统的基本功能之一，运行参数可分为模拟量、状态量和脉冲量。

1）模拟量采集。变电站综合自动化系统所采集的模拟量主要有变电站各段母线电压，线路电压、电流、有功功率、无功功率，主变压器电流、有功功率和无功功率，电容器的电流、无功功率，馈出线的电流、电压、功率、频率、相位和功率因数等。此外，模拟量还包括主变压器油温、直流电源电压、站用变压器电压等。

2）状态量采集。变电站综合自动化系统所采集的状态量有各断路器位置状态、隔离开关位置状态、继电保护动作状态、周期检测状态、有载调压变压器分接头的位置状态、一次设备运行告警信号和接地信号等。

3）脉冲量采集。变电站综合自动化系统所采集的脉冲量是脉冲电度表输出的以脉冲信号表示的电度量。

2. 故障记录、故障录波和测距功能

故障记录是记录继电保护动作前、后与故障有关的电流和电压量。微机保护装置兼有故障记录和测距等功能，或者采用专门的故障录波装置，对重要电力线路发生故障时进行录波和测距，并实时与监控系统通信。

3. 测量与监视功能

变电站的各段母线电压、线路电压、电流、有功功率、无功功率、温度等参数均属于模拟量，将其通过 A-D 转换后，由计算机进行分析和处理，以便于查询和使用。监控系统对采集到的电压、电流、频率、主变压器油温等实时量进行监视。

4. 操作控制功能

变电站工作人员可通过人机接口（键盘、鼠标）对断路器的分、合进行操作，工作人员既可以对主变压器的分接头进行调节控制，又可以对电容器组进行投、切控制，还可以通过遥控操作指令进行远方操作。

5. 人机联系功能

变电站工作人员面对的是主计算机的 CRT 显示屏，通过键盘或鼠标观察和了解全站的运行情况、相关参数及相关操作。

6. 通信功能

变电站综合自动化系统的通信是指系统内部与现场级间的通信和自动化系统与上级调度的通信。现场级间的通信主要解决系统内部各子系统之间、子系统与主机之间的数据通信。

7. 微机保护功能

微机保护主要包括线路保护、主变压器保护、母线保护和电容器保护等。微机保护是变电站综合自动化系统的关键环节。

8. 自诊断功能

变电站综合自动化系统各单元模块均有自诊断功能，其诊断信息周期性地发送到后台控制中心。

9.1.3 变电站综合自动化系统的结构

在供配电系统中，由于变电站的设计规模、重要程度、电压等级和值班方式的不同，因此所选用的变电站综合自动化系统的硬件结构形式也不尽相同。根据变电站在供配电系统中的地位和作用，在对变电站综合自动化系统的结构进行设计时，应遵循可靠和实用的原则。

从国内外变电站综合自动化系统的发展过程看，其结构形式主要分为集中式、分层分布式和分布分散式三种。

1. 集中式

图 9-1 为集中式变电站综合自动化系统结构。这种结构采用不同档次的计算机，扩展其外围接口电路，按信息类型划分功能，集中采集变电站的模拟量、开关量和数字量等信息，并集中进行计算和处理，分别完成微机监控、微机保护和其他控制功能。

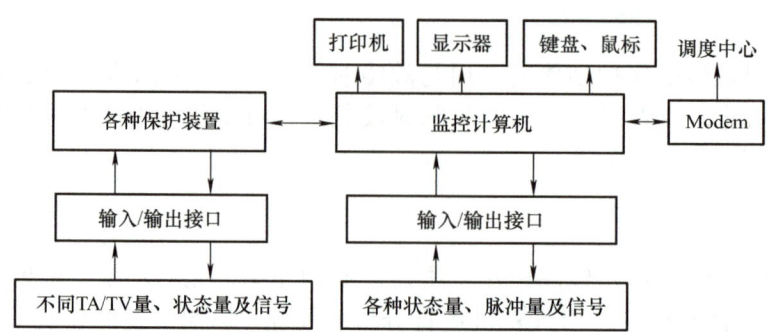

图 9-1 集中式变电站综合自动化系统结构

2. 分层分布式

分层分布式变电站综合自动化系统结构如图 9-2 所示。所谓分布式结构是指采用主、从 CPU 协同工作方式,各功能模块(如智能电子设备)之间采用网络技术或串行方式实现数据通信。而整个变电站的一、二次设备可分为变电层、单元层和设备层三层。变电层包括监控主机、工程师机、通信控制机等;单元层包括各测量、控制部件和保护部件等;设备层包括主变压器、断路器、隔离开关、互感器等一次设备。

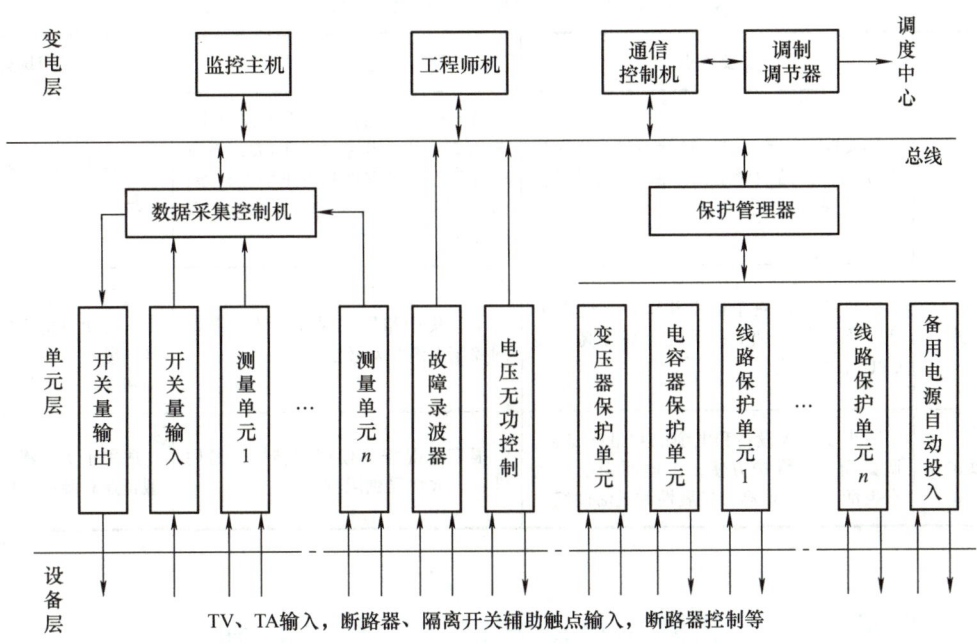

图 9-2 分层分布式变电站综合自动化系统结构

3. 分布分散式

分布分散式变电站综合自动化系统结构如图 9-3 所示。所谓分散式结构是将变电站内各回路的数据采集、微机保护及监控单元综合为一个装置,然后就地安装在数据源现场的开关柜中。

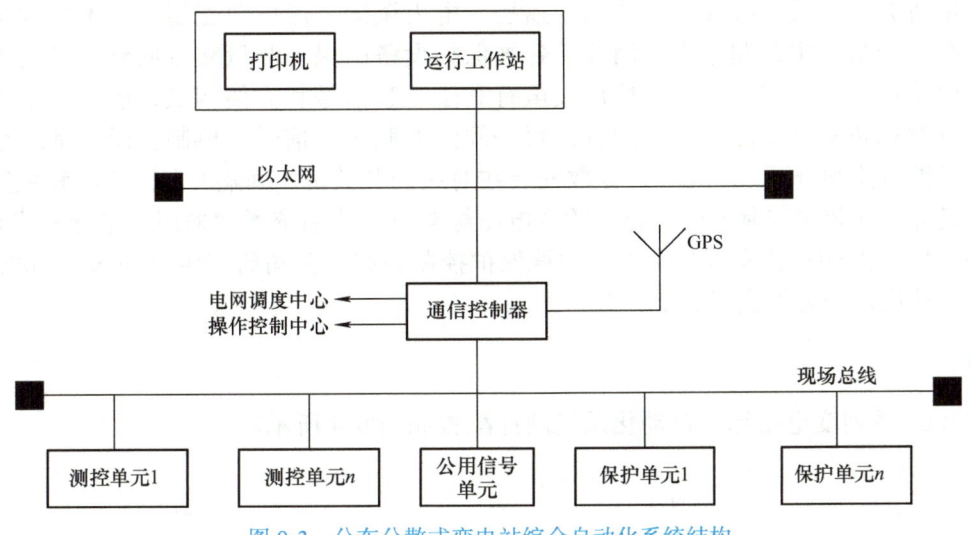

图 9-3 分布分散式变电站综合自动化系统结构

图 9-3 中的每个回路都对应一套装置，装置中的设备相对独立，通过网络电缆连接，并与变电站主控室的监控主机通信。这种结构减少了站内二次设备及信号电缆的数量，各模块与监控主机之间通过网络或总线连接。

采用分布分散式结构可以提高变电站综合自动化系统的可靠性，降低总投资。因此，分布分散式结构是企业供配电系统所采用的主要形式。

变电站综合自动化系统常用的三种结构形式的主要特点见表 9-1。

表 9-1　变电站综合自动化系统常用的三种结构形式的主要特点

名称	主要优点	主要缺点	适用场合
集中式	能实时采集和处理各种状态量；监视和操作简单；结构紧凑，体积小，造价低；实用性强	每台计算机的功能都比较集中，若出现故障，则影响范围大；系统的开放性、扩展性和可维护性较差；组态不灵活；软件复杂且修改、调试烦琐	适合小型变电站的改造和新建
分层分布式	软件简单，便于扩充和维护，组态灵活；保护装置独立；系统可靠性高；多 CPU 工作方式	由于集中组屏，因此安装时需要的控制电缆相对较多	适用于变电站的回路数较少、二次设备比较集中，信号电缆不长，易于设计、安装和维护的中低压变电站
分布分散式	减少了二次设备和电缆的数量；安装、调试简单，维护方便；占地面积小；组态灵活、可靠性高；扩展性和灵活性好	很多情况需要按规约转换，通用性、开放性受到限制	适用于更新建设的中、大型企业总降压变电站

技能训练 21　分析变电站综合自动化系统的组成

一般变电站综合自动化系统设备配置分为两层，即变电站层和间隔层。变电站层又称站级主站层或站级工作站层，可以由多个工作站组成，负责管理整个变电站自动化系统，是变电站自动化系统的核心层。间隔层是指设备的继电保护、测控装置层，由若干个间隔单元组成，一条线路或一台变压器的保护、测控装置就是一个间隔单元，各单元基本上相互独立、互不干扰。

变电站综合自动化系统结构形式可分为集中式和分散式两种，集中式布置是传统的结构形式，它把所有二次设备按遥测、遥信、遥控、电力调度、保护功能划分成不同的子系统集中组屏，并且安装在主控制室内。因此，各被保护设备的保护测量交流回路、控制直流回路都需要用电缆送至主控室，这种结构形式虽有利于观察信号和方便调试，但耗费了大量的二次电缆。分散式布置是以间隔单元划分，每个间隔的测量、信号、控制、保护都综合在一个或两个（保护与控制分开）单元上，分散安装在对应的开关柜（间隔）上，高压和主变压器部分则集中组屏并安装在控制室内。目前的变电站综合自动化系统通常采用分布分散式布置。

下面以国电南瑞科技有限公司南京中德保护控制系统分公司研制生产的 NSC2000 系列变电站综合自动化系统为例进行简要介绍。

1. 硬件配置

NSC2000 系列变电站综合自动化系统硬件配置如图 9-4 所示。

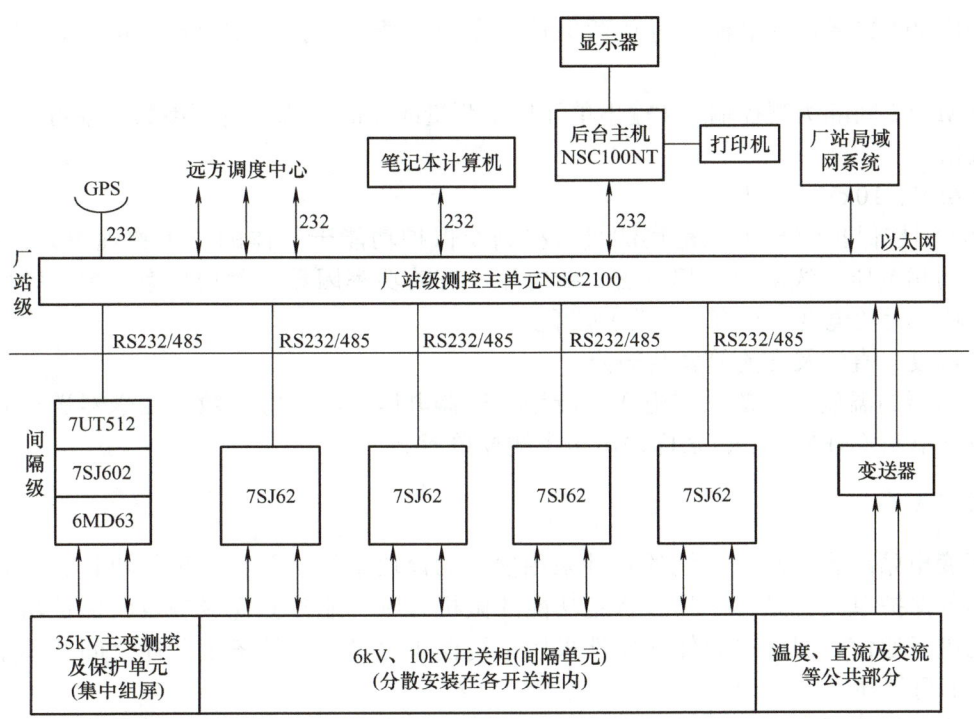

图 9-4　NSC2000 系列变电站综合自动化系统硬件配置

（1）后台主机

后台主机是变电站综合自动化系统主机，通过它能完成监控系统的各种任务，其监控系统的基本运行平台是基于 MS Windows 的多窗口、多任务操作（NSC100）或 NT 网络操作系统（NSC100NT），能为用户提供友好的操作界面。基本配置为：奔腾计算机 1 台，内存 32MB 以上，主频率 300MHz 以上，硬盘 3.2GB 以上；19（21）寸彩色显示器 1 台，分辨率 1024×768；打印机 1 台。

（2）厂站级测控主单元 NSC2100

测控主单元 NSC2100 是 NSC 测控系统的主要部分，其功能和性能对整个 NSC 的水平起到关键的作用。NSC2100 测控主单元由进口工控模块、机箱、电源等一整套硬件组成，包括 Pentium Ⅱ CPU 主处理模块、通信模块、网络模块。主处理模块主要进行信息交换和处理，通信模块除提供传统的 RS232/422/485 接口外，还具备以太网（Ethernet）和现场总线（CAN）的接口功能。

测控主单元 NSC2100 的主要功能是管理间隔级 NFM/NLM（馈线测控单元/线路测控单元）输入/输出单元或交流采样子系统遥测（NSC-YC）、遥控/遥信子系统（NSC-YK/YX）及微机保护单元（7S/7U），同时还要完成以下任务：

1）与远方调度中心以不同规约交换数据。

2）与当地后台监控系统主机（MMI）交换数据。

3）同间隔级的遥控、遥测、遥信及保护单元通信。

4）具有 1ms 的事件分辨率，并能与 NLM/NFM 时钟同步。主单元可与 GPS（全球定位系统）统一时钟。

（3）35kV 主变压器测控及保护单元

可根据主变压器的容量选择相应的测控及保护单元，这里给出 3 个常用单元（配置）：

1）7U512 保护单元是电动机和变压器差动保护单元，具有差动保护、热过负荷保护、后备过电流保护、负荷监视、事件和故障记录等功能。

2）7SJ602数字式过电流及过负荷保护单元用于馈线保护、重合闸（可选）、故障录波、远方通信等。

3）6MD63间隔级测控输入/输出单元用于测量线路的电流、电压参数，并可向主测控单元传送数据。

（4）6kV、10kV开关柜

7SJ62测控保护综合单元是集测量、控制及保护功能于一体的一个物理单元，可测量、计算线路的相电压、线电压、相电流、线电流、有功功率因数、无功功率因数、频率、视在负荷、有功及无功电度，具有多种保护功能。

（5）温度、直流及交流等公共部分

主变压器的温度、直流系统电压、所用变压器电压、电流等参数经变送器送至公共信号测量及信号单元（NFM-1A），采样输出至主测控单元。

2. 软件系统

由于变电站综合自动化系统的硬件采用独立的模块结构，并且各种模块具有独立的软件程序，如各保护单元就是一个具有特定功能的微机系统，能独立完成规定的保护功能，并能与主单元进行通信。因此，硬件和软件采用结构模块化设计，使各子程序之间互不干扰，提高了系统的可靠性。

后台主机操作系统NSC100NT是基于Windows NT平台的操作系统，操作人员通过单击窗口功能按键，即可实现制表打印、故障信息分析、数据查询、开列操作票、断路器及隔离开关操作等分析处理与操作功能。

主单元与各保护单元之间按IEC 870-5-103规约进行通信，其程序流程图如图9-5所示。

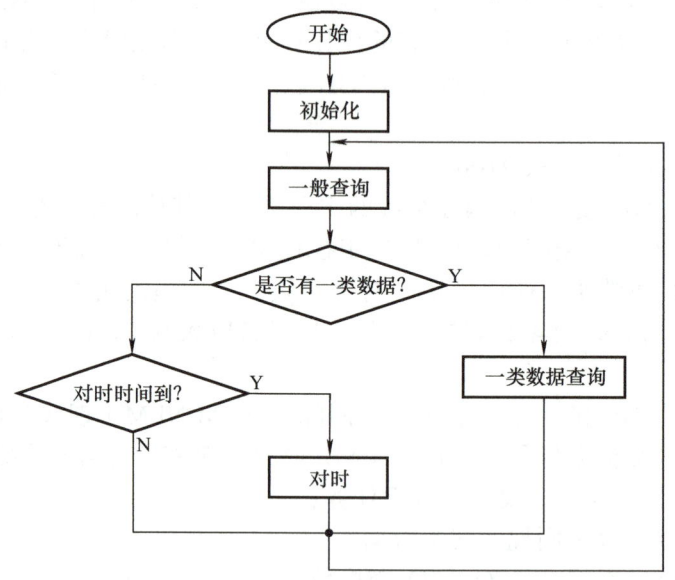

图9-5 主单元与各保护单元之间的通信程序流程图

NSC控制系统向保护设备发出的命令有初始化、对时、总查询、一/二类数据查询（一般查询）和开关控制等。总查询是初始化后对站内所有设备控制信息的查询，一般查询是系统运行时的实时查询。一般查询时，控制系统要对各间隔级测控、保护单元进行逐一询问，被查询到的单元将所测信息发送给主单元，主单元接收这些信息并做出相应的处理，然后对下一个单元进行查询。一类数据是指开关变位记录、故障记录等，其他为二类数据。若主单元查询到存在一类数据，则转入一类数据查询子程序，处理完后再查询下一个间隔单元。系统在运行过程中要经常对时，以保证整个系统（或计算机网络）时间的统一，当对时时间到时，执行对时程序。

任务2 认识智能变电站

学习目标

1）描述电子式互感器的类型和组成。
2）解释智能一次设备及智能变电站系统。

任务描述

分析智能变电站中电子式互感器的类型。

相关知识

9.2.1 概述

1. 数字化变电站

数字化变电站实现了两大突破，即引入了IEC 61850标准和电子式互感器。数字化变电站仍然存在以下问题：

1）过程层/间隔层设备与一次设备接口不规范。
2）没有解决IEC 61850/61970接口。
3）主要局限在自动化系统本身，没有整个变电站的建设体系（计量）。
4）没有变电站信息体系，没有形成更多的智能应用等问题。

2. 智能变电站

智能变电站与智能电网密切相关。智能变电站是智能电网的一个最重要、最关键的终端，承担着为智能电网提供数据和控制对象的功能。

智能变电站是指采用先进、可靠、集成、低碳、环保的智能设备，以全站信息数字化、通信平台网络化、信息共享标准化为基本要求，自动完成信息采集、测量、控制、保护、计量和监测等基本功能，并可根据需要支持电网实时自动控制、智能调节、在线分析决策、协同互动等高级功能，实现与相邻变电站、电网调度等互动的变电站。

智能变电站中，各类信息全部通过光缆交互，光纤网络取代了传统电缆，大大减少了金属消耗量，降低了变电站的成本。

智能变电站实现了一系列的高级应用功能，其主要特征如下：

1）数字化平台（通信网络、二次设备、工具软件）。数字化平台取消了长电缆连接，提高了系统性能，同时消除了事故隐患；使用IEC 61850标准，有利于设备之间的互操作。
2）电子式互感器。电子式互感器解决了传统互感器的固有缺陷，节约了绝缘和材料成本。
3）智能一次设备。智能一次设备监视设备运行状态，消除事故隐患，提高了设备运行寿命，降低了全生命周期成本，实现了智能操作。

4）高级应用。高级应用分担了主站负担，提高了电网智能化水平。

传统变电站与智能变电站的对比如图9-6所示。

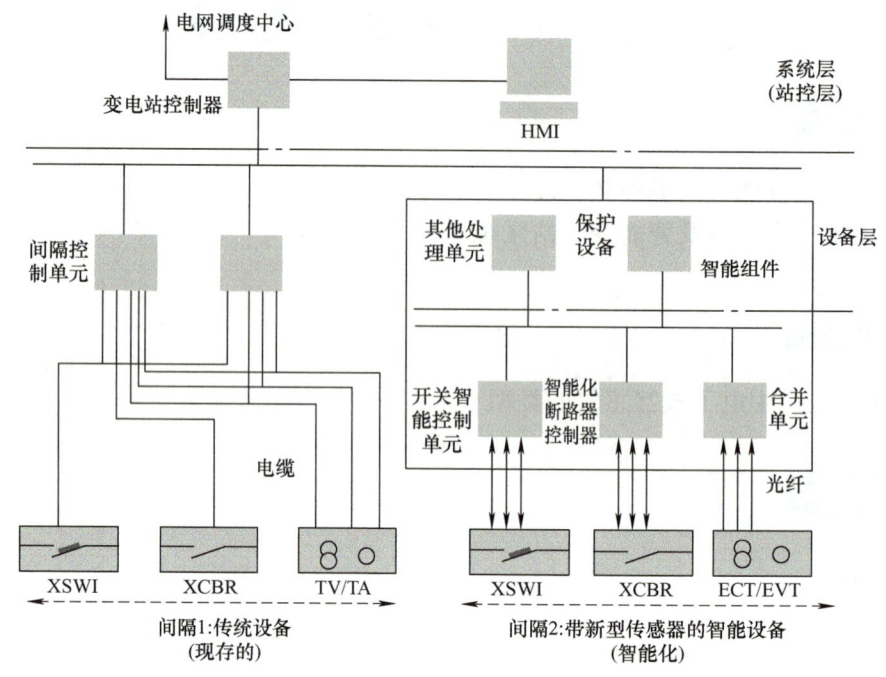

图9-6　传统变电站与智能变电站的对比

9.2.2　电子式互感器

传统电磁式互感器存在铁心造成的饱和与谐振问题，以及油绝缘的易燃、易爆炸危险等缺陷。

电子式互感器由连接到传输系统和一次转换器的一个或多个电流或电压传感器组成，包含电子部件，因此称为电子式互感器。

电子式互感器传输正比于被测量的量，供给测量仪器仪表和保护或控制装置。

电子式互感器的特征：信号输出，无负载能力；光纤是最理想的传输方式；数字输出是终极输出方式。

电子式互感器的优点如下：

1）高、低压完全隔离，安全性高，具有优良的绝缘性能，不含铁心，消除了磁饱和及铁磁谐振等问题。

2）不存在因充油而潜在的易燃、易爆炸等危险。

3）动态范围大，测量精度高，频率响应范围宽。

4）数据传输抗干扰能力强。

5）抗电磁干扰性能好，低压侧无开路过电压危险。

6）体积小、重量轻。

图9-7为油浸倒置式绝缘结构的电子式互感器，它的电子部分处于低电位，便于检修和更换，由直流电源直接供电，无须激光供能。

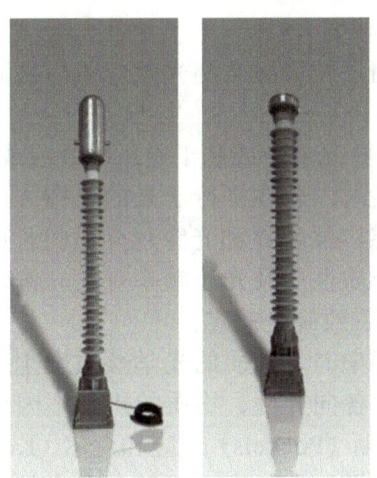

图 9-7　油浸倒置式绝缘结构的电子式互感器

1. 电子式互感器的类型

（1）按照被测量的不同分为电流式和电压式

电子式电压互感器在正常使用条件下，其二次电压实质上正比于一次电压，且相位差在连接方向正确时接近于零。电子式电压互感器采用电容（或电阻）分压器和光学装置，并装有电子器件以传输和放大被测信号。

电子式电流互感器在正常使用条件下，其二次转换器的输出实质上正比于一次电流，且相位差在连接方向正确时接近于已知相位角。

（2）按照有无外部供电分为有源式和无源式

1）有源电子式互感器。有源电子式互感器利用电磁感应等原理感应被测信号，对于电流互感器采用Rogowski（简称罗氏）线圈，对于电压互感器采用电阻、电容或电感分压等方式。有源电子式互感器的高压平台传感头部分具有需电源供电的电子电路，在一次平台上完成模拟量的数值采样（即远端模块），利用光纤传输将数字信号传送到二次的保护、测控和计量系统。

罗氏线圈又称磁位计，实际是一特殊结构的空心线圈，不含铁心，不存在磁饱和问题，也不存在动力和热力的稳定问题，而且几乎不受被测电流大小的限制。它因被测电流所产生的磁场变化而感应出相应的电动势，本身并不与被测电流回路存在直接电的联系。

罗氏线圈适于测量快速变化的大电流，其应用范围主要集中在测量脉冲电流、暂态电流、稳定交流大电流以及继电保护用电流监测等方面。

有源电子式互感器又可分为封闭式气体绝缘组合电器（GIS）式和独立式。

GIS式电子式互感器一般为电流、电压组合式，其采集模块安装在GIS的接地外壳上，其绝缘由GIS解决，远端采集模块在地电位上，可直接采用变电站220V/110V直流电源供电。

独立式电子式互感器的采集单元安装在鼓形绝缘子上，因绝缘要求，采集单元的供电电源有激光、小电流互感器、分压器、光电池供电等多种方式，实际工程应用一般采取激光供电，或激光与小电流互感器协同配合供电。

由于需要对传感器进行供能，长期大功率的激光供能会影响光器件的使用寿命，罗氏线圈输出信号与其结构有很强的相关性，温度变化会导致结构变化，从而影响电子线路的测量精度。

2）无源电子式互感器。无源电子式互感器又称光学互感器，其传感头部分不需要复杂的供电装置，整个系统的线性度比较好。

无源电子式电流互感器利用法拉第磁致旋光效应感应被测信号。传感头部分分为块状玻璃和全光纤两种方式。

无源电子式电压互感器利用电光效应或基于逆压电效应或电致伸缩效应感应被测信号。

当线性偏振光在介质中传播时，若在平行于光的传播方向上加一强磁场，则光振动方向将发生偏转，偏转角度 Ψ 与磁感应强度 B 和光穿越介质的长度的乘积成正比，即 $\Psi=VBl$，比例系数 V 称为费尔德常数，与介质性质及光波频率有关。偏转方向取决于介质性质和磁场方向。上述现象称为法拉第效应或磁致旋光效应。

电光效应是将物质置于电场中时，物质的光学性质发生变化的现象。某些各向同性的透明物质在电场作用下显示出光学各向异性，物质的折射率因外加电场而发生变化的现象称为电光效应。电光效应包括泡克尔斯（Pockels）效应和克尔（Kerr）效应。

利用电光效应可以制作电光调制器、光电开关、电光偏转器等，可用于光闸、激光器的 Q 开关和光波调制，并在高速摄影、光速测量、光通信和激光测距等激光技术中获得了重要应用。

泡克尔斯效应是一些晶体在纵向电场（电场方向与光的传播方向一致）作用下会改变其各向异性性质，产生附加的双折射效应。

温度的变化会引起光路系统的变化，从而引起晶体除具有电光效应外的弹光效应、热光效应等干扰，导致光学电压传感器的工作稳定性减弱。在实际应用中，通过提高光路系统（如光电二极管）的抗干扰能力，可以减小温度变化所产生的误差影响。

磁光材料的双折射效应会对光电电流互感器的测量精度产生影响。由于磁光材料的双折射效应，会使射入磁光介质的线性偏振光变成圆形偏振光。

（3）按照用途分为测量用和保护用电子式互感器

测量用电子式电压互感器用于传输信息信号至测量仪器仪表。保护用电子式电压互感器用于传输信息信号至保护和控制装置。它们的主要区别在于互感器的暂态响应特性和准确度等级不同。

综上，电子式互感器原理分类如图 9-8 所示。

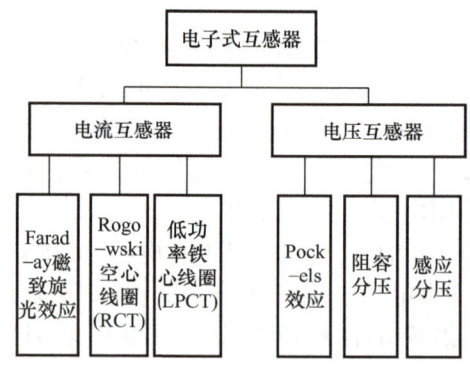

图 9-8　电子式互感器按被测量及原理分类

2. 组合式光电互感器

组合式光电互感器是将电流互感器、电压互感器安装在同一个复合绝缘子上，远端模块同时采集电流、电压信号，可合用电源供电回路。

组合式光电互感器包括基于 Pockels 效应和法拉第磁致旋光效应的组合式光电互感器及基于 Rogowski 空心线圈和电容分压原理的组合式光电互感器。

3. 电子式互感器的数字化接口

组合来自一个设备间隔的各电流和电压,即三相电流和电压按一个协议规则进行传输,将电流和电压进行这种组合的物理单元称为合并单元(MU)。

合并单元是用以对来自二次转换器的电流和电压数据进行时间相关组合的物理单元。如图9-9所示。采用一台合并单元(MU)可以汇集(合并)多达12个二次转换器的数据,每个数据通道传送一台电子式电流互感器或电压互感器采样测量值的单一数据流。在多相或组合单元时,多个数据通道可以通过一个物理接口从二次转换器传输到合并单元。

二次转换器也可从传统电压互感器或电流互感器获取信号,并可汇集到合并单元。

合并单元可以是互感器的一个组成件,也可以是一个分立单元,如装在控制室内。在数字接口的情况下,一组电子式互感器共用一台合并单元为测量仪器、仪表和继电保护或控制装置供给被测量的电流。

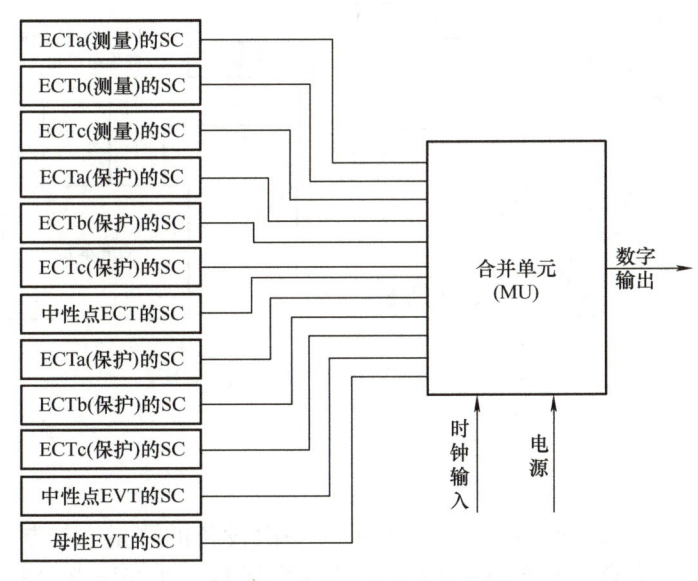

图9-9 合并单元(MU)原理

光电式互感器包括一次传感器、变换器、传输系统、二次变换器及合并单元,如图9-10所示。数字输出一般是经合并单元将多个传感器的采样量合并变为数字量输出。一个合并单元最多可输入7个电流传感器和5个电压传感器的采样量,其中供给测量和继电保护的数字量一般分开输出。

4. 电子式互感器的使用注意事项

1)制造方尽可能减小启动和断电时的虚假输出。

2)电子式互感器应在相应的继电器通电之前接通电源。

3)电子式互感器中的滤波器也能发生过冲或下冲响应,或在非正常条件下,如在线路故障和隔离开关操作时,可能呈现高频阻尼特性。这些误差一旦发生,可能导致高速继电保护误动。而且,电子式互感器暂态响应的差异也会使母线差动保护(宽带高速差动系统)误动。

4)检验电子式互感器在这些情况下是否能正确运行的方法,是将它置于隔离开关操作试验或全偏移短路电流试验中,在开关操作期间检验其输出。

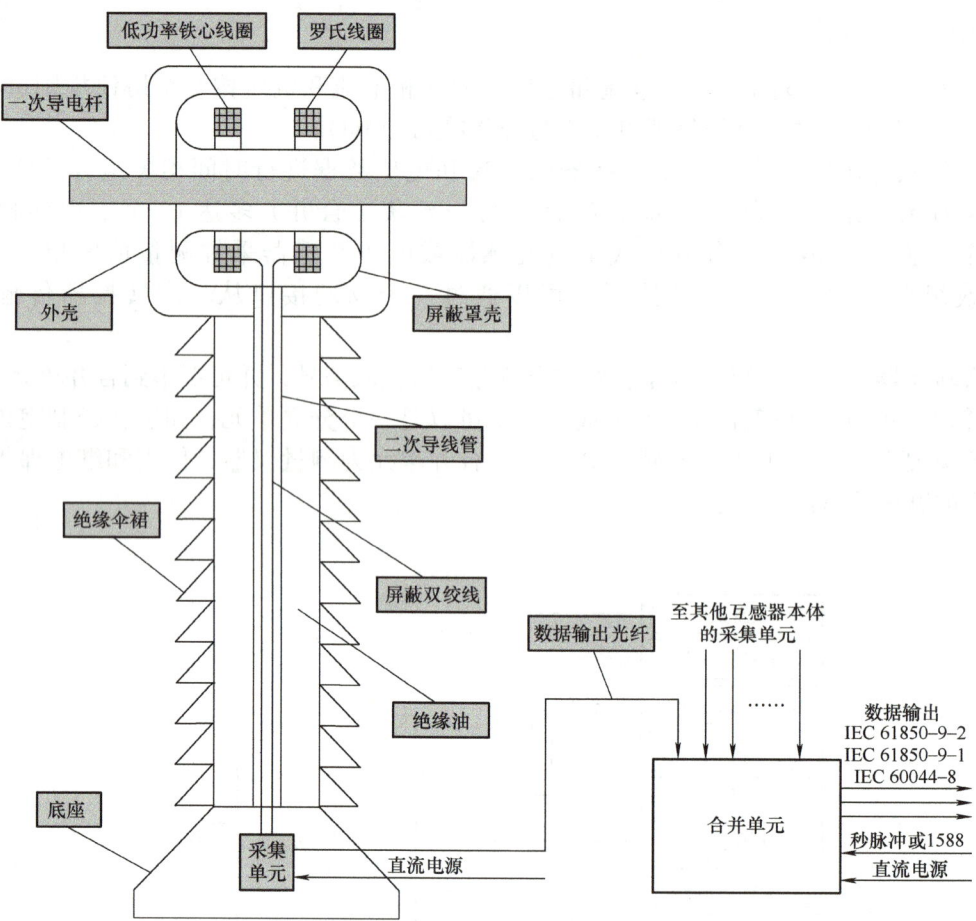

图 9-10 光电式互感器完整结构示意图

9.2.3 智能一次设备

智能组件（Intelligent Combination）是服务于一次设备的测量、控制、状态监测、计量、保护等各种附属装置的集合，它包括各种一次设备控制器（如变压器冷却系统汇控柜、有载调压开关控制器、断路器控制箱等）及就地布置的测控、状态监测、计量、保护装置等。简单地说，智能组件就是对一次设备进行测量、控制、保护、计量、检测等一个或多个二次设备的集合。

智能设备（Intelligent Equipment）是一次设备和智能组件的有机结合体，是具有测量数字化、控制网络化、状态可视化、功能一体化和信息互动化等特征的高压设备，是高压设备智能化的简称。简单地说，智能设备就是结合了智能组件的一次设备。

1. 设备智能化发展的三个阶段

智能组件是各种保护、测量、控制、计量和状态监测等单元的有机结合，紧靠"宿主"一次设备。现阶段，智能设备从物理形态和逻辑功能上都采用"一次设备＋智能组件"的模式，未来智能设备应该会逐步走向功能集成化和结构一体化。智能设备发展示意图如图 9-11 所示。

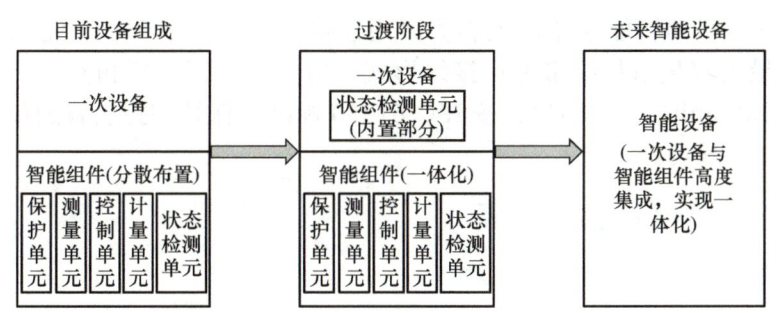

图 9-11　智能设备发展示意图

智能组件的物理形态和安装方式可以是灵活的,既可以外置,也可以内嵌,同时在一定技术条件下,智能组件既可以分散,也可以集中。

2. 变配电设备的智能化

变配电设备的智能化现阶段主要包括两个方面,即状态监测和智能控制,大致涵盖状态监测单元、控制单元和测量单元的内容。

设备状态监测是通过传感器、微处理器、通信网络等技术,及时获取电力设备的各种特征参量,并结合一定算法的软件进行分析处理,对设备的状态做出判断,对设备的剩余寿命做出预测,从而及早发现潜在的故障。

对电力设备的智能控制是通过智能终端实现的。

智能终端是一种带有微处理器的智能组件,实现对一次设备(如断路器、刀开关、主变压器等)的测量、控制等功能。它与一次设备采用电缆连接,与保护、测控等二次设备采用光纤连接。

将微处理器技术引入电力设备,一方面使电力设备具有智能化的功能,另一方面使开关电器,包括智能断路器和智能刀开关实现与中央控制计算机双向通信。

一般智能开关都提供有数字化接口和智能控制过程,智能控制过程包括常规开断、故障速断、同期合闸和过零点切断等。部分智能开关还集成了状态监测功能。

智能主变压器在常规变压器基础上集成了本体保护、就地控制(地开关、风扇和档位)、多点测温、档位状态 I/O、中性点状态 I/O 及状态监测等功能。

智能刀开关在常规刀开关基础上集成了状态采集和控制、就地操作箱等功能。

3. 智能终端实例——智能断路器控制器

智能断路器控制器主要担负一个间隔内一次设备位置和状态告警信息的采集和监视,对设备的智能控制,并具有防误操作功能。

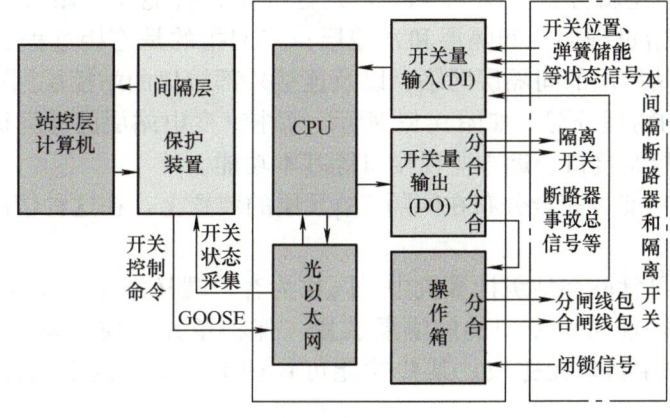

图 9-12　ZNK 系列智能断路器控制器应用连接图

图 9-12 为 ZNK 系列智能断路器控制器应用连接图。它适用于一个完整的单跳闸线圈的断路器间隔——最大容量双母线带旁母接线形式，包括 1 个断路器和 6 个刀开关。控制单元具有 2 个独立的 100Mbit/s 以太网口，按 IEC 61850 标准和保护测控装置通信，可选配操作回路，就地安装在开关现场。

9.2.4 智能变电站自动化系统

1. 智能变电站自动化系统的体系结构

（1）IEC 61850 标准

IEC 61850 标准通过对变电站自动化系统中的对象统一建模，采用面向对象技术和独立于网络结构的抽象通信服务接口，以装置逻辑功能为基础建立装置模型。它定义了数字式 TA/TV、智能开关等一次设备的通信模型、通信接口，规范了数据命名、数据定义、设备行为、设备自描述特征和通用配置语言，可根据不同逻辑功能灵活配置装置模型。

智能化一次设备和智能变电站要求变电站自动化采用 IEC 61850 标准。采用 IEC 61850 标准可以实现通信无缝连接，弱化各厂商设备型号；可以加强设备数字化应用，提高自动化性能；自定义规范化，可使用变电站特殊要求；集成化规模增大，增强了无人值守站的可靠性；减少电缆使用量，节约一、二次设备成本。缺点是网络依赖性强，站内通信设备抗干扰性对设备运行影响增大。

参照 IEC 61850 标准，我国发布了电力行业标准化指导性技术文件 DL/T 860 系列标准。DL/T 860 系列标准的目标是实现来自不同厂商的智能电子设备的互操作性和互换性。

互操作性指一个制造厂或不同制造厂提供的两个或多个智能电子设备（IED）交换信息和使用这些信息正确执行特定功能的能力。对来自不同制造商提供的物理装置，互操作性考虑以下几个方面：

1）装置应使用通用的协议连接到通用的总线上。

2）装置能理解别的装置提供的信息。

3）若有分布功能要求，装置能完成公共的或相关联的功能。

互换性指不用改变系统内的其他元件，用一个制造厂提供的设备代替另一个制造厂提供的设备的能力。

（2）变电站自动化系统的体系结构

变电站自动化系统的功能是指必须在变电站执行的任务。这些功能完成变电站的设备及其馈线的监视、控制和保护。另外，还包括一些变电站自动化系统的维护功能，即系统配置、通信管理或软件管理等。

1）功能和接口的逻辑分配。DL/T 860 系列标准中，智能变电站自动化系统采用"三层三网"架构。三层是指过程层、间隔层和站控层；三网指的是连接过程层和间隔层的过程层网络，连接间隔层和站控层的间隔层网络，以及连接外部接口的站控层网络。

2）功能和接口的物理分配。如图 9-13 所示，站控/变电站层的计算机可作为客户机，仅具有人机接口、远方控制接口、远方监视接口等基本功能。

所有其他的站级功能可完全分布在间隔/单元层的装置上。在这种情况下，接口 IF8 是系统的主干。

所有站层的功能可常驻在站级计算机中，既作为客户端又作为服务器。

间隔/单元层的功能可由专门的间隔层装置（保护单元、控制单元，有或无冗余配置）完成，或者由保护和控制单元完成。某些功能可物理上、下移到由功能自由分配支持的过程层。

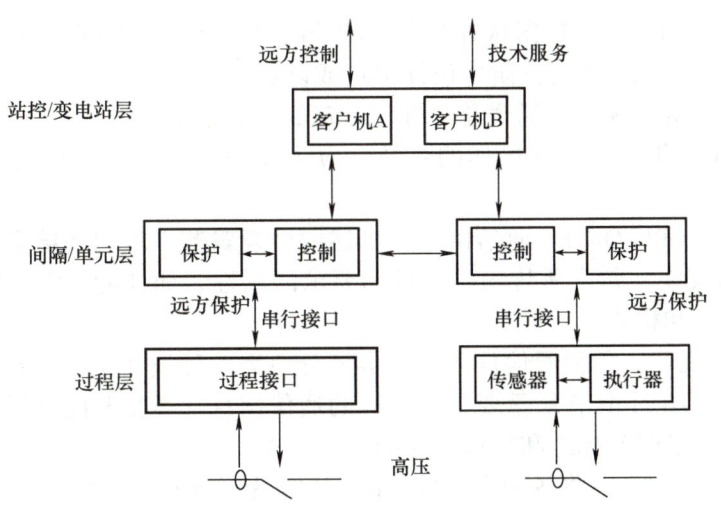

图 9-13　变电站自动化系统接口模型

若没有串行接口，则由间隔层装置实现过程层功能。串行接口实现仅包含远方 I/O 装置的功能，即智能传感器和控制器，提供已在过程层上的某些间隔层功能。

逻辑接口可作为专用物理接口实现，两个或多个逻辑接口也可组合形成一个公共物理接口。另外，这些接口可组合形成一个或多个物理局域网络。对这些物理接口的要求依赖于功能如何分布到层和各个装置。

（3）功能定义规范

功能的说明考虑逻辑节点和通信信息片方式，由三个步骤构成：功能说明，包括功能分解为逻辑节点；逻辑节点说明，包括交换的通信信息片；通信信息片描述，包括其属性。

1）逻辑节点和逻辑连接。逻辑节点是一个交换数据功能的最小部分。逻辑节点代表物理装置内的某项功能，执行这一功能的某些操作。

逻辑节点是一个由其数据和方法定义的对象。与一次设备相关的逻辑节点并不是一次设备本身，而是它的智能部分或者是它在二次本地或远方的输入/输出单元、智能传感器、执行器等。

所有的功能都可分解为逻辑节点组成，任何一个逻辑节点都是属于某个逻辑设备。逻辑连接就是逻辑节点间的通信链路。图 9-14 为通用功能分解为逻辑节点示例。

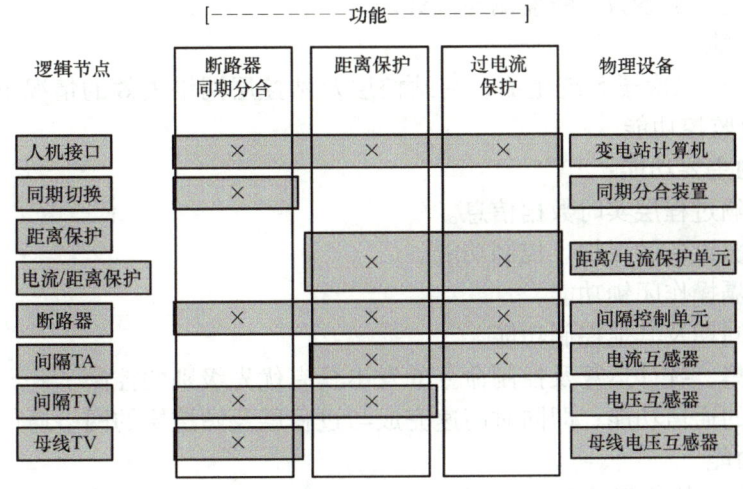

图 9-14　通用功能分解为逻辑节点示例

通信系统的静态结构描述数据从哪儿来（发送逻辑节点）、到哪儿去（接收逻辑节点），通信系统的静态结构必须在系统建立阶段设计确定或议定。

运行中动态开放和关闭通信通道总是针对给定的静态通信结构。

为控制自由分配和建立可互操作的系统，应为通信管理提供严格的形式化装置和系统描述。

2）通信信息片（PICOM）。通信信息片描述两个逻辑节点之间和给定逻辑连接且具有给定通信属性的信息交换，包含所传输的信息和要求的属性，如性能。它不代表在通信网络上交换数据的实际结构和格式。

① 基本信息片规范。各种通信信息片的类型分组为七种报文类型，其属性范围由性能类建立，DL/T 860 中给出了具有最重要共同属性的通信信息片类型分配结果、典型应用和接口分配，并清楚地描述了时间标志和传输时间的基本要求。

② 报文规范。IEC 61850 将各种模型数据以 MMS 为载体在各装置、后台间传输。MMS（制造报文规范）是一套用于工业控制系统底层传输的通信协议。MMS 规范了工业领域具有通信能力的智能传感器、智能电子设备和智能控制设备的通信行为，使出自不同制造商的设备之间具有互操作性。

③ 性能规范。某些报文类型存在两种独立的性能类，一个是保护和控制，另一个是计量和电能质量应用。性能类依据功能要求加以规定，与变电站大小无关。

在特定的变电站内，站层通信和过程层通信可分别独立选择。过程层中，根据每一个间隔内的设备数量和通信速率，不同性能类可用于不同间隔内通信。

3）信息类型。

① 通用面向变电站事件对象（GOOSE）。

② 采样测量值（SMV）。

③ 标准时钟（IRIG-B）。

2. 自动化功能

（1）过程层功能

过程层的主要功能分三类：

1）电力运行的实时电气量采集。

2）操作控制的执行与驱动。

3）运行设备的状态参数在线监测与统计。

（2）间隔层功能

间隔层由若干个二次子系统组成，在站控层及站控层网络失效的情况下，仍能独立完成间隔层设备的就地监控功能。

间隔层设备的主要功能：

1）汇总本间隔过程层实时数据信息。

2）实施对一次设备的保护、控制功能。

3）实施本间隔操作闭锁功能。

4）实施操作同期及其他控制功能。

5）对数据采集、统计运算及控制命令的发出具有优先级别的控制。

6）承上启下的通信功能，即同时高速完成与过程层及站控层的网络通信功能。

（3）站控层功能

站控层的基本功能有顺序控制、站内状态估计、采用基于统一模型的通信协议与主站进行通信、同步对时、电能质量评估与决策、区域集控功能、防误操作、源端维护、网络记录分析。

站控层的高级功能有设备状态可视化、智能告警及分析决策、故障信息综合分析决策、经济运行与优化控制、站域控制、与外部系统交互信息。

3. 辅助功能

1）视频监控。
2）安防系统。
3）辅助系统优化控制。

技能训练 22　归纳智能变电站的设计原则

智能变电站的设计内容包括但不限于以下方面：全站的网络图、VLAN 划分、IP 配置、虚端子设计接线图、同步系统图等。

智能变电站的设计应遵循以下原则：

1）在技术先进、运行可靠的前提下，采用电子式互感器。
2）建立全站可靠的数据通信网络，数据的采集、传输和处理应数字化和共享化。
3）利用统一的信息平台实现全站设备的状态监测功能，对关键设备实现状态检修，减少停电次数和提高检修效率。
4）智能变电站应体现设备智能化、连接网络化、信息共享化等特征，并实现高级功能应用。
5）优化设备配置，实现功能的集成整合。
6）结合智能设备的集成，简化智能变电站总平面布置（包括电气主接线、配电装置、构支架等），减少占地和建筑面积占地。

项目小结

变电站自动化提高了变电站的运行和管理水平，其设备配置分变电站层和间隔层两个层次，整个系统的结构方式有集中式和分布式两种。变电站自动化系统的硬件和软件采用结构模块化设计，可以使各子程序互不干扰，提高了系统的可靠性。

智能变电站由光缆替代电缆，数字代替模拟，大大地提高了采样精度和信号传输的可靠性，大幅度减少了二次接线，可自动完成信息采集、测量、控制、保护、计量和监测，并可根据需要支持电网实时自动控制、智能调节、在线分析决策、协同互动等高级功能。

1. 什么是变电所综合自动化系统？为什么要实现变电站综合自动化？该系统由哪些部分组成？
2. 变电站综合自动化系统有哪些主要功能？
3. 变电站综合自动化系统的结构形式及各自的特点分别是什么？
4. 什么是智能变电站？智能变电站的主要技术特征和功能是什么？
5. 简述智能变电站的结构。

附 录

附录 A 各用电设备组的需要系数、二项式系数及功率因数

用电设备组名称	需要系数 K_d	二项式系数 b	二项式系数 c	最大容量设备台数 x[①]	功率因数 $\cos\varphi$	$\tan\varphi$
小批量生产的金属冷加工机床电动机	0.16～0.2	0.14	0.4	5	0.5	1.72
大批量生产的金属冷加工机床电动机	0.18～0.25	0.14	0.5	5	0.5	1.73
小批量生产的金属热加工机床电动机	0.25～0.3	0.24	0.4	5	0.6	1.33
大批量生产的金属热加工机床电动机	0.3～0.35	0.26	0.5	5	0.65	1.17
通风机、水泵、空压机及电动发电机电动机	0.7～0.8	0.65	0.25	5	0.8	0.75
非联锁的连续运输机械及铸造车间整砂机械	0.5～0.6	0.4	0.4	5	0.75	0.88
联锁的连续运输机械及铸造车间整砂机械	0.65～0.7	0.6	0.2	5	0.75	0.88
锅炉房和机加、机修、装配等类车间的起重机（ε=25%）	0.1～0.15	0.06	0.2	3	0.5	1.73
铸造车间的起重机（ε=25%）	0.15～0.25	0.09	0.3	3	0.5	1.73
自动连续装料的电阻炉设备	0.75～0.8	0.7	0.3	2	0.95	0.33
实验室用的小型电热设备（电阻炉、干燥箱等）	0.7	0.7	0		1.0	0
工频感应电炉（未带无功补偿装置）	0.8				0.35	2.68
高频感应电炉（未带无功补偿装置）	0.8				0.6	1.33
电弧熔炉	0.9				0.87	0.57
点焊机、缝焊机	0.35				0.6	1.33
对焊机、铆钉加热器	0.35				0.7	1.02
自动弧焊变压器	0.5				0.4	2.29
单头手动弧焊变压器	0.35				0.35	2.68
多头手动弧焊变压器	0.4				0.35	2.68

(续)

用电设备组名称	需要系数 K_d	二项式系数 b	二项式系数 c	最大容量设备台数 x[①]	功率因数 $\cos\varphi$	$\tan\varphi$
单头弧焊电动发电机组	0.35				0.6	1.33
多头弧焊电动发电机组	0.7				0.75	0.88
生产厂房及办公室、阅览室、实验室照明	0.8～1				1.0	0
变配电所、仓库照明[②]	0.5～0.7				1.0	0
宿舍（生活区）照明	0.6～0.8				1.0	0

① 如果用电设备组的设备总台数 $n<2x$ 时，则最大容量设备台数取 $x=n/2$，且按四舍五入取整数。如某机床电动机组 $n=7<2x=2×5=10$，故取 $x=7/2≈4$。

② 这里的 $\cos\varphi$ 和 $\tan\varphi$ 值均为白炽灯照明数据。如为荧光灯照明，则 $\cos\varphi=0.9$，$\tan\varphi=0.48$；如为高压汞灯、钠灯，则 $\cos\varphi=0.5$，$\tan\varphi=1.73$。

附录 B　S9 系列配电变压器的主要技术数据

额定容量 /kW	电压组合 /kV 一次	电压组合 /kV 二次	联结组标号	空载损耗 /kW	负载损耗 /kW	空载电流（%）	阻抗电压（%）
30	10.5, 6.3	0.4		0.10	0.60	2.1	
50	10.5, 6.3	0.4		0.13	0.87	2.0	
63	10.5, 6.3	0.4		0.15	1.04	1.9	
80	10.5, 6.3	0.4		0.18	1.25	1.8	
100	10.5, 6.3	0.4		0.20	1.50	1.6	
125	10.5, 6.3	0.4		0.24	1.80	1.5	
160	10.5, 6.3	0.4		0.28	2.20	1.4	4
200	10.5, 6.3	0.4		0.34	2.60	1.3	
250	10.5, 6.3	0.4	Yyn0 Dyn11	0.40	3.05	1.2	
315	10.5, 6.3	0.4		0.48	3.65	1.1	
400	10.5, 6.3	0.4		0.57	4.30	1.0	
500	10.5, 6.3	0.4		0.68	5.10	1.0	
630	10.5, 6.3	0.4		0.81	6.20	0.9	
800	10.5, 6.3	0.4		0.98	7.50	0.8	
1000	10.5, 6.3	0.4		1.15	10.30	0.7	4.5
1250	10.5, 6.3	0.4		1.36	12.80	0.6	
1600	10.5, 6.3	0.4		1.64	14.50	0.6	

附录 C　部分高压断路器的主要技术数据

类型	型号	额定电压 /kV	额定电流 /kA	开断电流 /kA	额定容量 /MV·A	动稳定电流峰值 /kA	热稳定电流 /kA	固有分闸时间 /s	合闸时间 /s	配用操作机构
少油户外	SW2-35/1000	35	1000	16.5	1000	45	16.5（4s）	≤0.06	≤0.4	CT2-XG
	SW2-35/1500		1500	24.8	1500	63.5	24.8（4s）			
少油户内	SN10-35Ⅰ	35	1000	16	1000	45	16（4s）	≤0.06	≤0.2	CT10
	SN10-35Ⅱ		1250	20	1000	50	20（4s）		≤0.25	CD10
	SN10-10Ⅰ	10	630	16	300	40	16（4s）	≤0.06	≤0.15	CT8
			1000	16	300	40	16（4s）		≤0.2	CD10Ⅰ
	SN10-10Ⅱ		1000	31.5	500	80	31.5（2s）	≤0.06	≤0.2	CD10Ⅰ、Ⅱ
	SN10-10Ⅲ		1250	40	750	125	40（2s）	≤0.07	≤0.2	CD10Ⅲ
			2000	40	750	125	40（4s）			
			3000	40	750	125	40（4s）			
真空户内	ZN23-35	35	1600	25		63	25（4s）	0.06	0.075	CT12
	ZN3-10Ⅰ	10	630	8		20	8（4s）	0.07	0.15	CD10等
	ZN3-10Ⅱ		1000	20		50	17.3（4s）	0.05	0.10	
	ZN4-10/1000		1000	17.3		44	20（4s）	0.05	0.2	CD10等
	ZN4-10/1250		1250	20		50	20（2s）			
	ZN5-10/630		630	20		50	20（2s）	0.05	0.1	专用CD型
	ZN5-10/1000		1000	20		50	25（2s）	0.05	0.1	专用CD型
	ZN5-10/1250		1250	25		63	25（2s）			
	ZN12-10/1250		1250	25		63	25（4s）	0.06	0.1	CD8等
	ZN12-10/2000		2000							

附录 D　三相线路导线电缆每相的单位长度电抗值

类别		导线（线芯）横截面积 /mm²												
		2.5	4	6	10	16	25	35	50	70	95	120	150	185	240
导线类型	导线温度 /℃	每相单位长度电抗 /（Ω/km）												
LJ	50					2.07	1.33	0.96	0.66	0.48	0.36	0.28	0.23	0.18	0.14
LGJ	50							0.89	0.68	0.48	0.35	0.29	0.24	0.18	0.15
绝缘导线 铜芯	50	8.40	5.20	3.48	2.05	1.26	0.81	0.58	0.40	0.29	0.22	0.17	0.14	0.11	0.09
	60	8.70	5.38	3.61	2.12	1.30	0.84	0.60	0.41	0.30	0.23	0.18	0.14	0.12	0.09
	65	8.72	5.43	3.62	2.19	1.37	0.88	0.63	0.44	0.32	0.24	0.19	0.15	0.13	0.10
绝缘导线 铝芯	50	13.3	8.25	5.53	3.33	2.08	1.31	0.94	0.65	0.47	0.35	0.28	0.22	0.18	0.14
	60	13.8	8.55	5.73	3.45	2.16	1.36	0.97	0.67	0.49	0.36	0.29	0.23	0.19	0.14
	65	14.6	9.15	6.10	3.66	2.29	1.48	1.06	0.75	0.53	0.39	0.31	0.25	0.20	0.15

（续）

类别		导线（线芯）横截面积 /mm²													
		2.5	4	6	10	16	25	35	50	70	95	120	150	185	240
导线类型	导线温度/℃	每相单位长度电抗 /(Ω/km)													
电力电缆	铜芯 55					1.31	0.84	0.60	0.42	0.30	0.22	0.17	0.14	0.12	0.09
	铜芯 60	8.54	5.34	3.56	2.13	1.33	0.85	0.61	0.43	0.31	0.23	0.18	0.14	0.12	0.09
	铜芯 75	8.98	5.61	3.75	3.25	1.40	0.90	0.64	0.45	0.32	0.24	0.19	0.15	0.12	0.10
	铜芯 80					1.43	0.91	0.65	0.46	0.33	0.24	0.19	0.15	0.13	0.10
	铝芯 55					2.21	1.41	1.01	0.71	0.51	0.37	0.29	0.24	0.20	0.15
	铝芯 60	14.38	8.99	6.00	3.60	2.25	1.44	1.03	0.72	0.51	0.38	0.30	0.24	0.20	0.16
	铝芯 75	15.13	9.45	6.30	3.78	2.36	1.51	1.08	0.76	0.54	0.41	0.31	0.25	0.20	0.16
	铝芯 80					2.40	1.54	1.10	0.77	0.56	0.41	0.32	0.26	0.20	0.17
LJ	600					0.36	0.35	0.34	0.33	0.32	0.3/	0.30	0.29	0.28	0.28
	800					0.38	0.37	0.36	0.35	0.34	0.33	0.32	0.31	0.30	0.30
	1000					0.40	0.38	0.37	0.36	0.35	0.34	0.33	0.32	0.31	0.31
	1250					0.41	0.40	0.39	0.37	0.36	0.35	0.34	0.34	0.33	0.32
LGJ	1500						0.39	0.38	0.37	0.35	0.35	0.34	0.33	0.33	0.33
	2000						0.40	0.39	0.38	0.37	0.37	0.36	0.35	0.34	0.34
	2500						0.41	0.41	0.40	0.39	0.38	0.37	0.37	0.36	0.36
	3000						0.43	0.42	0.41	0.40	0.39	0.39	0.38	0.37	0.37
绝缘导线	明敷 100	0.327	0.3/2	0.300	0.280	0.265	0.251	0.241	0.229	0.219	0.206	0.199	0.191	0.184	0.178
	明敷 150	0.353	0.338	0.325	0.306	0.290	0.277	0.266	0.25/	0.242	0.231	0.223	0.216	0.209	0.200
	穿管敷设	0.127	0.119	0.112	0.108	0.102	0.099	0.095	0.091	0.087	0.085	0.083	0.082	0.081	0.080
纸绝缘电力电缆	1kV	0.098	0.091	0.087	0.081	0.077	0.067	0.065	0.063	0.062	0.062	0.062	0.062	0.062	0.062
	6kV					0.099	0.088	0.083	0.079	0.076	0.074	0.072	0.071	0.070	0.069
	10kV					0.110	0.098	0.092	0.087	0.083	0.080	0.078	0.077	0.075	0.075
塑料绝缘电力电缆	1kV	0.100	0.093	0.091	0.087	0.082	0.075	0.073	0.071	0.070	0.010	0.070	0.070	0.070	0.070
	6kV					0.124	0.111	0.105	0.099	0.093	0.089	0.087	0.083	0.082	0.080
	10kV					0.133	0.120	0.113	0.107	0.101	0.096	0.095	0.093	0.090	0.087

参考文献

[1] 刘介才. 供配电技术 [M]. 4 版. 北京：机械工业出版社，2017.
[2] 柳春生. 实用供配电技术问答 [M]. 2 版. 北京：机械工业出版社，2006.
[3] 张莹，张焕丽，严俊. 工厂供配电技术 [M]. 4 版. 北京：电子工业出版社，2015.
[4] 宋继成. 220～500kV 变电站电气接线设计 [M]. 2 版. 北京：中国电力出版社，2014.
[5] 田淑珍. 工厂供配电技术及技能训练 [M]. 3 版. 北京：机械工业出版社，2019.
[6] 李晓雄，曾令琴. 供配电系统运行与维护 [M]. 2 版. 北京：化学工业出版社，2018.
[7] 覃剑. 智能变电站技术与实践 [M]. 北京：中国电力出版社，2012.
[8] 刘燕. 供配电技术 [M]. 西安：西安电子科技大学出版社，2014.
[9] 李军，王子明，许郚. 供配电技术 [M]. 北京：中国轻工业出版社，2007.
[10] 人力资源和社会保障部教材办公室. 变配电室值班电工：初级 [M]. 北京：中国劳动社会保障出版社，2010.
[11] 人力资源和社会保障部教材办公室. 变配电室值班电工：中级 [M]. 北京：中国劳动社会保障出版社，2010.
[12] 人力资源和社会保障部教材办公室. 变配电室值班电工：高级 [M]. 北京：中国劳动社会保障出版社，2010.
[13] 陈家斌. 常用电气设备倒闸操作 [M]. 北京：中国电力出版社，2006.
[14] 王晓玲，马文建. 电气设备及运行 [M]. 北京：中国电力出版社，2007.